普通高等教育计算机系列教材

AutoCAD 2010 中文版应用教程

茹正波　孙晓明　主编

孔　涛　刘树军　闫亚萍　等编著

机械工业出版社

本书以 AutoCAD 2010 中文版在工程制图中的应用为主线展开，采用例题与实训相结合的形式，全面深入地对 AutoCAD 2010 在工程设计领域中的应用知识和技巧进行讲解。全书共分为 13 章，分别介绍了 AutoCAD 2010 的基本知识及绘图环境、对象特性、绘图状态的设置方法；详细介绍了二维对象的创建及编辑方法、图形显示控制以及块与外部参照的使用方法；介绍了创建和编辑三维对象的方法及三维对象的编辑、着色、渲染，以及 AutoCAD 2010 的查询、使用 AutoCAD 设计中心、图形输出、二次开发基础及绘制工程图实例等内容。

本书可作为高等学校本科、高职高专院校建筑、机械、动画等相关专业的教材，也可作为工程技术人员的自学参考用书。

本书配有授课电子教案，需要的教师可登录 www.cmpedu.com 免费注册、审核通过后下载，或联系编辑索取微信：15910938545，电话：010-88379753）。

图书在版编目（CIP）数据

AutoCAD 2010 中文版应用教程/茹正波，孙晓明主编 . —2 版 . —北京：机械工业出版社，2013.2（2024.8 重印）
普通高等教育计算机系列教材
ISBN 978-7-111-41294-6

Ⅰ.①A⋯ Ⅱ.①茹⋯ ②孙⋯ Ⅲ.①AutoCAD 软件-高等学校-教材 Ⅳ.①TP391.72

中国版本图书馆 CIP 数据核字（2013）第 020048 号

机械工业出版社（北京市百万庄大街 22 号 邮政编码 100037）
责任编辑：和庆娣 王 凯
责任印制：张 博
北京雁林吉兆印刷有限公司印刷

2024 年 8 月第 2 版·第 7 次印刷
184mm×260mm·19 印张·470 千字
标准书号：ISBN 978-7-111-41294-6
定价：59.00 元

电话服务　　　　　　　　　　网络服务
客服电话：010-88361066　　　机 工 官 网：www.cmpbook.com
　　　　　010-88379833　　　机 工 官 博：weibo.com/cmp1952
　　　　　010-68326294　　　金 书 网：www.golden-book.com
封底无防伪标均为盗版　　　　机工教育服务网：www.cmpedu.com

出版说明

信息技术是当今世界发展最快、渗透性最强、应用最广的关键技术，是推动经济增长和知识传播的重要引擎。在我国，随着国家信息化发展战略的贯彻实施，信息化建设已进入了全方位、多层次推进应用的新阶段。现在，掌握计算机技术已成为21世纪人才应具备的基础素质之一。

为了进一步推动计算机技术的发展，满足计算机学科教育的需求，机械工业出版社聘请了全国多所高等院校的一线教师，进行了充分的调研和讨论，针对计算机相关课程的特点，总结教学中的实践经验，组织出版了这套"普通高等教育计算机系列教材"。

本套教材具有以下特点：

1）反映计算机技术领域的新发展和新应用。

2）为了体现建设"立体化"精品教材的宗旨，本套教材为主干课程配备了电子教案、学习与上机指导、习题解答、多媒体光盘、课程设计和毕业设计指导等内容。

3）针对多数学生的学习特点，采用通俗易懂的方法讲解知识，逻辑性强、层次分明、叙述准确而精炼、图文并茂，使学生可以快速掌握，学以致用。

4）符合高等院校各专业人才的培养目标及课程体系的设置，注重培养学生的应用能力，强调知识、能力与素质的综合训练。

5）注重教材的实用性、通用性，适合各类高等院校、高等职业学校及相关院校的教学，也可作为各类培训班和自学用书。

希望计算机教育界的专家和老师能提出宝贵的意见和建议。衷心感谢计算机教育工作者和广大读者的支持与帮助！

机械工业出版社

前　言

AutoCAD 是美国 Autodesk 公司开发的通用 CAD 计算机辅助设计软件包。本书以 Auto-CAD 2010 中文版在工程制图中的应用为主线展开，采用例题与实训相结合的形式，全面深入地对 AutoCAD 2010 在工程设计领域中的应用知识和技巧进行讲解，实用性强，内容全面，涵盖了建筑、机械等专业领域的 AutoCAD 辅助设计的全过程。在讲述基本知识和操作技巧的同时，本书还引入了大量的建筑、机械等专业领域中常见的标准块和典型的设计实例，突出了实用性与专业性。本书主要特点如下：

1. 适合教师教学与学生学习

本书内容覆盖了建筑工程、机械工程等专业图形的设计与绘图，每章都包括教程、实训及上机练习题三部分内容。教程部分介绍了 AutoCAD 2010 的操作和使用方法，然后通过简单实例引导读者初步熟悉绘图方法的使用。操作实例遵循由浅入深的原则，从简单工程图样绘制到复杂专业图样的绘制，再到复杂工程图样的建模与渲染，使读者不仅能够掌握 Auto-CAD 2010 的基本操作方法，还能够通过建筑、机械工程专业图样的绘制，更好地领会 Auto-CAD 2010 的操作技巧。实训部分包括基本操作训练和专业工程图样的绘图训练，通过综合实例训练综合应用能力，一般先分析绘图思路，再引导读者进行操作训练，然后通过练习题让读者自己完成图样的绘制。学生可以通过练习题将所学内容融会贯通到绘制不同图样的实际应用之中。本书的组织方式充分体现了科学性和合理性，既符合教师讲课习惯，又便于学生练习。

2. 符合国家和行业的制图标准

本书在讲授绘制建筑、机械专业工程图样的方法和技巧的同时，还贯彻了国内外 CAD 制图的相关标准，使所绘制的工程图样在各方面都能够符合国家和行业的制图标准。本书所绘插图均为实际工程图样的内容，插图中的各项内容均符合最新制图标准。

3. 适用面宽，实用性强

使用 AutoCAD 无论绘制哪个专业的工程图样，其基本方法和技巧都是相同的，区别主要在于行业制图标准的不同。本书所举工程实例涉及建筑、机械等专业领域，对于各专业制图标准中不同之处的设置方法和绘制专业图的思路分别进行了叙述。同时，还介绍了自定义线、面文件的方法，使用户可以根据不同的专业绘图要求绘制出符合本专业的图样。使用本书不仅可以学习本专业工程图样的绘制方法，同时对 AutoCAD 绘图软件的通用性这一内涵会有更深层次的了解，使读者触类旁通，能够绘制各类工程图样或其他图形。

4. 突出实用、够用的原则

本书叙述简明清晰，突出实用，在介绍绘图方法时，用简明的形式介绍在工程制图中常用的和实用的方法，以突出基础和重点。另外，本书每章都安排了例题、实训和练习题，并且循序渐进，便于读者加深记忆和理解，也便于教师指导学生边学边练，学以致用。

本书由茹正波、孙晓明主编，参加本书编写的有茹正波（第 1、8 章），刘树军（第 2

章），廖展强（第3章3.1～3.3节），杨根友（第3章3.4～3.9节、第5章），孙晓明（第4、10章），王珂（第6章6.1～6.2.7节），刘庆波、褚美花、戚春兰、刘庆峰、万兆君、刘克纯（第6章6.2.8～6.4节），孔涛（第7章），刘继祥、孔繁菊、刘大学、陈文明、刘大莲、孙明建（第9章），缪丽丽、骆秋容、王金彪、庄建新、崔瑛瑛、孙洪玲、万兆明（第11章），闫亚萍（第12章），刘瑞新（第13章）。全书由茹正波、孙晓明定稿，由刘瑞新主审。本书在编写过程中得到了许多同行的帮助和支持，在此表示感谢。

　　由于编者水平有限，书中难免有疏漏之处，欢迎读者对本书提出宝贵意见和建议。

编　者

目 录

第 1 章　AutoCAD 基础知识

通过本章的学习，读者应初步了解 AutoCAD 的基础知识。了解 AutoCAD 2010 对计算机系统的要求，熟悉 AutoCAD 2010 工作界面的各项内容，能启动、退出、新建图以及图形显示控制等基本操作。

1.1　AutoCAD 概述

CAD（Computer Aided Design）是计算机辅助设计的简称，MicroStation、CAXA、MAPGIS、AutoCAD 等都属于 CAD 软件，其中 AutoCAD 是目前用户最多、应用范围最广的 CAD 软件。

1.1.1　AutoCAD 简介

AutoCAD 是美国 Autodesk 公司开发的通用计算机辅助设计和绘图软件，因其使用方便、易于掌握、功能强大且体系开放的二次开发性等优点，被广泛应用于机械设计和制造、建筑、土木工程等各种行业，深受各行各业的设计人员的喜爱。

自 1982 年推出 AutoCAD 1.0 版以来，其版本几经更新，运行平台也从 DOS 转到了 Windows，其界面越来越丰富、功能越来越强大、操作越来越方便、系统越来越开放，并进一步往智能化方向发展。AutoCAD 软件有以下几个方面的特点：

① 具有完善的图形绘制功能。
② 具有强大的图形编辑功能。
③ 可以采用多种方式进行二次开发或用户定制。
④ 可以进行多种图形格式的转换，具有较强的数据交换能力。
⑤ 支持多种硬件设备。
⑥ 支持多种操作平台。
⑦ 具有通用性、易用性，适用于各类用户。

此外，从 AutoCAD 2000 开始，该系统又增添了许多强大的功能，如 AutoCAD 设计中心（ADC）、多文档设计环境（MDE）、Internet 驱动、新的对象捕捉功能、增强的标注功能以及局部打开和局部加载的功能，从而使 AutoCAD 系统更加完善。

1.1.2　AutoCAD 的主要功能

1. 绘制二维平面图

AutoCAD 提供了 3 种绘制二维平面图的方法，即在命令行输入绘图命令；使用绘图工具栏上的各种绘图工具按钮；使用绘图工具菜单的各种绘图命令。用户可以用多种绘图命令绘制直线、圆、多边形等基本图形，也可以绘制各种类型的复杂平面图形。同时，AutoCAD 还提供了正交、对象捕捉、极轴追踪、捕捉追踪等绘图辅助工具，帮助用户可以很方便地绘制水平线、竖直线，以及拾取几何对象上的特殊点、定位点等。

2. 绘制三维立体图

利用 AutoCAD 的三维绘图功能，用户不仅可以直接使用"绘图"菜单的"实体"子菜单中的各种子命令来绘制圆柱体、球体、长方体等基本实体；也可以通过拉伸、旋转、设置标高和厚度等方法将一些平面图形转换成三维图形；还可以使用"绘图"菜单的"曲面"子菜单中的各种子命令来绘制三维曲面、三维网格、旋转曲面等。

3. 图形编辑

AutoCAD 具有强大的编辑功能，可以使用"修改"工具栏中的移动、复制、旋转、阵列、拉伸、延长、修剪、缩放对象等工具对图形进行大小、位置、数量等属性的改变，从而对已绘制的图形进行修改和编辑。

4. 绘制轴测图

在实际工程设计中，有时需要绘制看似三维图形的轴测图，这类图形实际是二维图形。因为轴测图使用的是二维绘图技术来模拟三维对象沿特定视点产生的三维投影效果，但在绘制方法上又与二维图形的绘制有所不同，使用 AutoCAD 可以方便地绘制出轴测图。在绘制轴测图模式下，用户可以将直线绘制成与原始坐标轴成30°、150°等角度，将圆绘制成椭圆等。

5. 尺寸标注

尺寸标注是绘制各种工程图不可缺少的一项工作。AutoCAD 在"标注"菜单中包含了一套完整的尺寸标注和编辑命令，用户可以根据需要在图形上创建各种类型的标注，也可以方便、快速地以一定格式创建符合行业标准的标注样式。

6. 动态块

该功能可以帮助用户节约时间，轻松实现工程图的标准化。借助 AutoCAD 动态块，用户不必再重新绘制重复的标准组件，并可减少设计流程中庞大的块库。AutoCAD 动态块支持对单个块图形进行编辑，并且不必总是因形状和尺寸发生变化而定义新块。

7. 立体图形的渲染

在 AutoCAD 中，用户可以运用光源、材质等工具，将已经建立起来的立体模型渲染为具有真实感的图像，这些立体图还可以导入 3ds Max 进行后续处理，得到更为逼真的立体效果。如果渲染只是为了演示，可以全部渲染对象；如果时间有限，或显示器和图形设备不能提供足够的灰度等级和颜色，就不必精细渲染；如果只需快速查看设计的整体效果，则可以简单消隐或着色图像。

8. 图纸集

AutoCAD 图纸集管理器能够组织安排图纸，简化发布流程，自动创建布局视图，将图纸集信息与主题块和打印戳记相关联，并跨图纸集执行任务，因此所有功能使用起来都非常方便。

9. 图形的共享及打印、输出

考虑到一个项目通常由多人分工协作完成，因此设计者之间的信息交流、图形共享就非常重要。AutoCAD 提供的设计中心以及内置的 Internet 功能可使多人协作，效率加倍。同时，AutoCAD 具有打印、输出图形的功能，可以通过打印机或绘图仪生成各种幅面的工程图纸，也可以创建成各类文件格式以供其他程序使用。

10. 二次开发

AutoCAD 虽然有强大的绘图、编辑功能，不同行业的用户可以根据需求，利用 AutoCAD 系统的开放性，在其平台上开发出具体的专业应用软件，如天正、南方 Cass 等都是基于 AutoCAD 的二次开发软件。

1.1.3 AutoCAD 2010 的新功能

初始安装能够让用户很容易地按照自己的需求定义 AutoCAD 环境。定义的设置会自动保存到一个自定义工作空间，方便用户使用。

参数化绘图功能可以通过基于设计意图的约束图形对象极大地提高工作效率。几何及尺寸约束能够让对象间的特定关系和尺寸保持不变。

动态块对几何及尺寸约束的支持，可让用户能够基于块属性表来驱动块尺寸，甚至在不保存或退出块编辑器的情况下测试块。

PDF 覆盖是 AutoCAD 2010 中最受用户期待的功能。用户可以通过与附加其他的外部参照如 DWG、DWF、DGN 及图形文件一样的方式，在 AutoCAD 图形中附加一个 PDF 文件。甚至可以利用熟悉的对象捕捉来捕捉 PDF 文件中几何体的关键点。

1.2 AutoCAD 2010 的安装

在安装 AutoCAD 2010 软件之前，必须了解所用计算机的配置，是否能满足安装此软件版本的最低要求。因为随着软件的不断升级，软件总体结构的不断膨胀，其中有些新功能对硬件的要求也不断增加。只有满足了软件最低配置要求，计算机才能顺利地安装该软件。

1.2.1 AutoCAD 2010 对系统的要求

根据操作系统是 32 位还是 64 位的不同，AutoCAD 2010 的安装程序也分为不同的版本。用户应根据实际情况，安装适当的 AutoCAD 2010 版本。

1. AutoCAD 2010 32 位配置的要求

AutoCAD 2010 32 位配置的要求如下。

（1）硬件环境

处理器：支持 SSE2 技术的 Intel Pentium4 或 AMD Athlon 双核处理器。

内存：2GB。

显示器：1024 ×768 及以上分辨率真彩色视频显示器适配器。

（2）软件要求

操作系统：Microsoft Windows XP Professional 或 Home 版本（SP2 或更高）；Microsoft Windows Vista（SP1 或更高）。

浏览器：Microsoft Internet Explorer 7.0 或更高版本。

2. AutoCAD 2010 64 位配置的要求

AutoCAD 2010 64 位配置的要求如下。

（1）硬件环境

处理器：支持 SSE2 技术的 AMD Athlon 64 位处理器、支持 SSE2 技术的 AMD Opteron 处理器、支持 SSE2 技术和 Intel EM64T 的 Intel Xeon 处理器，或支持 SSE2 技术和 Intel EM64T 的 Intel Pentium4 处理器。

内存：2GB。

显示器：1024×768 及以上分辨率真彩色视频显示器适配器。

（2）软件要求

操作系统：Microsoft Windows XP Professional x64 版本（SP2 或更高）或 Microsoft Windows Vista（SP1 或更高）。

浏览器：Microsoft Internet Explorer 7.0 或更高版本。

AutoCAD 2010 软件支持多个 CPU。多 CPU 系统能够增强 AutoCAD 图形和渲染系统的性能。

1.2.2 AutoCAD 2010 的安装步骤

对于压缩的安装程序，首先要进行解压缩，如图 1-1 所示。选择好解压安装目录后，单击"Install"按钮进行安装，如图 1-2 所示。

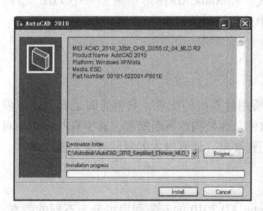

图 1-1 选择解压安装目录

图 1-2 程序安装

单击"安装产品"，显示如图 1-3 所示的"选择要安装产品"的界面。用户选择好后，单击"下一步"按钮，显示如图 1-4 所示的"接受许可协议"界面。查看适用于用户所在国家或地区的 Autodesk 软件许可协议。选择接受协议才能继续安装。

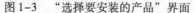

图 1-3 "选择要安装的产品"界面

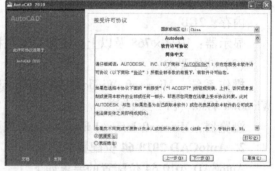

图 1-4 "接受许可协议"界面

单击"下一步"按钮，填写用户信息，如图 1-5 所示。填写完成后继续单击"下一步"按钮，显示如图 1-6 所示的"查看－配置－安装"界面，用户可以单击"安装"按钮开始安装。也可选择"配置"按钮，进行配置和自定义安装。

图1-5　填写用户信息

图1-6　"查看-配置-安装"界面

用户单击"配置"按钮后可以选择"默认文字编辑器";可以选择"单机"或"网络";也可以选择安装类型,如进行典型安装,即安装最常用的应用程序功能;或自定义安装,还可以选择安装 Express Tools 生产力工具库,这些工具用于扩展 AutoCAD 的功能。另外,AutoCAD 2010 安装的默认安装路径为"C:\Program Files\AutoCAD 2010",如图1-7所示。用户也可在配置过程中自行设置安装路径。设置好后单击"配置完成"按钮,将返回如图1-6所示的界面。此时单击"安装"按钮,程序开始进行安装,如图1-8所示。

图1-7　配置设置

图1-8　程序安装

软件安装结束后,将显示如图1-9所示的"初始设置"窗口,用户可进行图形环境等的自定义。

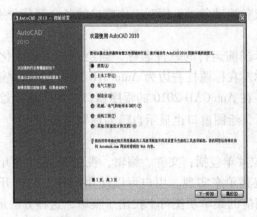
图1-9　"初始设置"窗口

初次打开 AutoCAD 2010，要求用户激活产品，输入正确的序列号、激活码完成注册即可。

1.3 AutoCAD 2010 操作基础

1.3.1 启动 AutoCAD 2010

安装完成 AutoCAD 2010 后，会在桌面上生成一个快捷方式，并在"开始"菜单的"程序"项里添加 AutoCAD 2010 程序文件夹。启动进入 AutoCAD 2010 常用的方法有以下两种。

方法一：依次单击"开始"→"程序"→"Autodesk"→"AutoCAD 2010"。

方法二：双击桌面上的 AutoCAD 2010 快捷方式图标 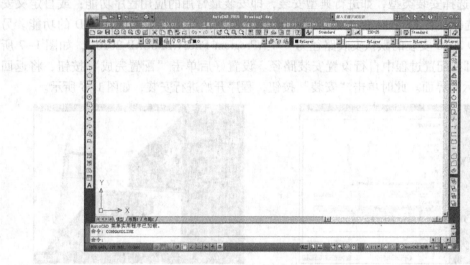。

本书将以"AutoCAD 经典"工作窗口进行介绍，如图 1-10 所示，用户可以在此窗口中开始绘制图形文件，也可以对此窗口重新配置，在新的窗口中开始图形文件的创建或编辑操作。

图 1-10　AutoCAD 2010 经典窗口

1.3.2 AutoCAD 2010 的工作窗口

AutoCAD 2010 经典工作窗口主要包括标题栏、下拉菜单、工具栏、绘图窗口、命令窗口、状态栏以及窗口按钮和滚动条。下面对工作窗口的各个部分分别进行介绍。

1. 标题栏

标题栏的功能是显示当前运行的软件名称，当绘图窗口最大化时还显示当前 AutoCAD 正在处理的图形文件名称。在标题栏右边为 AutoCAD 2010 的程序窗口按钮，其使用方法与一般 Windows 软件相同。在 AutoCAD 2010 的程序窗口按钮下面是绘图窗口按钮。当单击绘图窗口按钮中的 按钮后，绘图窗口也显示自己的标题栏。

2. 下拉菜单

AutoCAD 2010 的下拉菜单包括：文件、编辑、视图等 13 个菜单项。基本上所有调用命令的操作均可以通过下拉菜单来实现。用户可以使用两种方法打开下拉菜单：鼠标或快捷键。使用鼠标直接单击相应的菜单项便可下拉出子菜单，这种方法最直观。另外，每个菜单都定义了相应的快捷键字母，例如，"编辑"菜单中括号内的字母是 E，即该菜单快捷键为

〈E〉。按下〈Alt〉键不松开，然后按下〈E〉，即可打开"编辑"下拉菜单。

在下拉菜单中某些项带有▶标记表示还有下一级子菜单，带"…"标记表示选中该项会弹出一对话框。

3. 工具栏

工具栏为用户提供了更加快捷简便调用命令的方式，它是由一些形象的图形按钮组成。AutoCAD 2010 中的工具栏包含有标准、绘图、修改、对象特性等 50 余个工具栏。用户还可以创建新的工具栏或对已有工具栏进行编辑。

4. 命令窗口

命令窗口是用户输入命令、提供命令交互参数的地方。命令窗口分为两个部分：Auto-CAD 提供用户输入信息的命令行和显示命令记录的文本窗口。通常情况下命令行显示的是"命令"状态，也只有在此状态下才可以输入命令。任何命令处于执行交互状态都可以通过〈Esc〉键取消该命令，回到"命令"状态。

5. 绘图窗口

绘图窗口是用户显示、绘图和编辑图形的工作区域。AutoCAD 支持多文档工作环境，用户可以同时打开多个图形文件分别对它们进行编辑。

6. 状态栏

状态栏位于屏幕的最下方，主要用来反映当前的工作状态。如当前光标的坐标以及"捕捉模式"、"正交模式"、"对象捕捉"、"注释比例"等开关按钮。当用户将光标停在某个工具按钮上时，AutoCAD 状态栏会显示出该按钮的简单说明。

1.3.3 输入和终止命令的方法

1. 输入命令的方式

AutoCAD 2010 输入命令的主要方式包括菜单命令、图标命令、命令行命令和右键（快捷）菜单命令。每一种方式都各有特色，工作效率各有高低。其中，图标命令速度快、直观明了，但占用屏幕空间；菜单命令最为完整和清晰，但速度慢；命令行命令速度也快，但命令太难输入和记忆。因此，最好的方法是以使用图标命令方式为主，结合其他方式。

各种输入命令的操作方法如下。

- 工具栏上的图标命令：在工具栏上单击代表相应命令的图标按钮。
- 菜单命令：从下拉菜单中选择相应的命令。
- 命令行命令：在"命令"状态下，从键盘输入命令名，按〈Enter〉键。
- 右键快捷菜单命令：单击鼠标右键，从快捷菜单中选择相应的命令。

在输入一个命令后，有时在命令行会出现多个选项，如图 1-11 所示，此时可以通过输入选项后提示的字母来选择需要的选项，当有多个选项时，默认选

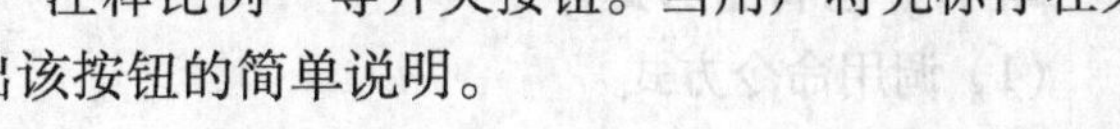

```
命令: offset
当前设置: 删除源=否  图层=源  OFFSETGAPTYPE=0
指定偏移距离或 [通过(T)/删除(E)/图层(L)] <通过>:
```

图 1-11 命令行

项可以直接操作，不必选择；也可以单击鼠标右键，从快捷菜单中选择需要的选项。这种交互性输入法可大大提高绘图的速度，是 AutoCAD 有别于其他绘图软件的一大优点。

2. 终止命令的方式

AutoCAD 2010 终止命令的方法有以下几种：

- 正常完成一条命令后自动终止。
- 在执行命令过程中按〈Esc〉键终止。
- 在执行命令过程，从菜单或工具栏中调用另一命令，绝大部分命令可以终止。

1.3.4　AutoCAD 文件管理

文件管理是指如何创建新图形文件、预览和打开已存在的图形文件以及文件的存盘等操作。

1. 创建新图

（1）调用命令方式

下拉菜单：文件→新建。

工具栏：标准工具栏 □（"新建"按钮）。

命令：NEW。

快捷键：Ctrl + N。

（2）功能

创建一个新的图形文件。

（3）操作过程

执行创建新图命令后，弹出"选择样板"对话框，从中选择合适的图形样板文件、图形文件或标准文件。选择后，单击"打开"按钮即可打开一张新图。

2. 打开已有图形文件

（1）调用命令方式

下拉菜单：文件→打开。

工具栏：标准工具栏 ☞（"打开"按钮）。

命令：OPEN。

快捷键：Ctrl + O。

（2）功能

打开一个已存在的图形文件。

（3）操作过程

执行打开文件命令后，AutoCAD 弹出如图 1-12 所示的"选择文件"对话框。指定文件路径及名称后，单击"打开"按钮即可。

图 1-12　"选择文件"对话框

下面介绍在 AutoCAD 中打开文件时的一些特点。

- 文件类型：AutoCAD 2010 可以打开 4 种类型的文件，分别是图形文件（∗.dwg）、标准文件（∗.dws）、图形样板文件（∗.dwt）和 DXF 文件（∗.dxf）。
- 预览：在"选择文件"对话框中提供了一个"预览"框，当用户选中一个文件后，可在右上方的"预览"框中显示该图形。
- 打开方式：选择了要打开的文件后，单击"选择文件"对话框"打开"按钮右侧的下拉箭头，AutoCAD 弹出如图 1-13 所示的"打开"下拉菜单。

图 1-13 "打开"下拉菜单

AutoCAD 2010 中共有 4 种打开图形文件的方式：打开、以只读方式打开、局部打开和以只读方式局部打开。若采用"以只读方式打开"，则用户不能直接保存编辑后的文件，而必须采取另存的方式创建一个新文件来保存对该文件的编辑操作。当采用"局部打开"方式时，用户可选择需要的视图和图层来部分打开选择的文件，同时还可以选择是否卸载所有的外部参照。

3. 保存文件

AutoCAD 2010 提供了多种保存新绘制或修改后的图形文件的方法。

（1）以当前名字或指定名字保存

1）调用命令方式

命令：Save。

2）功能

以当前名字或指定名字保存图形文件。

3）操作过程

调用 Save 命令后，弹出"图形另存为"对话框。在"文件名"文字框内输入存盘文件名，选择存盘路径和存盘文件类型（默认为 dwg 文件），单击"保存"按钮。

（2）换名存盘

1）调用命令方式

下拉菜单：文件→另存为。

命令：Saveas。

2）功能

用其他文件名或文件类型保存图形文件。

3）操作过程

调用 Saveas 命令后，也弹出"图形另存为"对话框。用户可更改文件名、文件类型和存盘路径后进行存盘。

（3）快速存盘

1）调用命令方式

下拉菜单：文件→保存。

工具栏：标准工具栏█（"保存"按钮）。

命令：Qsave。

快捷键：Ctrl + S。

2）功能

快速保存图形文件。

3）操作过程

调用 Qsave 命令后，一般不需要输入文件名即可把当前图形保存到已命名的文件中。但当新图形文件第一次用该命令存盘时，仍会弹出"图形另存为"对话框。用户需用该对话框来指定文件名及保存路径。

（4）自动存盘和存盘默认格式设置

AutoCAD 2010 给用户提供定时自动存盘功能，以防出现断电等意外，此时，用户的工作就不会因为没有存盘而付之东流。通过下拉菜单打开"选项"对话框，选择"打开和存盘"选项卡，在"文件安全措施"栏目中选择"自动保存"，并在"保存间隔分钟数"中输入自动存盘的间隔时间即可。

（5）创建备份文件

在"选项"对话框的"文件安全措施"栏选中"每次保存均创建备份"复选框，则用户每次使用 Save 或 Saveas 命令保存图形文件时，AutoCAD 都生成一个备份文件。备份文件名称与文件名称一致，扩展名为"bak"。

（6）加密保存文件

用户在保存文件时，可以使用密码保护功能，对文件加密保存。其方法是：在"图形另存为"对话框中，选择"工具"→"安全选项"，系统将打开"安全选项"对话框，如图 1-14 所示。在"密码"选项卡中，用户可以在"用于打开此图形的密码或短语"文本框中输入密码，然后单击"确定"按钮。打开"确认密码"对话框，如图 1-15 所示，并在"再次输入用于打开此图形的密码"文本框中输入密码后单击"确定"按钮即可。

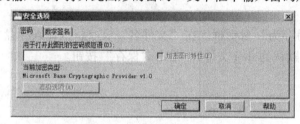
图 1-14 "安全选项"对话框

图 1-15 "确认密码"对话框

为文件设置密码后，每次在打开文件时，系统将打开"口令"对话框，要求用户输入正确密码，否则将无法打开文件，这对于需要保密的图纸来说非常重要。

4. 关闭文件

（1）调用命令方式

下拉菜单：文件→关闭。

命令：Close。

按钮：右上角（"关闭"按钮）。

（2）功能

关闭当前的图形文件。

（3）操作过程

调用 Close 命令后，如果当前图形还没有保存，系统将弹出对话框询问用户是否保存文件或取消该命令。

1.3.5 退出 AutoCAD 2010

（1）调用命令方式

下拉菜单：文件→退出。

命令：Quit。

按钮：✖ 或双击左上角按钮▲。

快捷键：Alt + F4。

（2）功能

退出 AutoCAD 2010。

（3）操作过程

如果退出时，已打开的图形文件在修改后没有存盘，也将弹出对话框询问用户是否保存文件或取消该命令，待用户做出响应后，AutoCAD 将所有的图形文件按指定文件及路径进行存盘，然后再退出 AutoCAD。

1.4 AutoCAD 坐标系

在 AutoCAD 的图形绘制和编辑过程中，用户所操作的对象绝大部分都有特定的大小，必须将数据告知 AutoCAD，通过指定屏幕上点的坐标来完成操作。所以，AutoCAD 坐标系是一个非常重要的概念，是绘图的基础。在 AutoCAD 中，坐标系是确定对象位置的基本手段。在 AutoCAD 2010 中提供了多种不同的坐标系用户在不同的情况下使用。

1.4.1 世界坐标系与用户坐标系

三维笛卡尔坐标系是 AutoCAD 默认的坐标系统，该坐标系统称为世界坐标系（Word Coordinate Systems，WCS）。在屏幕底部的状态栏上所显示的三维坐标值，就是笛卡尔坐标系中的数值，它准确无误地反映出当前十字光标所处的位置。

对于一幅图形来说，WCS 是固定的，不能改变。在 AutoCAD 中，用户可以根据需要在世界坐标系内创建任意的坐标系统，利用创建的坐标系统可以更方便地确定角度及空间中点的位置等，用户创建的坐标系统称为用户坐标系（User Coordinate Systems，UCS）。

用户坐标系是 AutoCAD 提供给用户的可变坐标系，以方便用户绘图。默认情况下，用户坐标系与世界坐标系相重合。用户也可以根据自己的需要重新定义。在一个图形中，可以设置多个 UCS，还可以对 UCS 进行保存，这样需要时可以很方便调出使用。

创建新的 UCS 的调用命令方式：

菜单栏：工具→新建 UCS。

命令行：UCS。

例如：要创建一个原点，位于（200，200，0）处的新的用户坐标系。在命令行输入"ucs"后，命令行将显示如下提示：

当前 UCS 名称：＊世界＊
指定 UCS 的原点或[面(F)/命名(NA)/对象(OB)/上一个(P)/视图(V)/世界(W)/X/Y/Z/Z轴(ZA)] <世界>：200,200,0(从键盘输入坐标值或用鼠标在绘图区拾取一点)

指定 X 轴上的点或 <接受> :202,200,0
指定 XY 平面上的点或 <接受> :200,202,0

这样在绘图区（200，200，0）的位置就出现一个坐标系图标。用类似方法还可以对用户坐标系移动、重命名、删除等操作。

1.4.2　直角坐标系与极坐标系

AutoCAD 采用三维笛卡尔坐标系 WCS（也叫直角坐标系统）来确定点的位置。该坐标系统中通过 3 个坐标轴 X、Y、Z 来确定空间中的点。

当绘制一张新的图形时，AutoCAD 自动将图形置于一个直角坐标系中，该坐标系的 X 轴为水平轴，向右为正方向；Y 轴为垂直轴，向上为正方向；Z 轴为垂直于屏幕的轴，向外为正方向，坐标原点位于绘图工作区的左下方，坐标值为（0，0，0），并以此为参照来确定空间中或平面上任意点的位置。

在 AutoCAD 中还常用另一种坐标系来确定平面上点的位置。当知道一个点到原点的距离，以及点与原点的连线和 X 轴正方向的夹角时，可以用数字代表距离，用角度代表方向来确定点的坐标，该坐标系统叫做极坐标系统。

在三维绘图中还会用到球坐标、柱坐标，使用这些坐标系有利于用户方便、精确地确定空间点的位置。

1.4.3　坐标输入

坐标输入可分为直角坐标输入和极坐标输入。

1. 直角坐标输入

（1）绝对直角坐标输入

当知道点在当前坐标系中的绝对坐标值时，可以以分数、小数等形式依次输入点的 X、Y、Z 值，坐标之间用逗号隔开。在二维绘图中，只需输入 X、Y 值即可，Z 轴的坐标值默认为 0 或采用当前的默认高度。

（2）相对直角坐标输入

如果采用相对直角坐标方式，在绘图过程中输入坐标时，其参考点是前一个输入点，输入的值是当前要输入的点与前一个点的相对位移量。输入格式为"@X，Y，Z"。同样，二维绘图中，只需输入 X、Y 轴方向的坐标增量即可。

2. 极坐标输入

（1）绝对极坐标输入

当知道点到原点的距离、点与原点的连线和 X 轴正方向的夹角时，可以用数字代表距离，用角度代表方向来确定点的位置，输入格式为"距离 < 角度"。默认规定角度以 X 轴的正方向为0°，按逆时针方向增大。如果距离值为正，则表示角度是以 X 轴的正方向为基准0°；距离值为负，则表示角度是以 X 轴的反方向为基准0°。绝对极坐标的使用较少，一般用在绘图的起点。

（2）相对极坐标输入

如果知道某点相对于上一点的位置关系，也可采用相对极坐标的方式来确定点的位置。输入格式为"@距离 < 角度"，此时，距离为该点与上一点的距离，角度为该点与上一点的

连线和 X 轴的夹角。

1.5 AutoCAD 图形显示控制

在绘制图形的过程中，按一定比例、观察位置和角度显示的图形称为视图。AutoCAD 中有多种显示图形视图的方式。在编辑图形时，如想查看图形的整体效果，可以控制图形显示，并快速移动到图形的不同区域，通过缩放图形显示来改变大小，通过平移重新定位视图在绘图区域中的位置。图形显示控制就是改变视图的显示。AutoCAD 对视图进行管理的常用操作有缩放、平移、鸟瞰、重画和重生成等。

1.5.1 图形缩放

在绘图过程中，为了方便用户进行对象捕捉，准确地绘制实体，常常需要对当前视图进行放大或缩小以及局部放大等操作，但对象的实际尺寸保持不变。这就是 AutoCAD 中 zoom 命令的功能。

1. 使用 zoom 命令

在命令行输入 "zoom" 或 "z" 后按〈Enter〉键，系统在命令行将显示如下内容：

> 指定窗口的角点，输入比例因子(nX 或 nXP)，或者[全部(A)/中心(C)/动态(D)/范围(E)/上一个(P)/比例(S)/窗口(W)/对象(O)]<实时>：

该提示行中各选项的含义如下。

- 全部：在绘图区域内显示全部图形。
- 中心：选择该项后，用鼠标确定一个中心，按提示给出比例系数或视图高度，即以所选点为中心，比例显示或按视图高度显示当前视图。
- 范围：选择该项后，AutoCAD 将所有的图形全部显示在屏幕上，并最大限度地充满整个屏幕。
- 上一个：选择该项后，将返回上一个视窗。
- 比例：选择该项后，用户可以在命令行中输入比例系数，AutoCAD 即可按比例放大或缩小显示当前视图，视图的中心点保持不变。
- 窗口：该选项允许用窗口的方式选择要视察的区域。执行该选项时会提示输入窗口的两个顶点，即可按窗口大小缩放视图。
- 对象：选择该项后，用户可以缩放以便尽可能大地显示一个或多个选定的对象并使其位于绘图区域的中心。
- 实时：缩放命令默认项是实时缩放。选择该项后，光标在屏幕上变为带有加号（+）和减号（-）的放大镜，鼠标向上移动为放大图形，向下移动为缩小图形。

2. 使用缩放子菜单

通过菜单栏"视图"→"缩放"命令，实现"zoom"的缩放功能。

3. 使用工具栏

通过缩放工具栏单击选择相应的子项，或在标准工具栏上单击实时缩放按钮 ，同样可以实现 zoom 命令的缩放功能。

1.5.2 图形平移

在绘图过程中，由于屏幕大小有限，当文件中的图形不能全部显示在屏幕上时，若想查看屏幕外的图形可使用"Pan"实时平移命令。

（1）调用命令方式

下拉菜单：视图→平移。

工具栏：标准工具栏 ✋（"实时平移"按钮）。

命令行：Pan 或 p（或 'pan，用于透明使用）。

鼠标滑轮：按住鼠标滑轮在屏幕上移动。

（2）功能

在当前视口中移动视图。

（3）操作过程

启动实时平移命令后，光标将变成手形光标，此时，可以上下左右移动图形。任何时候按〈Esc〉或〈Enter〉键即可退出该命令。

1.5.3 使用鸟瞰图

鸟瞰图即用户可以像鸟在空中俯视地面一样来查看视图。用户通过使用鸟瞰图，可以快速找出所需要的图形，并可对其进行放大。

（1）调用命令方式

下拉菜单：视图→鸟瞰图。

命令行：Dsviewer。

（2）功能

打开"鸟瞰视图"窗口。

（3）操作过程

调用该命令，屏幕工作窗口的右下角会自动产生一个小型视窗，在鸟瞰图窗口中，可以通过全局、放大、缩小图形来改变鸟瞰视图的缩放比例。用户可以直接按〈Esc〉键或〈Enter〉键退出该命令。

1.5.4 刷新显示

刷新屏幕显示将删除点标记或临时标记，它包括重画和重生成两种方式。

1. 重画

在绘图过程中，常会因多次使用编辑命令，在图上留下一些痕迹，主要是加号形状的标记。此时，用户利用重画功能可以刷新屏幕或当前视图，擦除残留痕迹。

（1）调用命令方式

下拉菜单：视图→重画。

命令行：Redraw 或 r（或 'redraw，用于透明使用）。

（2）功能

刷新当前视口中的显示。

（3）操作过程

调用该命令，屏幕上当前视区中原有的图形消失，紧接着又把该图除去残留标记之后重新画一遍。多视图操作时，输入全部重画命令"redrawall"则将所有视图中的图形重画。

2. 重生成

绘图过程中，常因图形的缩放而改变图形显示效果，比较典型的现象是圆弧线放大一定倍数后，在屏幕上显示出多边形的折线效果。此时，用户可以利用 AutoCAD 提供的重生成功能，改变显示效果。

（1）调用命令方式

下拉菜单：视图→重生成。

命令行：Regen。

（2）功能

在当前视口中重生成整个图形并重新计算所有对象的屏幕坐标。

（3）操作过程

重生成命令可以重新计算所有对象的屏幕坐标，并在当前视图中按新的坐标重新生成整个屏幕图形。多视图操作时，执行全部重生成命令"Regen"，将在所有视图中重新计算所有对象的屏幕坐标，并按新坐标刷新所有视图的屏幕坐标。

1.6 AutoCAD 2010 系统设置和帮助

AutoCAD 2010 是一个开放的绘图平台，用户可以非常方便地进行系统变量和系统参数设置，以满足具体绘图的要求。

1.6.1 系统变量

AutoCAD 2010 的系统变量用于控制许多功能设计和命令的工作方式，它可以打开和关闭捕捉、栅格、正交等绘图模式，设置默认的填充图案，或存储当前图形和配置 AutoCAD 相关信息。

系统变量通常有 6 ~ 10 个字符长的缩写名称。许多系统变量有简单的开关设置。如 Snapmode 控制捕捉模式，该系统变量保存在图形中，其值为 0 时为关闭捕捉，其值为 1 时为打开捕捉。有些系统变量用来存储数值或文字，例如 Date 系统变量用来存储当前日期。

用户可以直接在命令行中修改系统变量，具体调用命令方式如下。

下拉菜单：查询→设置变量。

命令行：Setvar。

1.6.2 设置系统参数

系统参数的调用命令方式如下。

下拉菜单：工具→选项。

命令行：Options。

在没有执行任何命令时，在绘图区或命令行单击鼠标右键，在快捷菜单中选择"选项"。

系统打开"选项"对话框，用户可以在"文件"、"显示"、"打开与保存"等 10 个选项卡中设置相关参数选项。

1.6.3 使用帮助信息

AutoCAD 提供在线帮助功能。用户可以利用多种方式随时调用 AutoCAD 2010 的帮助文件来查询相关的帮助信息。调用命令方式如下。

下拉菜单：帮助→帮助。

工具栏：标准工具栏 ⯑（"帮助"按钮）。

命令行：Help 或?。

快捷键：F1。

用上述任何一种方式都可以启动帮助命令，显示帮助界面，从而获得个人所需的帮助信息。

1.7 实训

【实训1-1】 按图1-16中给出的坐标，分别用绝对直角坐标法和相对直角坐标法绘制图1-16所示的图形。

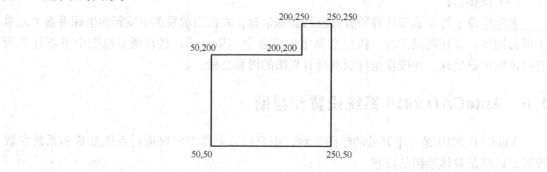

图1-16 实训1-1图形

1）绝对直角坐标法

```
命令:L （选择直线命令）
指定第一点:50,50
指定下一点或［放弃(U)］:250,50
指定下一点或［放弃(U)］:250,250
指定下一点或［闭合(C)/放弃(U)］:200,250
指定下一点或［闭合(C)/放弃(U)］:200,200
指定下一点或［闭合(C)/放弃(U)］:50,200
指定下一点或［闭合(C)/放弃(U)］:c
```

2）相对直角坐标法

```
命令:L （选择直线命令）
指定第一点:50,50
指定下一点或［放弃(U)］:@ 200,0
指定下一点或［放弃(U)］:@ 0,100
指定下一点或［闭合(C)/放弃(U)］:@ -50,0
指定下一点或［闭合(C)/放弃(U)］:@ 0,-50
指定下一点或［闭合(C)/放弃(U)］:@ -150,0
指定下一点或［闭合(C)/放弃(U)］:c
```

【实训 1-2】 按图中给出的角度及长度，用极坐标法绘制如图 1-17 所示的正三角形。

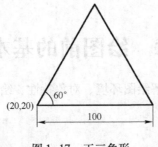

图 1-17　正三角形

命令行提示如下。

命令:L　（选择直线命令）
指定第一点:20,20
指定下一点或［放弃(U)］:@ 100＜60
指定下一点或［放弃(U)］:@ 100＜300
指定下一点或［闭合(C)/放弃(U)］:c

1.8　上机操作及思考题

1. AutoCAD 2010 的主要功能有哪些？
2. AutoCAD 2010 的工作界面由哪些部分组成？
3. 如何利用 AutoCAD 提供的帮助信息来寻求帮助？
4. 上机操作：练习 AutoCAD 2010 的启动与退出，文件的新建与保存。
5. 上机操作：熟悉 AutoCAD 2010 的工作界面。
6. 上机操作：练习坐标输入的几种方法，并绘制如图 1-18 和图 1-19 所示的几何图形。

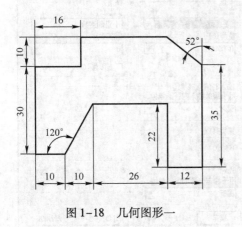

图 1-18　几何图形一

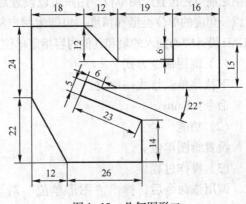

图 1-19　几何图形二

第2章 绘图前的基本设置

通过学习本章，读者应该了解绘图环境、对象特性、绘图状态的各项内容，并能根据实际需要熟练地进行正确设置。

2.1 设置绘图环境

在手工绘图时，用户首先要确定所需图纸大概的大小、绘图比例、绘图单位等。同样，在利用 AutoCAD 绘图时也需要首先确定这些内容，下面主要介绍绘图前针对绘图环境的设置方法。

2.1.1 绘图比例因子

通常在绘制的图样中，对象的线性尺寸与对象的实际尺寸之比成为比例因子。国家标准规定绘制图样的比例有3类：与实物相同、缩小的比例以及放大的比例。由于在 AutoCAD 2010 中可以采用任意比例来打印实际尺寸的图形，所以在绘图过程中建议使用实际尺寸进行绘图。

如果用户在绘图时采用绘图比例因子，在进行尺寸标注时则应设置相应的测量单位比例因子来标示出图形的实际尺寸。若加入绘图中的一个绘图单位代表实际尺寸的两个单位，则比例因子为1:2，是以缩小比例绘制对象。在进行尺寸标注时则应将测量单位比例因子设置为2。

2.1.2 绘图单位

用户所绘制的每个物体都是用单位来度量的，绘图之前应先设置绘图单位。用户可以设置对象长度以及角度的单位类型和精度，也能为用户从 AutoCAD 设计中心插入的块和其他内容指定单位。

（1）调用命令方式

下拉菜单：格式→单位。

命令：Units。

（2）功能

设置绘图单位。

（3）操作过程

调用该命令后，弹出"图形单位"对话框，如图 2-1 所示。

长度："图形单位"对话框中"长度"一栏用于设置长度单位的类型和精度。用户可以分别点取"类型"和"精度"下拉列表框选择需要的长度单位类型和精度。

角度：用户可以在"角度"下的"类型"和"精度"下拉列表框中选择需要的角度单

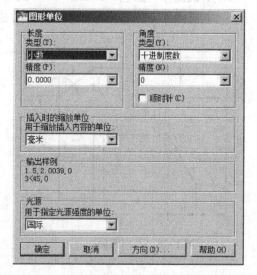

图 2-1 "图形单位"对话框

位类型和精度。"顺时针"复选框用于设置角度测量的方向。

插入时的缩放单位：该栏用于控制插入到当前图形中的块和图形的测量单位。如果块或图形创建时使用的单位与该选项指定的单位不同，则在插入这些块或图形时，将对其按比例缩放。插入比例是源块或图形单位与目标图形单位之比。若插入块时不按指定单位缩放，则应选择"无单位"。

光源：该栏用于指定当前图形中光度控制光源的强度测量单位。

输出样例：显示当前单位设置下的标注示例。

方向：单击"方向"按钮，弹出如图 2-2 所示的"方向控制"对话框。此对话框用于设置角度测量基准。角度测量基准是指角度的零度方向，用户可以选择"东"、"南"、"西"、"北" 4 个常用的方向作为角度测量基准。若有特殊要求，可选择"其他"选项，然后在"角度"文本框输入角度值或单击■按钮拾取角度作为基准角度。

图 2-2　"方向控制"对话框

2.1.3　绘图范围

（1）调用命令方式

下拉菜单：格式→图形界限。

命令：Limits（或 'Limits，作透明命令使用）。

（2）功能

设置图形界限并控制其状态。

（3）操作过程

调用该命令后，AutoCAD 命令行提示如下。

> 重新设置模型空间界限：
> 指定左下角点或[开（ON）/关（OFF）] < 0.0000,0.0000 >：（指定新图形界限的左下角点）
> 指定右上角点 < 420.0000,297.0000 >：（指定新图形界限的右上角点）

用户可以通过指定图形界限的左下角点和右上角点更改图纸大小和位置，同时，还可以设置是否打开图形界限检查。当打开图限检查时（为 ON 状态），AutoCAD 检查用户输入的点是否在设置的图像范围之内，超出图限的点拒绝接受。当为 OFF 状态时，则关闭图限检查。

2.1.4　系统环境

用户可以通过"工具"菜单下的"选项"命令打开"选项"对话框（如图 2-3 所示）来设置系统环境，可设置的内容包括文件资源、屏幕显示状态、打开和保存文件的方式、打印配置等。

1. 文件

"文件"选项卡用于指定 AutoCAD 在搜索支持文件、驱动程序文件、菜单文件及其他文件时的搜索路径、文件名和文件位置等。

2. 显示

"显示"选项卡用于设置 AutoCAD 工作界面的显示形式。其中，"窗口元素"栏用于设

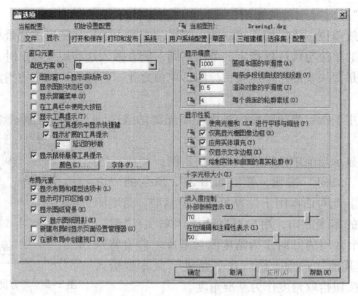

图 2-3 "选项"对话框

置窗口中元素的显示方式。如：窗口中是否显示滚动条、是否显示屏幕菜单、窗口元素的颜色设置等。"显示精度"栏用于设置图形对象的显示效果。"布局元素"栏用于设置在布局中需显示的元素以及图形的打印格式。"显示性能"栏用于设置影响 AutoCAD 性能的显示。另外，十字光标大小、外部参照显示等都可进行设置。

3. 打开和保存

"打开和保存"选项卡用于设置与保存图形文件有关的选项。

4. 打印和发布

"打印和发布"选项卡用于进行打印设置。用户在绘制图形后，可以使用多种方法输出，既可以将图形打印在图纸上，也可以创建成文件以供其他应用程序使用。但在打印或发布图形前，必须指定用于确定输出的设置。通过图纸集管理器，用户可以将整个图纸集轻松发布为图纸图形集，也可以发布为 DWF、DWFx 或 PDF 文件。

5. 系统

"系统"选项卡用于设置 AutoCAD 的一些系统选项。如当前三维性能的设置、数据库连接形式的选择、脱机帮助浏览器的选择等。

6. 用户系统配置

"用户系统配置"选项卡用于优化 AutoCAD 的工作方式。如坐标数据输入优先级的选择、块编辑器的设置、线宽设置等。

7. 草图

"草图"选项卡用于对象自动捕捉、自动追踪功能的一些设置，还包括自动捕捉标记和靶框大小的设置。

8. 三维建模

"三维建模"选项卡用于在三维绘图时，针对三维图形显示方式的一些设置。

9. 选择集

"选择集"选项卡用于设置选择集模式、夹点功能等。

10. 配置

"配置"选项卡用于进行新建系统配置、重命名系统配置、删除系统配置等操作。

2.2 设置对象特性

对象的特性包括对象的线型、颜色、线宽、打印样式和图层等。通过设置对象特性，用户可以非常方便地组织自己的图形对象。在 AutoCAD 2010 中，设置对象的命令可以从"格式"下拉菜单（见图 2-4）或"对象特性"工具栏（见图 2-5）中选取。

图 2-4　"格式"下拉菜单　　　　　　　图 2-5　"对象特性"工具栏

2.2.1 颜色设置

在同一个图形中，用户可以为不同的对象设置不同的颜色，以区分它们的类别和作用。同时，也可以通过设置对象的颜色来控制打印输出时笔画线的宽度。

1. 设置颜色

（1）调用命令方式

下拉菜单：格式→颜色。

命令：Color。

（2）功能

设置当前对象的颜色。

（3）操作过程

调用 Color 命令后，弹出如图 2-6 所示的"选择颜色"对话框。可以在"索引颜色"、"真彩色"或"配色系统"上选择一种具体的颜色作为当前的颜色，AutoCAD 在此后将以该颜色绘图。另外，AutoCAD 中还提供了两种逻辑颜色，即"随层"和"随块"。当对象的颜色设置为"随层"时，绘制对象的颜色与对象所在图层的颜色设置相同。当对象的颜色设置为"随块"时，绘图颜色为白色。当把在该颜色设置下绘制的对象设置为块后，在不同图层插入块时，块对象的颜色将与插入层的颜色一致，但在插入块时当前颜色应设置成"随层"方式。

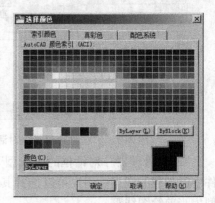

图 2-6　"选择颜色"对话框

还有一种设置当前颜色的简单方法，单击"对象特性"工具栏中"颜色"下拉列表框的■按钮选择即可。

21

2. 修改对象颜色

如想对已设置好颜色的图形进行颜色修改，用户可以使用"特性"对话框或"对象特性"工具栏进行修改。首先选择要修改的对象，然后在"特性"对话框或"对象特性"工具栏中的"颜色"下拉列表框中选择要修改成的颜色。

2.2.2 线型设置

工程设计经常要使用不同的线型，例如实线、虚线、点画线、双线等。而不同的线型表示不同的意义，如轮廓线用实线，看不见的线用虚线等。AutoCAD 提供了丰富的线型。此外，也可以自定义线型，以满足特殊需要。

1. 设置线型

（1）调用命令方式

下拉菜单：格式→线型。

命令：Linetype。

（2）功能

加载、设置线型。

（3）操作过程

调用该命令后，弹出如图 2-7 所示的"线型管理器"对话框。用户可以在"线型管理器"中加载需要的线型、设置当前新绘制图形所使用的线型等。

在"线型管理器"中的"线型"列表框中，默认情况下只有 3 种逻辑线型："随层"、"随块"及连续实线，这对绘图来说往往是不够的，用户可以单击"加载"按钮来添加所需的线型。单击"加载"按钮后，弹出如图 2-8 所示的"加载或重载线型"对话框，用户可以通过其中的"文件"按钮选择其他的线型文件。选定线型文件后，在线型列表框中列出该文件包含的所有线型。用户可以选择一种线型或按下〈Ctrl〉或〈Shift〉键的同时选择多种线型，然后单击"确定"按钮，即可将选择的线型加载到当前图形文件中。

图 2-7　"线型管理器"对话框　　图 2-8　"加载或重载线型"对话框

"线型管理器"对话框的"线型"列表框中显示的有"随层"、"随块"和当前图形文件中已加载的线型。用户可以选择其中一种线型，然后单击"当前"按钮，即可设置该线型为当前绘图线型。

与设置颜色一样，设置线型时，选择"随层"表示当前绘图线型与图层的线型一致。通常绘图线型都设置为随层线型，这样，在哪个工作层上绘图就使用该层的线型。当设置为"随块"时，绘图线型为实线。当把在该线型设置下绘制的对象设置为随块后，在不同图层插入块时，块对象的线型将与插入层的线型一致，但在插入块时当前线型应设置成"随层"

22

方式。如果选择的是其他线型而非逻辑线型，则以后绘制的对象都使用该种线型，而不受绘制对象所在图层线型的影响。

还有一种设置当前线型的简单方法，单击"对象特性"工具栏中"线型"下拉列表框的▪按钮选择即可。

当载入的线型太多时，为方便用户浏览线型，系统提供了"线型过滤器"来设置线型列表显示的方式。"线型过滤器"的下拉列表中提供了 3 个选项，分别是显示所有线型，即显示所有逻辑线型及已加载的线型；显示所有使用的线型，即显示所有已使用了的线型；显示所有依赖于外部参照的线型，即显示外部引用中的线型。选中"线型过滤器"栏中的"反向过滤器"复选框，则表示在线型列表框里不显示任何线型。

如果有些线型是不需要的，用户可以使用"线型管理器"将其删除。在线型列表中选择一个或多个需要删除的线型，单击"删除"按钮或按〈Delete〉键即可将选择的线型从当前图形文件中删除。AutoCAD 只允许删除未使用过的线型，若删除的线型中包含有已使用的线型，系统则弹出警告信息，提示用户不能删除此类线型。

在使用各种线型绘图时，除了实线外，每种线型都是由实线段、空白段、点或文字、图形等组成的序列。当在屏幕显示或输出的线型不合适时，用户可以通过改变线型比例系统变量的方法放大或缩小所有线型每一小段的长度。

单击"线型管理器"中的"显示细节"按钮，这时的在原对话框的下部将增加"详细信息"栏。该栏中的"全局比例因子"和"当前对象缩放比例"文本框用于设置线型比例。

2. 修改对象线型

修改已有的图形对象线型有两种方法，即使用"特性"对话框和"对象特性"工具栏进行修改。首先要选择要修改的对象，然后在"特性"对话框或"对象特性"工具栏中的"线型"下拉列表框中选择要修改成的线型。

2.2.3 线宽设置

用户可以设置绘制的所有线段的宽度，使用这个特性的好处是在打印图形时可以得到图形在屏幕上显示的线宽。用户在绘图过程中可以将不同的线宽特性赋予指定的图形对象，这样在屏幕上就能够直接看到设计效果。图 2-9 所示的就是采用不同线宽绘制的图形对象。

图 2-9　采用不同线宽绘制的图形对象

1. 设置线宽

（1）调用命令方式

下拉菜单：格式→线宽。

命令：Lweight。

（2）功能

设置绘图时线段的宽度。

（3）操作过程

调用 Lweight 命令后，系统将弹出如图 2-10 所示的"线宽设置"对话框。用户可以根据需要进行相应的设置。

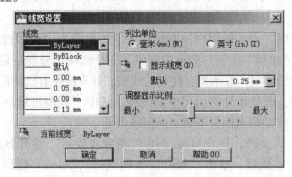

图 2-10　"线宽设置"对话框

该对话框中，"线宽"栏用于设置图形对象的线条宽度。在"线宽"栏的下拉列表框中选择一种线条后，即以选择的线宽绘制图形对象。若选择的是"随层"，表示当前绘图线宽与图层的线宽一致。通常绘图线型都设置为随层线宽，这样在哪个工作层上绘图，就使用该层的线宽。当设置为"随块"时，绘图线宽为设置的默认线宽。当把在该线型设置下绘制的对象设置为块后，在不同图层插入块时，块对象的线宽与插入层的线宽一致，但在插入块时当前线宽应设置为"随层"方式。当设置为"默认"时，绘图线宽为设置的"默认"线宽。当改变默认线宽的设置值时，自动更改以前采用"默认"线宽绘制的图形对象的线宽。"默认"线宽由系统变量 Lwdefault 来控制。该值设置为"0"时，在模型空间中按一个像素宽度显示绘制的对象，在打印时按指定打印设备的最小有效宽度打印图形对象；当设置为其他值时，按设置的线宽值显示和打印图形对象，而不受绘制对象所在图层线宽的影响。

"线宽设置"对话框中，"列出单位"栏用于设置线宽的单位，包括"毫米"和"英寸"两种单位。

"显示线宽"复选框用于设置是否按设置的线宽显示图形。与状态栏上的"线宽"按钮功能相同。

"默认"下拉列表用于设置系统变量 Lwdefault 的线宽值。用户可从相应的列表中选择一种线宽值作为系统的"默认"线宽。

"调整显示比例"栏用于设置线宽的显示比例。

还有一种设置当前线宽的简单方法，单击"对象特性"工具栏中"线宽"下拉列表框的 ▪ 按钮选择。

2. 修改对象线宽

修改已有的图形对象线型也有两种方法。可以使用"特性"对话框或"对象特性"工具栏进行修改。首先要选择要修改的对象，然后在"特性"对话框或"对象特性"工具栏中的"线型"下拉列表框中选择要修改成的线型。

2.2.4　打印样式设置

在默认情况下（系统变量 Pstylepolicy 值为 1），新创建图形文件采用颜色相关打印模式，这时打印样式被映射到对象的颜色特性，不能直接设置打印样式，在"对象特性"工具栏中"打印样式"为灰度显示。当系统变量 Pstylepolicy 设置为 0 时，在新创建图形文件中可以设置对象的打印样式。需要注意的是，用户不能改变当前文件的打印样式与颜色的相关性，改变系统变量 Pstylepolicy 值只能改变新建图形文件的打印样式与颜色的相关性。

1. 设置打印样式

（1）调用命令方式

下拉菜单：格式→打印样式。

命令：Plotstyle。

（2）功能

控制附着到当前布局，并可指定给对象的命名打印样式。

（3）操作过程

调用该命令后，若当前图形文件使用颜色相关打印模式，则不能设置对象的打印样式，而是弹出如图 2-11 所示的提示对话框。若未采用颜色相关打印模式，则弹出如图 2-12 所示的"当前打印样式"对话框。

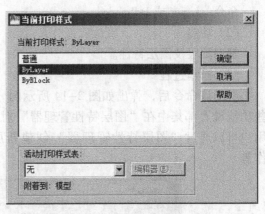

图 2-11　使用颜色相关打印模式的提示对话框　　　图 2-12　"当前打印样式"对话框

在选择"活动打印样式"时，只有"普通"、"ByLayer（随层）"、"ByBlock（随块）" 3 种打印样式。设置为"普通"时，采用系统的默认打印样式，用户对该样式不能进行修改；设置为"ByLayer（随层）"时，表示当前图形对象的打印样式与所在图层的打印样式一致；设置为"ByBlock（随块）"时，当把在该设置下绘制的对象设置为块后，在不同图层插入块时，块对象的打印样式将与插入层的打印样式一致，但在插入块时当前打印样式应设置为"ByLayer（随层）"。

若要采用其他的打印样式，可在"活动打印样式表"下拉列表中选择一个活动打印样式表，并在打印样式列表中选择新的打印样式，如图 2-13 所示。

2. 修改打印样式

只有未采用颜色相关打印模式时才能修改对象的打印样式。修改打印样式也可以使用"特性"对话

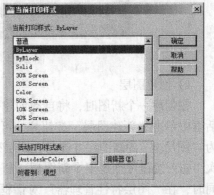

图 2-13　"当前打印样式"对话框

框或"对象特性"工具栏两种方法进行修改。

2.2.5 图层设置

在 AutoCAD 中，所有绘制的对象物体都是绘制在图层上，图层就像是透明的一层层图纸，不同的图层绘制、存放不同的绘图信息，当所有图层叠加在一起时，即可构成所绘制的图形。绘图时，用户可根据需要添加或删除层、设置该层的颜色和线型等信息。

所有图形对象的公共特性包括颜色、线型、线宽和打印样式。用户可通过层向对象赋予这些公共特性，可使用层将各种物体对象分组来管理，同时定义不同的颜色、线型和线宽来区分不同的物体。这样可提高用户的绘图质量，并增加图形的易读性。用户若能组织好层与层上的对象，那么在管理绘图信息时，将变得更容易。

1. 图层特性管理器

（1）调用命令方式

下拉菜单：格式→图层。

工具栏："图层"工具栏📑（"图层特性管理器"按钮）。

命令：Layer 或 Ddlmodes。

（2）功能

管理图层及图层特性。

（3）操作过程

调用该命令后，弹出如图 2-14 所示的"图层特性管理器"对话框。与图层相关的一些功能设置都集中在"图层特性管理器"对话框中来统一管理，从而使设置更简洁易用。用户可以通过"图层特性管理器"创建新层，设置图层的颜色、线型和线宽及其他操作等。

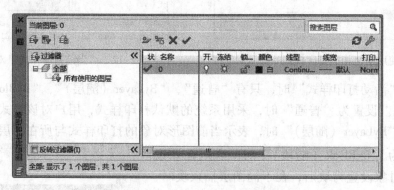

图 2-14 "图层特性管理器"对话框

1）创建图层

在创建一个新图时，将自动创建一个 0 层为当前图层。用户在"图层特性管理器"对话框中单击"新建图层"按钮📑，可依照 0 图层为模板创建一个新层。这时创建一个命名为"图层 1"的新图层并显示在图层列表框中，且新图层处于被选中状态（高亮显示）。多次单击📑按钮可创建多个新图层，新图层的默认名称依次为"图层 2"、……、"图层 n"。同时，在"图层特性管理器"对话框的右边空白区域单击右键，在弹出的快捷菜单中也可以设置图层。

2）删除图层

如设置了多余图层，用户也可以先选择要删除的图层，然后单击 ⊠ 删除图层按钮或按〈Delete〉键。但要注意的是，用户不能删除 0 层、定义点层、当前层、外部引用所在层以及包含有对象的图层。否则将给出警告信息，提示用户不能删除选择的图层。

3）设置当前图层

用户都是在当前层上绘制图形对象，当选择了某一图层作为当前层后，则新创建的对象就绘制在该图层上。若要设置当前层，用户可在"图层特性管理器"中从图层列表选择一个图层，然后单击 ✔ 置为当前按钮，即可将选择的图层设置为当前图层，并在图层列表上面的当前层提示栏显示所选图层名字。当前层只能设置一个，且冻住的图层和基于外部引用的图层不能设置为当前图层。另外，用鼠标双击某一图层名也可将该图层设置为当前层。还可以单击"对象特性"工具栏的 ⊜ 按钮将对象所在图层设置为当前图层，选择已绘制的图形对象，就会将该对象所在的图层作为当前图层。

4）改变图层名称

新建图层默认的图层名为"图层 1""图层 2"…，建议用一个有意义的层名来命令图层，如"轴线"层、"文字"层等以给后期的修改、使用带来方便。改变层名的方法：先选中该图层，然后单击该图层层名，将出现文字编辑框，在文字编辑框中删除原图层名，键入新的图层名。

2. 设置图层特性

（1）改变图层颜色

新建图层默认的颜色为白色，用户可根据需要改变图层颜色。改变图层颜色的方法：单击"图层特性管理器"对话框中该图层的颜色，将弹出如图 2-6 所示的"选择颜色"对话框。用户在"选择颜色"对话框中选择一种所需的颜色即可。

（2）改变图层线型

新建图层默认的线型为上一层设置的线型，用户可根据需要改变线型。改变图层线型的方法：单击"图层特性管理器"对话框中该图层的线型名称，将弹出如图 2-7 所示的"线型管理器"对话框。在"线型管理器"对话框中选择一种所需的线型。如果所需的线型不在已加载的线型列表中，可单击"线型管理器"对话框中的"加载"按钮来装入线型到当前图形中。

（3）改变图层线宽

新建图层的线宽为上一层设置的线宽，用户可根据需要改变线宽。改变图层线宽的方法：单击"图层特性管理器"对话框中该图层的线宽，将弹出如图 2-10 所示的"线宽"对话框，在其中选择一种所需的线宽即可。

3. 设置图层状态

（1）图层的打开与关闭

图层有打开与关闭两种状态，一般用于图形的修改或出专题图。图层打开时，该图层上的图形既可以显示又可以打印；图层关闭时，该图层上的图形既不可以显示也不可以打印，但关闭的图层仍是图形的一部分。如需频繁地切换图形的可见性，可使用此项。打开与关闭图层的方法：单击"图层特性管理器"对话框中的小灯泡 ♀ 即可切换状态，灯泡为黄色时表示该图层打开，灯泡为灰色时表示该图层关闭。

（2）图层的冻结与解冻

冻结的图层与关闭的图层一样，该图层上的图形既不可以显示也不可以打印。区别在于关闭图层上的图形在重生成时是可以生成的，而冻结图层上的图形在重生成时是不可以生成的，这样就可以节省时间。如果长时间不需要显示的图层，可使用此项。冻结与解冻图层的方法：单击"图层特性管理器"对话框中的 ☼，图标为太阳时表示该图层未冻结，图标为雪花时表示该图层被冻结。用户可以通过单击这个图标来冻结或解冻图层。

（3）图层的锁定与解锁

锁定图层上的图形能显示和打印，但用户不能对其进行编辑和修改。如果要防止某一个图层上的对象被修改，可使用此项将该层锁定。锁定与解锁图层的方法：单击"图层特性管理器"对话框中的 🔓，图标为锁住时表示该图层被锁定，图标为开锁时表示该图层未锁定。用户可以通过单击此图标来锁定与解锁图层。

2.3 设置绘图状态

在 AutoCAD 2010 工作界面的最下端为状态栏，其中有 10 个控制当前绘图状态的开关按钮，如图 2-15 所示。从左至右分别表示：捕捉模式、栅格显示、正交模式、

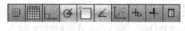

图 2-15 状态栏的绘图状态按钮

极轴追踪、对象捕捉、对象捕捉追踪、允许/禁止动态 UCS、动态输入、显示/隐藏线宽、快捷特性等 10 个功能。当按钮被按下时对应模式处于打开状态，当按钮上浮时则处于关闭状态。

2.3.1 草图设置

设置草图主要用来设置辅助绘图工具的模式。

（1）调用命令方式

下拉菜单：工具→草图设置。

命令：Dsettings。

状态栏：在状态栏的"捕捉模式"、"栅格显示"、"极轴追踪"、"对象捕捉"、"对象捕捉追踪"、"动态输入"、"快捷特性"中的任一个按钮上单击右键，在弹出的快捷菜单中选择"设置"命令，如图 2-16 所示。

（2）功能

主要用来设置辅助绘图工具的模式。

（3）操作过程

输入草图设置命令后，弹出如图 2-17 所示的"草图设置"对话框。其中，"捕捉和栅格"选项卡用于栅格捕捉及显示栅格的设置；"极轴追踪"选项卡用于极轴追踪及对象追踪的设置；"对象捕捉"选项卡用于设置对象的捕捉方式；"动态输入"选项卡用于设置动态输入的选项，主要是为了提高绘图速度。用户可根据需要选定"动态输入"选项卡中"启用指针输入"、"可能时启用标注输入"和"动态提示"中的任一项。"快捷特性"选项卡可以在图形中显示和更改任何对象的当前特性。

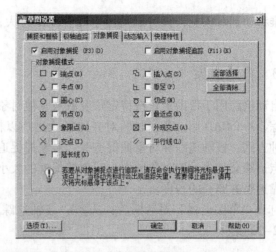

图 2-16 由状态栏弹出
"设置"命令

图 2-17 "草图设置"对话框

2.3.2 捕捉和栅格

"草图设置"对话框中的"捕捉和栅格"选项卡主要用于设置捕捉间距和栅格间距，如图 2-18 所示。用户可在捕捉间距文字编辑框和栅格间距文字编辑框中输入数值，并用鼠标单击选中"启用捕捉"或"启用栅格"复选框，即为打开捕捉或栅格。

栅格相当于坐标纸的小网格，在世界坐标系中布满图幅内，两个小黑点之间的距离即为"捕捉和栅格"选项卡中设置的栅格间距。在绘图前可打开栅格，以精确绘图并可避免将图形画在图纸之外，图 2-19 即为打开栅格显示。但栅格不是图形的一部分，打印时不会打印输出。

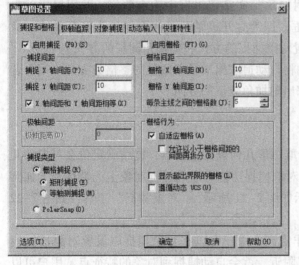

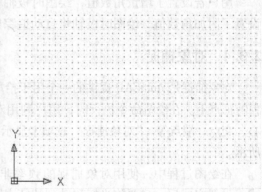

图 2-18 "捕捉和栅格"选项卡

图 2-19 显示"栅格"

捕捉与栅格是配合使用的，捕捉打开时，光标一次移动的距离是在"捕捉和栅格"选项卡中设置的捕捉间距，所以设置的栅格间距应是捕捉间距的整倍数。在捕捉对象时，若鼠标很难移动到对象上，很可能是由于捕捉间距过大，这时可把捕捉间距设置成一个较小的数值。

2.3.3 自动追踪

自动追踪用于帮助用户按特定角度或与其他对象物体的相互关系绘制物体。如果打开自动追踪，AutoCAD 用一条临时的对齐路径让用户以精确的位置和角度绘制对象。自动追踪有两种方式：极轴追踪和对象捕捉追踪。对象捕捉追踪连同对象捕捉一同使用，要对一目标对象点追踪必须先设置对象捕捉，对象捕捉框的大小决定了在自动追踪对齐路径显示前光标必须靠近对齐路径的程度。

打开"草图设置"对话框后，选择"极轴追踪"选项卡，设置自动追踪的极轴方向，如图 2-20 所示。

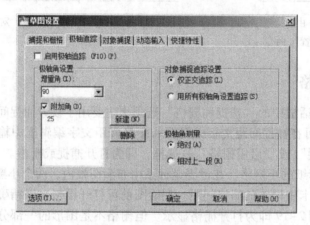

图 2-20 "极轴追踪"选项卡

用户可在"增量角"文字编辑框和"附加角"文字编辑框中输入数值，并用鼠标单击选中"启用极轴追踪"或"附加角"复选框，即为打开极轴追踪或附加角。也可在"对象捕捉追踪设置"和"极轴角测量"栏中设置对象捕捉的方式和极轴角测量的方式。

用户若设置了增量角数值，绘图时极轴将自动追踪出增量角数值的整倍数方向。用户若设置了附加角数值，绘图时极轴将自动追踪出附加角数值的方向。

2.3.4 对象捕捉

对象捕捉是 AutoCAD 提供的一个用于拾取图形几何点的过滤器，能精确定位在对象的几何特征点上。在绘图命令执行时，用户利用对象捕捉功能可准确捕捉对象上的特征点，如圆心、交点、端点等。"对象捕捉"选项卡显示如图 2-21 所示，"对象捕捉"工具栏如图 2-22 所示。

在绘图过程中，使用对象捕捉的频率非常高。用户可以在对象捕捉中设置对象捕捉模式，设置完成后，只要将光标移动到特征点附近，就会自动捕捉到对象的特征点。用户可以单击"全部选择"或"全部清除"按钮来快速选择或清除设置的捕捉点。

需要说明的是，在"对象捕捉"选项卡中，对象捕捉模式一旦设置，将一直起作用，除非再次改变设置。而用对象捕捉工具栏设置的模式是设置一次只能使用一次。

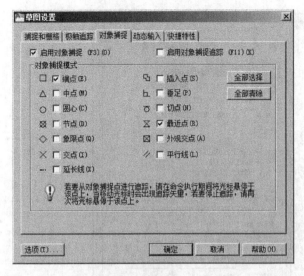

图 2-21　"对象捕捉"选项卡 　　　　　　　图 2-22　"对象捕捉"工具栏

2.3.5　正交模式

当正交模式打开时只能绘制水平线和铅直线。

（1）调用命令方式

命令：Ortho。

功能键：F8。

状态栏：■按钮。

（2）功能

打开或关闭正交模式。

（3）操作过程

当正交模式打开时，用户在绘制直线时，指定第一个点后，连接光标和起点的线总是平行于 X 轴或 Y 轴。若不使用对象捕捉或直接输入点坐标，而单纯用鼠标在绘图区域指定点，绘出的直线往往是水平线或垂直线。用户指定的第二点不一定是直线的端点，该点仅定义直线端点的 X 坐标或 Y 坐标，当 Y 增量大于 X 增量时绘制的为垂直线，反之绘制水平线。

当正交模式关闭时，用户才可以绘制任意方向的直线。

需要注意的是，极轴与正交模式当前不可同时处于打开状态。

2.4　实训

【实训 2-1】打开 AutoCAD 2010，设置绘图区背景色为绿色；自动保存时间为 15 分钟；长度、角度单位均为十进制，小数点后的位数保留 2 位，角度 0 位。

操作步骤：

① 双击 AutoCAD 2010 快捷方式图标■，打开 AutoCAD 2010，在命令行空白处单击鼠标右键，从弹出的快捷菜单中选择"选项"命令，弹出"选项"对话框，如图 2-23 所示。

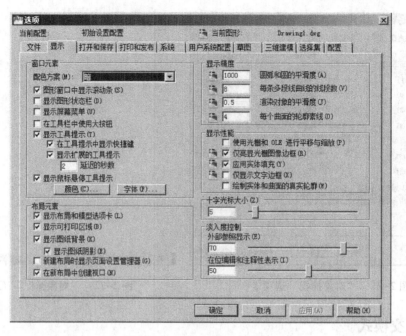

图 2-23 "选项"对话框

选择"显示"选项卡,单击"颜色"按钮,弹出"图形窗口颜色"对话框,选择绿色,如图 2-24 所示。

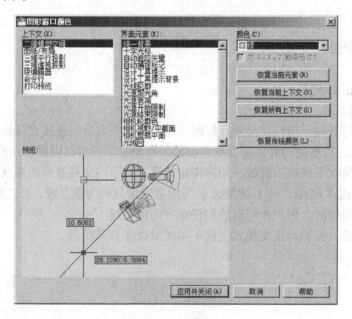

图 2-24 选择绿色

② 选择"打开和保存"选项卡,单击选中"文件安全措施"选项组中的"自动保存"复选框,并在"保存间隔分钟数"文本框中输入"15",如图 2-25 所示。

③ 打开"格式"下拉菜单下的"单位"对话框,进行单位和精度的设置,如图 2-26 所示。

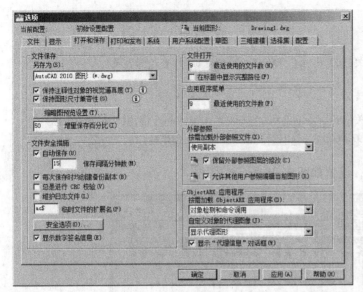
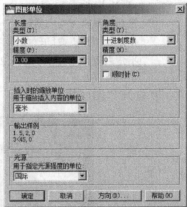

图 2-25 设置自动保存及时间　　　　　　图 2-26 图形单位与精度设置

【实训 2-2】用 A4（210×297）的图幅绘制并保存如图 2-27 所示的图形。要求设置见表 2-1 中的相应图层特性。

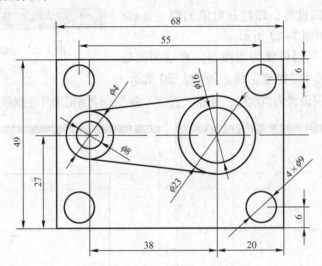

图 2-27 例 2-2 图例

表 2-1 实训 2-2 建立的图层特性

图 层 名	颜 色	线 型	线 宽
实线	黑色	实线	0.3 mm
虚线	蓝色	虚线	0.15 mm
辅助线	红色	虚线	0.15 mm

操作步骤：

① 启动 AutoCAD 2010，打开 AutoCAD 的主窗口。

② 在 AutoCAD 的命令行输入 "limits" 命令，设置图幅，并检查绘图界限。

命令：limits

重新设置模型空间界限：

指定左下角点或 [开(ON)/关(OFF)] <0.0000,0.0000>：on(检查绘图界限)

命令：limits

重新设置模型空间界限：

指定左下角点或 [开(ON)/关(OFF)] <0.0000,0.0000>：(按〈Enter〉键，默认左下角坐标)

指定右上角点 <420.0000,297.0000>：210,297(输入图幅右上角坐标)

③ 打开"图层特性管理器"，设置如图 2-28 所示的图层。

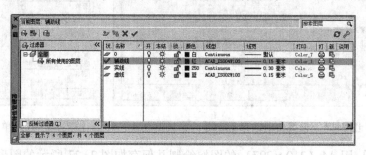

图 2-28　设置的图层示例

④ 状态栏按钮的设置，即打开对象捕捉、显示/隐藏线宽等按钮，如图 2-29 所示。

图 2-29　状态栏按钮的设置示例

⑤ 把"辅助线"层设置为当前层，在绘图区适当位置，按照图形尺寸绘制辅助线，如图 2-30 所示。

⑥ 把"实线"层设置为当前层，选择"直线"命令，绘制图形外轮廓线，如图 2-31 所示。

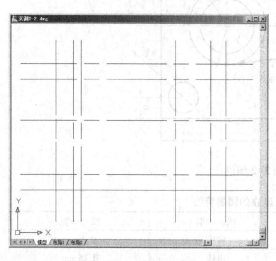

图 2-30　绘制辅助线

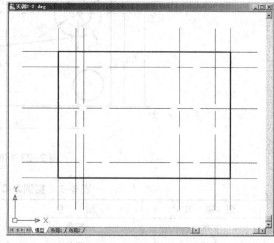

图 2-31　绘制外轮廓线

⑦ 选择"圆"命令，在相应辅助线交点处，按尺寸绘制各圆，如图 2-32 所示。

⑧ 将"对象捕捉"设置为"切点"。选择"直线"命令，绘制出相应切线，如图 2-33 所示。

34

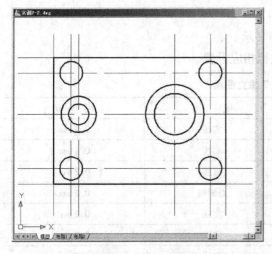
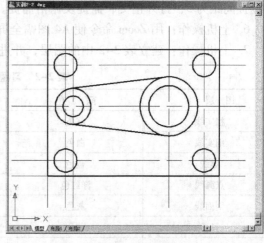

图 2-32　绘制圆　　　　　　　　　　　图 2-33　绘制切线

⑨ 把"虚线"层设置为当前层，绘制虚线，关闭"辅助线"图层，效果如图 2-34 所示。

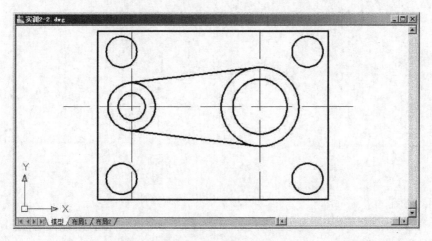

图 2-34　绘制虚线并关闭"辅助线"层

⑩ 单击"标准"工具栏"保存"按钮█，命名并保存文件到合适的位置，如："C：\
练习\实训 2-2 图形 . dwg"。

2.5　上机操作及思考题

1. 绘图前要进行哪些设置？设置的目的是什么？
2. 对象特性包括哪些内容？修改对象特性的方法有哪些？
3. 设置图层的目的是什么？有哪些益处？
4. 上机操作：设置绘图区背景色为白色；自动保存时间为 5 分钟；图形界限为 A4
（210 ×297）；线型的全局比例因子为 1.5；长度、角度单位均为十进制，小数点后的位数保
留 2 位，角度 0 位。
5. 上机操作：用"草图设置"对话框，设置常用的绘图工具模式：栅格间距为 20；栅

格捕捉间距为 5；打开正交、捕捉及栅格捕捉。

6. 上机操作：用 Zoom 命令使 A4 图幅全屏显示。

7. 上机操作：建立表 2-2 中的图层，并进行相应设置。

表 2-2　习题 7 建立图层

图　层　名	颜　色	线　型	线　宽
粗实线	红色	实线	0.7 mm
细实线	白色	实线	0.2 mm
虚线	蓝色	虚线	0.2 mm
点画线	洋红色	点画线	0.2 mm
剖面线	灰色	实线	0.2 mm
尺寸	黄色	实线	0.2 mm
文字	绿色	实线	0.2 mm
剖切符号	黑色	实线	1 mm

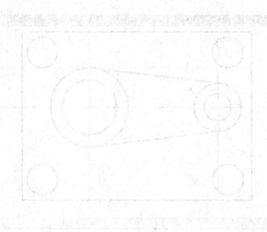

第3章 基本二维绘图

AutoCAD 提供有丰富的二维绘图命令来绘制基本的二维图形。通过学习本章，读者应理解点、线、面的概念，能将专业中常用的基本图形划分为点、线、面组成的单位，要熟练地掌握基本的二维图形绘制方法，能准确快速地绘制图样。

3.1 绘制点

3.1.1 设置点样式

点是构造图形的一个最小的实体，其主要用途是标记位置或用作节点，如标记圆心、中点等。AutoCAD 提供了多种点样式，用户可以根据实际工程的需要设置合适的当前点的显示样式。

（1）调用命令方式

下拉菜单：格式→点样式。

命令：Ddptype。

（2）功能

设置点的类型和大小。

（3）操作过程

调用该命令，弹出如图 3-1 所示的"点样式"对话框。在对话框中共有 20 种点样式，单击其中一种，该图框颜色改变，表明已选中该类型的点样式。

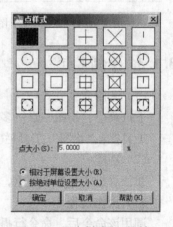

图 3-1 "点样式"对话框

在该对话框中，"点大小"是指相对于屏幕的百分比大小或绝对单位设置点的大小。根据其下方单选按钮的选择不同代表不同的含义。其中，"相对于屏幕设置大小"是指按屏幕尺寸的百分比设置点的显示大小；"按绝对单位设置大小"是指按指定的实际单位设置点显示的大小。

注意：若选择前者，当进行缩放时，点的显示大小并不改变。若选择后者，则点大小随缩放而改变。

设置好"点样式"后，用户就可以进行点的绘制。AutoCAD 提供了两种绘制点的方法，即"单点"和"多点"，用于绘制单个点或任意多个点。

3.1.2 绘制单点

（1）调用命令方式

下拉菜单：绘图→点→单点。

命令：Point 或 po。

（2）功能

在指定位置创建一个点。

（3）操作过程

调用该命令后，AutoCAD 命令行提示如下。

当前点模式：PDMODE = 0　PDSIZE = 0.0000　（当前点类型和大小）
指定点：　（在屏幕上需要绘制点的位置单击或输入坐标即可绘制出点）

【例3-1】设置点的样式为＋，标记如图 3-2 所示圆的圆心。

操作步骤：

通过"格式"菜单下的"点样式"对话框，设置点样式为"＋"，输入单点命令，通过对象捕捉功能，捕捉到圆的圆心，完成操作，如图 3-3 所示。

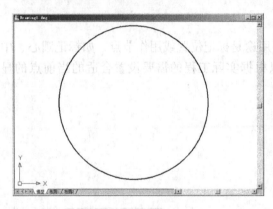
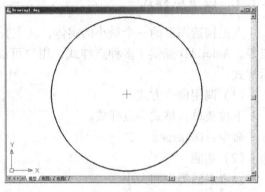

图 3-2　例 3-1 图例　　　　　　　　　　图 3-3　标记圆心

3.1.3　绘制多点

（1）调用命令方式

下拉菜单：绘图→点→多点。

工具栏："绘图"工具栏·（"点"按钮）。

（2）功能

在任意指定位置创建点，直到按〈Enter〉键或按〈Esc〉键才结束命令。

（3）操作过程

调用该命令后，命令行提示如下。

当前点模式：　PDMODE = 0　PDSIZE = 0.0000　（当前点类型和大小）
指定点：　（在屏幕上需要绘制点的位置单击或输入坐标即可绘制出点）

【例3-2】标记如图 3-4 所示三角形的角点和各边的中点。

操作步骤：

选择适当点样式，输入多点命令，通过对象捕捉功能，分别捕捉到各端点和中点，完成操作，如图 3-5 所示。

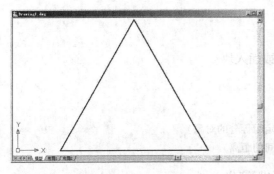
图 3-4　例 3-2 图例

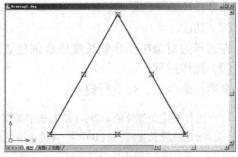
图 3-5　标记三角形端点和中点

3.1.4　绘制等分点

（1）调用命令方式

下拉菜单：绘图→点→定数等分。

命令：Divide。

（2）功能

在选择的对象创建等分点或在等分点处插入块。

（3）操作过程

调用该命令后，命令行提示如下。

> 选择要定数等分的对象：（单击选中需要定数等分的对象）
> 输入线段数目或[块(B)]：（在命令框中输入需要等分的数目,按〈Enter〉键即可显示等分的点）

被等分的对象并没有被断开，而只是将这些点作为标记放上去。

【例 3-3】将图 3-6 所示的直线 10 等分。

操作步骤：

选择定数等分功能，命令行提示如下。

> 选择要定数等分的对象：（选择直线）
> 输入线段数目或[块(B)]：10___　　（输入要等分的数量）

定数等分后的效果如图 3-7 所示。

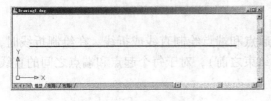
图 3-6　例 3-3 图例

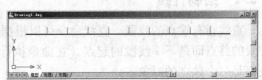
图 3-7　定数等分后的效果

3.1.5　绘制等距点

（1）调用命令方式

下拉菜单：绘图→点→定距等分。

命令：Measure 或 me。

（2）功能

在选择的对象按指定的长度依次创建点或插入块。

（3）操作过程

调用该命令后，命令行提示：

> 选择要定距等分的对象：（单击选中需要定距等分的对象）
> 指定线段长度或［块（B）］：（输入点之间的距离）

【例 3-4】仍对图 3-6 所示的直线进行定距等分。

操作步骤：

选择定距等分功能，命令行提示如下。

> 选择要定距等分的对象：（选择直线）
> 输入线段长度或［块（B）］：500　　（输入点之间的距离为 500）

图 3-8 和图 3-9 是对同一条直线进行距离为 500 的定距等分后的效果，但由于在"选择要定距等分的对象"时，选择的位置不同，效果也不同。图 3-8 是选择直线左侧后等分的效果，是以直线左端为起点，按照距离为 500 的图形单位进行的定距等分。而图 3-9 则是选择直线右侧后等分的效果，是以直线右端为起点，按照距离为 500 的图形单位进行的定距等分。

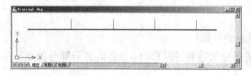 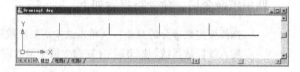

图 3-8　定距等分效果一　　　　　　　图 3-9　定距等分效果二

定数等分和定距等分命令的执行对象只能是有端点的直线或弧线，不包括构造线。

3.2　绘制线

线是构成图形的主要部分。AutoCAD 为用户提供了直线、射线、构造线、多段线、弧线等多种类型的线条。本节主要介绍线的绘制方法和主要用途。

3.2.1　绘制直线

直线指有端点的线段。直线命令可以根据起点和端点绘制直线或折线。在绘制折线时，线段的终点即是下一线段的起点（在命令执行结束之前），对于每个起点和端点之间的直线段都是一个独立的对象。

（1）调用命令方式

下拉菜单：绘图→直线。

工具栏："绘图"工具栏（"直线"按钮）。

命令：Line 或 L。

（2）功能

绘制一条直线段或连续的二维、三维线段。

（3）操作过程

调用该命令后，命令行提示如下。

> 指定第一点：（确定直线段的起点）
> 指定下一点或［放弃（U）］：（确定一条直线段的终点或连续线段的第二点）
> ……
> 指定下一点或［闭合（C）/放弃（U）］：（确定连续线段的终点）
> 指定下一点或［闭合（C）/放弃（U）］：（按〈Enter〉键，结束命令）

在确定直线段起点时，可以用鼠标在屏幕上点选，也可以输入坐标，在确定第二个及以后的点时，移动鼠标即可看到起点和光标点有一连线，此时在命令框中直接输入直线段的长度，系统会在上一点和光标点连线方向自动绘出输入长度的直线段。

【例3-5】以（0，0）点为起点，绘制一个长为100，宽为50的长方形。

操作步骤：

打开"正交模式"，单击绘图工具栏中的"直线"按钮，命令行提示如下。

> 指定第一点：0,0（指定长方形第一点）
> 指定下一点或［放弃（U）］：100（将鼠标放在长边方向上，输入100按〈Enter〉键，绘制边长为100的边）
> 指定下一点或［放弃（U）］：50（将鼠标放在短边方向上，输入50按〈Enter〉键，绘制边长为50的边）
> 指定下一点或［闭合（C）/放弃（U）］：100（绘制另一条长边）
> 指定下一点或［闭合（C）/放弃（U）］：c（输入"c"按〈Enter〉键，闭合到图形起点）

也可以用坐标输入法进行绘图。

> 指定第一点：0,0
> 指定下一点或［放弃（U）］：100,0
> 指定下一点或［放弃（U）］：100,50
> 指定下一点或［闭合（C）/放弃（U）］：0,50
> 指定下一点或［闭合（C）/放弃（U）］：c

绘制结果如图3-10所示。

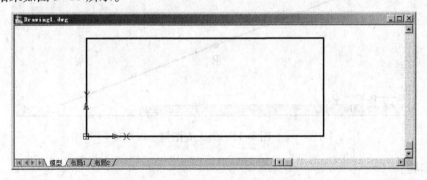

图3-10　用直线命令绘制的长方形

3.2.2 绘制射线

我们在绘制二维图形时，通常需要做一些辅助线来完成，射线即是其中一种。射线是指从指定的起点向某一个方向无限延伸的直线。一般情况下，射线只能作为辅助线使用而不能作为图形的一部分。

（1）调用命令方式

下拉菜单：绘图→射线。

命令：Ray。

（2）功能

绘制二维或三维射线。

（3）操作过程

调用该命令后，命令行提示如下。

> 指定起点：（确定射线起点）
> 指定通过点：（确定射线上另一点）
> ……（创建同一起点的多重射线）
> 指定通过点：（按〈Enter〉键，结束命令）

【例3-6】绘制如图3-11所示的射线。

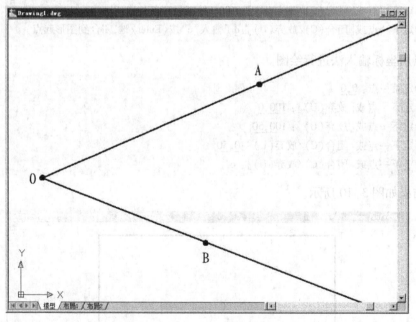

图3-11 例3-6图例

操作步骤：

选择绘制射线命令，命令行提示如下。

指定起点：（单击选定 O 点,确定射线的起点）

指定通过点：（单击选定射线上另一点 A,确定 OA 射线的方向）

指定通过点：（单击选定射线上另一点 B,确定 OB 射线的方向）

指定通过点：（按〈Enter〉键,结束命令）

即可完成操作如图 3-11 所示的射线。

3.2.3 绘制构造线

构造线是向两端无限延伸的直线，主要用在工程制图中保证主视图与侧视图、俯视图之间的投影关系而做的辅助线，同样也不是图形的一部分。

（1）调用命令方式

下拉菜单：绘图→构造线。

工具栏："绘图"工具栏 ("构造线"按钮)。

命令：Xline 或 xl。

（2）功能

绘制两端无限延长的直线作为绘图的辅助线。

（3）操作过程

调用该命令后，命令行提示如下。

指定点或[水平(H)/垂直(V)/角度(A)/二等分(B)/偏移(O)]：（用户可指定一点或选择各项）

指定通过点：（指定构造线上另外一点）

……　（创建同一起点的多条构造线）

指定通过点：（直接按〈Enter〉键,结束命令）

其中，各选项含义如下。

- 水平：绘制水平的构造线。

- 垂直：绘制垂直的构造线。

- 角度：绘制与水平方向或参考方向成一定角度的构造线。

- 二等分：绘制平分指定角的构造线。

- 偏移：绘制一条与已知直线平行，通过一点与已知直线有一定距离的构造线。

【例3-7】用构造线绘制如图 3-12 的辅助线。

操作步骤：

选择绘制构造线命令，命令行提示如下。

指定点或[水平(H)/垂直(V)/角度(A)/二等分(B)/偏移(O)]：h(输入"h"绘制一条水平线)

指定通过点：100,100　（该构造线通过点 100,100）

指定通过点：　（按〈Enter〉键,结束命令）

继续选择绘制构造线命令，命令行提示如下。

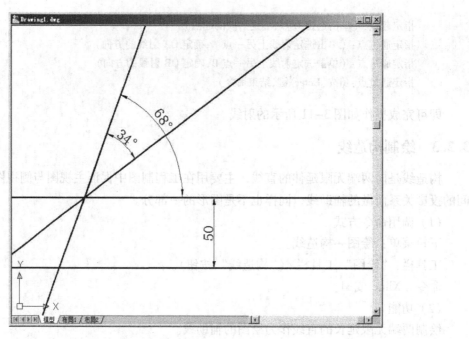

图 3-12　例 3-7 图例

指定点或 [水平(H)/垂直(V)/角度(A)/二等分(B)/偏移(O)]：o（输入"o"绘制与上一条构
造线有一定距离的构造线）

指定偏移距离或 [通过(T)] <通过>：50（两条构造线之间的间距为50）

选择直线对象：（选择要参照的构造线）

指定向哪侧偏移：（指定要绘制的构造线在参照构造线的哪一侧）

选择直线对象：✓（按〈Enter〉键,结束命令）

继续选择绘制构造线命令，命令行提示如下。

指定点或[水平(H)/垂直(V)/角度(A)/二等分(B)/偏移(O)]：a（输入"a"绘制与参照构造线
成一定角度的构造线）

输入构造线的角度(0)或[参照(R)]：r（输入"r"选择与某参照线成一定角度）

选择直线对象：（选择参照线）

输入构造线的角度 <0>：68（与参照线之间的夹角为68°）

指定通过点：120,120（确定构造线的位置）

指定通过点：✓　（按〈Enter〉键,结束命令）

再次选择绘制构造线命令，命令行提示如下。

指定点或[水平(H)/垂直(V)/角度(A)/二等分(B)/偏移(O)]：b　（输入"b"角平分线）

指定角的顶点：✓　（选择两条构造线的交点）

指定角的起点：✓　（指定第一条构造线）

指定角的端点：✓　（指定第二条构造线）

指定角的端点：✓　（按〈Enter〉键,结束命令）

即可完成操作绘制如图 3-12 所示的构造线。

3.2.4 绘制多线

1. 绘制多线

多线是由多条平行线组合而成的图形，其中每一条平行线称为该多线的一个元素。多线中平行线的数目、颜色和相互间的距离都可以根据需要进行设置。在绘制电子路线图、建筑墙体等平行线组成的对象时，调用"多线"命令能极大提高绘图效率。

（1）调用命令方式

下拉菜单：绘图→多线。

命令：Mline 或 ml。

（2）功能

绘制一组有一定间距的多条平行线组成的对象。

（3）操作过程

调用该命令后，命令行提示如下。

> 当前设置：对正 = 上，比例 = 20.00，样式 = STANDARD
>
> 指定起点或［对正(J)/比例(S)/样式(ST)］:

该选项含义如下。

- 指定起点：默认选项。按照当前设置的多线样式绘制多线。
- 对正：决定如何在指定点绘制多线。
- 比例：决定多线的宽度以及样式中宽度的比例因子。
- 样式：如果预先设置了多种多线样式，可通过该选项从列出的多线样式中选择一种进行绘制。

2. 设置多线样式

（1）调用命令方式

下拉菜单：格式→多线样式。

命令：Mlstyle。

（2）功能

定义、管理多线的样式。

（3）操作过程

调用该命令后，将弹出如图 3-13 所示的"多线样式"对话框。通过该对话框可新建、加载、重命名和保存多线，也可编辑已有的多线样式。该对话框中的选项含义及功能如下。

- "样式"列表框：列出已有的多线样式名称。
- 说明：对某种多线样式的说明。
- 预览：选择一种多线样式后，可通过该窗口查看绘制效果。
- 新建：新建一种多线样式。

单击"新建"按钮后，将弹出如图 3-14 所示的"创建新的多线样式"对话框，在该对话框中输入新样式名，单击"继续"按钮，即可弹出如图 3-15 所示的"新建多线样式"对话框。在该对话框中，用户可对多线的样式进行设置。其中，"封口"选项组用于设置多线在起点和终点处的样式；"填充"选项组用于设置多线的填充颜色；"图元"选项组用于设置多线元素的数量（可通过"添加""删除"按钮进行增减）、偏移量、颜色及线型。

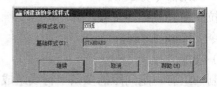

图 3-13 "多线样式"对话框　　　　图 3-14 "创建新的多线样式"对话框

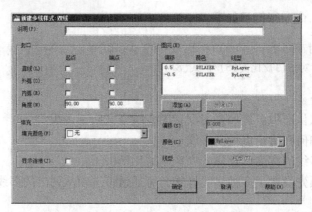

图 3-15 "新建多线样式"对话框

- 修改：对所选的多线样式进行修改。
- 重命名：对所选的多线样式改名。
- 删除：删除所选的多线样式。
- 加载：加载指定多线样式文件（＊.mln）中的多线样式。

单击"加载"按钮后，AutoCAD 弹出"加载多线样式"对话框，用户可以选择系统默认的 acad. min 多线样式文件，也可通过单击"文件"按钮，选择其他已有多线样式文件，选择后单击"确定"按钮即可将选择的多线样式加载为当前样式，并在列表中增加此样式名。

- 保存：将当前多线样式存储至指定的多线样式文件中。

3.2.5 绘制多段线

多段线是一种组合图形，是由等宽或不同宽度的直线段和圆弧段组合而成。多段线有多种样式，在各连接点处的线宽可在绘图过程中设置。该命令主要用于绘制不是单纯由直线或圆弧组成的复杂图形。

（1）调用命令方式

下拉菜单：绘图→多段线。

工具栏："绘图"工具栏 （"多段线"按钮）。

命令：Pline 或 pl。

（2）功能

绘制各种复杂的直线和圆弧段的组合图形对象。

（3）操作过程

调用该命令后，命令行提示：

> 指定起点：
> 当前线宽为 0.0000
> 指定下一个点或［圆弧（A）/半宽（H）/长度（L）/放弃（U）/宽度（W）］：

AutoCAD 默认状态是绘制直线状态，若选择"圆弧（A）"选项，则进入绘制圆弧段多段线状态。

1）绘制直线段

该状态下，各选项含义如下：

- 指定下一个点：默认项。在指定的起点与该指定点间绘制直线段的多段线。
- 圆弧：进入绘制圆弧线多段线状态。
- 半宽：设置起点和终点线段一半的宽度。
- 长度：绘制出指定长度的直线段。
- 放弃：取消上一次操作结果。
- 宽度：设置起点和终点线段的宽度。

【例 3-8】用多段线绘制如图 3-16 所示的线段。

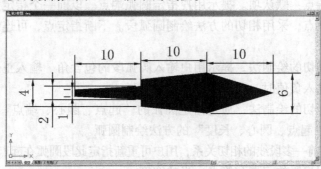

图 3-16　例 3-8 图例

操作步骤：

单击绘图工具栏中的"多段线"按钮，命令行提示如下。

> 命令：pline
> 指定起点：
> 当前线宽为 0.0000
> 指定下一个点或［圆弧（A）/半宽（H）/长度（L）/放弃（U）/宽度（W）］：w　（输入"w"设置线宽）
> 指定起点宽度 < 0.0000 >：1　（设置起点宽度为 1）
> 指定端点宽度 < 1.0000 >：2　（默认设置端点宽度为 2）
> 指定下一个点或［圆弧（A）/半宽（H）/长度（L）/放弃（U）/宽度（W）］：< 正交 开 >10　（打开正交模式,输入水平长度 10）

指定下一点或[圆弧(A)/闭合(C)/半宽(H)/长度(L)/放弃(U)/宽度(W)]:<u>w</u> （输入"w"设置线宽）

指定起点宽度<1.0000>:<u>4</u> （设置起点宽度为4）

指定端点宽度<4.0000>:<u>6</u> （设置端点宽度为6）

指定下一点或[圆弧(A)/闭合(C)/半宽(H)/长度(L)/放弃(U)/宽度(W)]:<u>10</u> （输入水平长度10）

指定下一点或[圆弧(A)/闭合(C)/半宽(H)/长度(L)/放弃(U)/宽度(W)]:<u>w</u> （输入"w"设置线宽）

指定起点宽度<6.0000>: （默认起点宽度为6）

指定端点宽度<6.0000>:<u>0</u> （设置端点宽度为0）

指定下一点或[圆弧(A)/闭合(C)/半宽(H)/长度(L)/放弃(U)/宽度(W)]:<u>10</u> （输入水平长度10）

指定下一点或[圆弧(A)/闭合(C)/半宽(H)/长度(L)/放弃(U)/宽度(W)]:（按〈Enter〉键，结束命令）

2）绘制圆弧段

若在指定起点后，输入"a"选择圆弧选项，则进入绘制圆弧段状态。在该状态下，命令行提示如下。

指定圆弧的端点或[角度(A)/圆心(CE)/方向(D)/半宽(H)/直线(L)/半径(R)/第二个点(S)/放弃(U)/宽度(W)]:

各选项含义如下。

- 指定圆弧的端点：默认项。提示用户指定圆弧端点。以前一个指定点为起点，新的指定点为圆弧终点，采用相切的方法绘制圆弧段。不断指定点，可连续绘制出彼此相切的圆弧段。
- 角度：取消相切的绘制法，提示用户输入圆弧段的包含角。输入正值时，逆时针方向绘制圆弧。输入负值时，顺时针方向绘制圆弧。
- 圆心：取消相切的绘制法，通过指定圆弧的"起点、圆心、端点"或"起点、圆心、角度"或者"起点、圆心、长度"的方法绘制圆弧。
- 方向：取消与前一多段线的相切关系，用户可重新指定此段圆弧在起点位置的切线方向。
- 半宽：设置用户段的起点和终点一半的宽度。
- 直线：从绘制圆弧段状态切换到绘制直线状态。
- 半径：取消与前一多段线的相切关系，通过指定圆弧的"起点、端点、半径"的方法绘制圆弧。
- 第二个点：取消相切的绘制法，通过三点绘制圆弧。
- 放弃：取消上一次操作结果。
- 宽度：设置圆弧段的起点和终点宽度。

图3-17 例3-9图例

【例3-9】用多段线绘制如图3-17所示的多段线。

操作步骤：

单击绘图工具栏中的"多段线"按钮，命令行提示如下。

命令：pline

指定起点：

当前线宽为 0.0000

指定下一个点或[圆弧(A)/半宽(H)/长度(L)/放弃(U)/宽度(W)]：a（输入"a"，绘制圆弧）

指定圆弧的端点或[角度(A)/圆心(CE)/方向(D)/半宽(H)/直线(L)/半径(R)/第二个点(S)/放弃(U)/宽度(W)]：w（输入"w"，设置线宽）

指定起点宽度 <0.0000>：（默认起点的宽度为0）

指定端点宽度 <0.0000>：3（设置圆弧终点的线宽为3）

指定圆弧的端点或[角度(A)/圆心(CE)/方向(D)/半宽(H)/直线(L)/半径(R)/第二个点(S)/放弃(U)/宽度(W)]：a（输入"a"，通过设置角度绘制圆弧）

指定包含角：-180（输入圆弧包含的角度，用正负号区分画弧的方向）

指定圆弧的端点或[圆心(CE)/半径(R)]：r（输入"r"，通过设置圆弧的半径来确定圆弧大小）

指定圆弧的半径：5（圆弧的半径设置为5）

指定圆弧的弦方向 <90>：0

指定圆弧的端点或[角度(A)/圆心(CE)/闭合(CL)/方向(D)/半宽(H)/直线(L)/半径(R)/第二个点(S)/放弃(U)/宽度(W)]：w（输入"w"，设置线宽）

指定起点宽度 <3.0000>：

指定端点宽度 <3.0000>：0

指定圆弧的端点或[角度(A)/圆心(CE)/闭合(CL)/方向(D)/半宽(H)/直线(L)/半径(R)/第二个点(S)/放弃(U)/宽度(W)]：a（输入"a"，通过设置角度绘制圆弧）

指定包含角：180

指定圆弧的端点或[圆心(CE)/半径(R)]：r

指定圆弧的半径：5

指定圆弧的弦方向 <270>：0

指定圆弧的端点或[角度(A)/圆心(CE)/闭合(CL)/方向(D)/半宽(H)/直线(L)/半径(R)/第二个点(S)/放弃(U)/宽度(W)]：（按〈Enter〉键，结束命令）

3.2.6 绘制圆弧

圆弧是构成图形的主要部分，该命令主要用于绘制任意半径的圆弧对象。

（1）调用命令方式

下拉菜单：绘图→圆弧。

工具栏："绘图"工具栏 （"圆弧"按钮）。

命令：Arc。

（2）功能

按指定参数绘制圆弧。

（3）操作过程

AutoCAD 2010 共提供了 11 种绘制圆弧的方法，如图 3-18 所示。用户可以根据实际情况，选择不同的方法，输入指定参数进行圆弧的绘制。通过下拉菜单调用该命令较为直观、方便，在命令框输入"arc"命令和通过绘图工具栏调用该命令执行命令时，默认指定 3 点（起点、圆弧上一点、端点）绘制圆弧。

【例3-10】 如图3-19所示，在A、B两点间绘制包含角为150°的圆弧和半径为150的圆弧。

图3-18　绘制圆弧的11种方法　　　　图3-19　例3-10图例

操作步骤：

选择"起点、端点、角度"方式绘制包含角为150°的圆弧，命令行提示如下。

指定圆弧的起点或［圆心(C)］：(通过自动捕捉功能，捕捉到A点)

指定圆弧的第二个点或［圆心(C)/端点(E)］：e　(系统自动切换的指定端点)

指定圆弧的端点：(通过自动捕捉功能，捕捉到B点)

指定圆弧的圆心或［角度(A)/方向(D)/半径(R)］：_a 指定包含角：<u>150</u>　(输入包含角度数)

选择"起点、端点、半径"方式绘制半径为150的圆弧，命令行提示如下。

指定圆弧的起点或［圆心(C)］：(通过自动捕捉功能，捕捉到A点)

指定圆弧的第二个点或［圆心(C)/端点(E)］：e　(系统自动切换的指定端点)

指定圆弧的端点：(通过自动捕捉功能，捕捉到B点)

指定圆弧的圆心或［角度(A)/方向(D)/半径(R)］：r 指定圆弧的半径：<u>150</u>　(输入圆弧半径)

3.2.7　绘制样条曲线

所谓样条曲线是指给定一组控制点而得到的曲线，曲线的大致形状由这些点予以控制，一般可分为插值样条和逼近样条两种。插值样条通常用于数字化绘图或动画的设计，逼近样条一般用来构造物体的表面。样条曲线主要用于绘制机械图样中的凸轮曲线、断切面、地形图中等高线等。

（1）调用命令方式

下拉菜单：绘图→样条曲线。

工具栏："绘图"工具栏 ~（"样条曲线"按钮）。

命令：Spline 或 spl。

（2）功能

绘制经过一系列给定点的光滑曲线。

（3）操作过程

调用该命令后，命令行提示如下。

指定第一个点或［对象(O)］：

有两种生成样条曲线的方法：拾取样条曲线节点生成样条曲线和选择二次或三次样条化拟合多段线转换成样条曲线。

1）拾取节点生成样条曲线

命令行提示"指定第一个点或［对象（O）］:"的默认项。指定一个点为样条曲线的起始点后，命令行接着提示：

> 指定下一点：
> 指定下一点或［闭合(C)/拟合公差(F)］＜起点切向＞：

此时，用户可继续指定样条曲线的节点，直至结束。若在最后一点处选择"闭合"，则通过用户指定起点处的切线方向绘制闭合的样条曲线。若不绘制闭合的样条曲线，则继续提示用户分别指定起点的切线方向和指定端点的切线方向来最终确定样条曲线样式。

若绘制样条曲线完全通过拾取节点，那么在绘制时允许用户指定和修改拟合公差。拟合公差是指所画曲线与指定点的接近程度，拟合公差值越大，样条曲线离指定点越远。当拟合公差值为 0 时，样条曲线将通过指定点，默认的拟合公差值为 0。

【例 3-11】绘制如图 3-20 所示的样条曲线。

操作步骤：

图 3-20　例 3-11 图例

> 指定第一个点或［对象(O)］:　拾取 A 点
> 指定下一点：　拾取 B 点
> 指定下一点或［闭合(C)/拟合公差(F)］＜起点切向＞：　（拾取 C 点）
> 指定下一点或［闭合(C)/拟合公差(F)］＜起点切向＞：　（拾取 D 点）
> 指定下一点或［闭合(C)/拟合公差(F)］＜起点切向＞：　（直接按〈Enter 键〉,结束指定点）
> 指定起点切向：　（将光标移至 BA 方向延长线附近单击）
> 指定端点切向：　（将光标移至 CD 方向延长线附近单击）

2）选择对象转换成样条曲线

命令行提示"指定第一个点或［对象（O）］:"时，输入"o"选择对象命令，则命令行接着提示：

> 选择要转换为样条曲线的对象 . .
> 选择对象：　（选择二次或三次样条化拟合的多段线）
> ……
> 选择对象：　（直接按〈Enter〉键,结束命令）

转换后也许很难看出生成的样条曲线与原多段线的区别，但通过放大观察可以看出生成的样条曲线比原多段线更为光滑，如图 3-21 所示，上边的曲线为转换前的多段线，下边的曲线为生成的样条曲线。

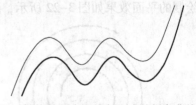

图 3-21　转换前的多段线与生成的样条曲线对比

3.2.8　绘制螺旋线

在 AutoCAD 中，绘制螺旋线主要用于绘制弹簧等。

(1）调用命令方式

下拉菜单：绘图→螺旋线。

工具栏："建模"工具栏▤（"螺旋线"按钮）。

命令：Helix。

(2）功能

绘制二维或三维螺旋线。

(3）操作过程

调用该命令后，命令行提示：

> 圈数 = 3.0000　　　扭曲 = CCW　　（当前绘图信息）
>
> 指定底面的中心点：　（确定螺旋线底面中心点）
>
> 指定底面半径或［直径(D)］<默认值 >：（指定螺旋线底面的半径）
>
> 指定顶面半径或［直径(D)］<默认值 >：（指定螺旋线顶面的半径,可以与底面半径相同也可以不同）
>
> 指定螺旋高度或［轴端点(A)/圈数(T)/圈高(H)/扭曲(W)］<默认值 >：（指定螺旋线高度或修改圈数、圈高等绘制信息）

绘制好的螺旋线可通过"视图"菜单下的"动态观察器"查看立体效果。

【例3-12】绘制螺旋线，要求：底面半径为10，顶面半径为30，每圈间距为15，总高度为50。

操作步骤：

选择"绘图"→"螺旋"命令，命令行提示如下。

> 命令：Helix
>
> 圈数 = 3.0000　　　扭曲 = CCW　　（当前绘图信息）
>
> 指定底面的中心点：
>
> 指定底面半径或［直径(D)］<10.0000 >：　（默认底面半径10）
>
> 指定顶面半径或［直径(D)］<20.0000 >：30　（输入顶面半径30）
>
> 指定螺旋高度或［轴端点(A)/圈数(T)/圈高(H)/扭曲(W)］<25.0000 >：t　（输入"H"，设置每圈间距）
>
> 指定圈间距 <10.0000 >：15　（指定圈间距）
>
> 指定螺旋高度或［轴端点(A)/圈数(T)/圈高(H)/扭曲(W)］<25.0000 >：50　（指定螺旋线高度）

绘制的平面效果如图3-22所示，通过动态观察器查看的立体效果如图3-23所示。

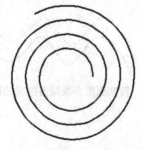

图3-22　螺旋线平面效果图

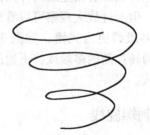

图3-23　螺旋线立体效果图

52

3.3 绘制基本图形

基本图形是由线构成的实体，虽然有些看起来好像是由多个实体构成的图形，而实际上是一个实体。下面介绍常用的基本图形。

3.3.1 绘制矩形

在 AutoCAD 中，用户可绘制直角、圆角、倒角矩形 3 种。

（1）调用命令方式

下拉菜单：绘图→矩形。

工具栏："绘图"工具栏□（"矩形"按钮）。

命令：Rectangle。

（2）功能

按指定参数绘制矩形。

（3）操作过程

调用该命令后，命令行提示如下。

> 指定第一个角点或［倒角（C）/标高（E）/圆角（F）/厚度（T）/宽度（W）］：

各选项含义如下。

- 指定第一个角点：默认选项，确定矩形对角线上一点。选择该项后，用户可以通过指定对角线上另一点确定矩形，也可以通过设置矩形的面积或尺寸确定矩形。用户在按面积或尺寸绘制矩形时，指定第一个点后，如果指定的长或宽的值为正值，将在第一个点的右上方绘制矩形；如果指定的长或宽的值为负值，将在第一个点的左下方绘制矩形。旋转的角度为正值时，将逆时针旋转；旋转的角度为负值时，将顺时针旋转。
- 倒角：设置矩形的倒角长度，创建出一个 4 个角进行了倒角的矩形。倒角的两条边长度可设置成不同的值。
- 标高：标高设置是一个空间立体概念，设置一定标高后创建的矩形沿 Z 轴方向偏移至设定的高度。
- 圆角：设置矩形的圆角半径，创建出一个带圆角的矩形。
- 厚度：厚度设置也是一个空间立体概念，设置一定厚度后创建的矩形在 Z 轴方向延伸一个厚度。
- 宽度：设置矩形 4 条边的线宽。

【例 3-13】绘制如图 3-24 所示的 4 个矩形。

单击"绘图"工具栏中的"矩形"命令按钮后，命令行提示如下。

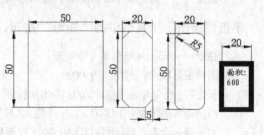

图 3-24　例 3-13 图例

命令：rectang　（绘制第一个矩形）

当前矩形模式：宽度 = 0.0000

指定第一个角点或 [倒角(C)/标高(E)/圆角(F)/厚度(T)/宽度(W)]：（在合适位置确定矩形一个角点）

指定另一个角点或 [面积(A)/尺寸(D)/旋转(R)]：d　（输入"d"通过指定尺寸确定矩形大小）

指定矩形的长度 <14.2857>：50　（输入长度尺寸50）

指定矩形的宽度 <7.0000>：50　（输入宽度尺寸50）

指定另一个角点或 [面积(A)/尺寸(D)/旋转(R)]：（单击确定矩形的具体位置）

单击"绘图"工具栏中的"矩形"按钮，命令行提示如下。

命令：rectang　（绘制第二个矩形）

当前矩形模式：宽度 = 0.0000

指定第一个角点或 [倒角(C)/标高(E)/圆角(F)/厚度(T)/宽度(W)]：c　（输入"c"绘制倒角矩形）

指定矩形的第一个倒角距离 <0.0000>：5　（输入"5"指定第一个倒角距离）

指定矩形的第二个倒角距离 <5.0000>：（默认第二个倒角距离也为5）

指定第一个角点或 [倒角(C)/标高(E)/圆角(F)/厚度(T)/宽度(W)]：（在合适位置确定矩形一个角点）

指定另一个角点或 [面积(A)/尺寸(D)/旋转(R)]：d　（输入"d"通过指定尺寸确定矩形大小）

指定矩形的长度 <0.0000>：20　（输入长度尺寸20）

指定矩形的宽度 <10.0000>：50　（输入宽度尺寸50）

指定另一个角点或 [面积(A)/尺寸(D)/旋转(R)]：　（单击确定矩形的具体位置）

单击"绘图"工具栏中的"矩形"按钮，命令行提示如下。

命令：rectang　（绘制第3个矩形）

当前矩形模式：宽度 = 0.0000

指定第一个角点或 [倒角(C)/标高(E)/圆角(F)/厚度(T)/宽度(W)]：f　（输入"f"绘制圆角矩形）

指定矩形的圆角半径 <0.0000>：5　（输入"5"指定圆角半径）

指定第一个角点或 [倒角(C)/标高(E)/圆角(F)/厚度(T)/宽度(W)]：（在合适位置确定矩形一个角点）

指定另一个角点或 [面积(A)/尺寸(D)/旋转(R)]：d　（输入"d"通过指定尺寸确定矩形大小）

指定矩形的长度 <20.0000>：（默认长度尺寸10）

指定矩形的宽度 <50.0000>：（默认宽度尺寸20）

指定另一个角点或 [面积(A)/尺寸(D)/旋转(R)]：（单击确定矩形的具体位置）

单击"绘图"工具栏中的"矩形"按钮，命令行提示如下。

命令：rectang　（绘制第4个矩形）

当前矩形模式：宽度 = 0.0000

指定第一个角点或 [倒角(C)/标高(E)/圆角(F)/厚度(T)/宽度(W)]：w　（输入"w"确定绘制宽度）

指定矩形的线宽 <0.0000>：3　（输入"3"指定线宽）

指定第一个角点或 [倒角(C)/标高(E)/圆角(F)/厚度(T)/宽度(W)]：（在合适位置确定矩形一个角点）

指定另一个角点或 [面积(A)/尺寸(D)/旋转(R)]：a　（输入"a"通过指定面积确定矩形大小）

输入以当前单位计算的矩形面积 <0.0000>: <u>600</u>　（输入"600"指定面积大小）
计算矩形标注时依据[长度(L)/宽度(W)] <长度>:　（按〈Enter〉键,输入矩形长度）
输入矩形长度 <15.0000>: <u>20</u>　（输入"20"指定矩形长度）

3.3.2　绘制正多边形

正多边形是指最少有 3 条长度相等的边组成的封闭图形。

（1）调用命令方式

下拉菜单：绘图→正多边形。

工具栏："绘图"工具栏〇（"正多边形"按钮）。

命令：Polygon。

（2）功能

按指定参数绘制正多边形（边数为 3 ~ 1024）。

（3）操作过程

调用该命令后，命令行提示如下。

输入边的数目 <4>:
指定正多边形的中心点或[边(E)]:

AutoCAD 提供两种方式绘制正多边形。

1）指定中心点

默认选项。用户可输入坐标或单击选择一点，然后命令行继续提示：

输入选项[内接于圆(I)/外切于圆(C)] <I>:
指定圆的半径:

用户选择正多边形内接或外切于圆的形式后，输入虚拟圆的半径即可绘制出正多边形。正多边形内接与外切于圆的效果区别如图 3-25 所示。

2）指定边

在"指定正多边形的中心点或[边（E）]"时输入"e"选择"边"功能，则可通过指定正多边形的一条边来绘制正多边形。需要注意的是，在选择边时，两端点拾取的顺序不同，绘制的正多边形位置也不同。

【例 3-14】　以 A、B 两点为边长，绘制如图 3-26 所示的两个正六边形。

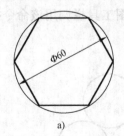
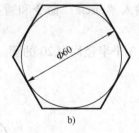

图 3-25　正多边形内接与外切于圆的效果图　　　　　图 3-26　例 3-14 图例
a）内接于圆　b）外切于圆

操作步骤：

单击"绘图"工具栏中的"正多边形"按钮，命令行提示如下。

> 输入边的数目 ＜4＞：6 （输入"6"绘制左边的正六边形）
> 指定正多边形的中心点或［边(E)］：e （输入"e"选择指定边）
> 指定边的第一个端点：（通过捕捉功能选择 B 点）
> 指定边的第二个端点：（通过捕捉功能选择 A 点）

再次单击"绘图"工具栏中的"正多边形"按钮，命令行提示如下。

> 输入边的数目 ＜6＞： （默认绘制右边的正六边形）
> 指定正多边形的中心点或［边(E)］：e （输入"e"选择指定边）
> 指定边的第一个端点：（通过捕捉功能选择 A 点）
> 指定边的第二个端点：（通过捕捉功能选择 B 点）

3.3.3 绘制圆

调用绘制圆命令，可以绘制任意半径的圆形图形。

（1）调用命令方式

下拉菜单：绘图→圆。

工具栏："绘图"工具栏 ⊙（"圆"按钮）。

命令：Circle 或 c。

（2）功能

按指定的参数绘制圆。

（3）操作过程

AutoCAD 2010 共提供 6 种绘制圆的方法，如图 3-27 所示。各选项含义如下。

- 圆心、半径：默认选项。通过指定圆的圆心和半径绘制圆。
- 圆心、直径：通过指定圆的圆心和直径绘制圆。
- 两点：绘制以两点连线为直径的圆。
- 三点：通过指定圆上 3 个点绘制圆。
- 相切、相切、半径：绘制与两个已知对象（直线、圆或圆弧）相切的指定半径的圆。
- 相切、相切、相切：绘制与 3 个已知对象相切的圆。

用户可以根据实际情况选择不同的方法，输入指定参数进行圆的绘制。通过下拉菜单调用该命令较为直观、方便，在命令框输入"circle"命令和通过绘图工具栏调用该命令执行命令时，默认指定圆心和半径绘制圆。

【例 3-15】绘制如图 3-28 所示的 3 个半径均为 20 的圆。

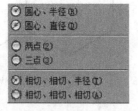

图 3-27 绘制圆的 6 种方法

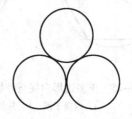

图 3-28 例 3-15 图例

操作步骤：

首先绘制一条辅助线，单击"绘图"工具栏中的"直线"按钮，绘制一条水平的长度为40的直线。

单击"绘图"工具栏中的"圆"按钮，命令行提示如下。

> 命令：circle（绘制下排的一个圆）
> 指定圆的圆心或[三点(3P)/两点(2P)/相切、相切、半径(T)]：（通过捕捉功能选择直线一端点）
> 指定圆的半径或[直径(D)] <0>：20　（输入"20"，确定圆的半径）

再次单击"绘图"工具栏中的"圆"按钮，命令行提示如下。

> 命令：circle（绘制下排的另一个圆）
> 指定圆的圆心或[三点(3P)/两点(2P)/相切、相切、半径(T)]：（通过捕捉功能选择直线另一个端点）
> 指定圆的半径或[直径(D)] <20.0000>：　（默认圆的半径为20，按〈Enter〉键）

选择"绘图"→"圆"→"相切、相切、半径"命令，命令行提示如下。

> 命令：circle 指定圆的圆心或[三点(3P)/两点(2P)/相切、相切、半径(T)]：ttr
> 指定对象与圆的第一个切点：（鼠标选择一个圆）
> 指定对象与圆的第二个切点：（鼠标选择另一个圆）
> 指定圆的半径 <20.0000>：　（默认圆的半径为20，按〈Enter〉键）

绘制好后，删除辅助线即可。

3.3.4　绘制椭圆或椭圆弧

调用绘制椭圆或椭圆弧命令，可以绘制任意形状的椭圆或椭圆弧图形。

（1）调用命令方式

下拉菜单：绘图→椭圆。

工具栏："绘图"工具栏 ◯ （"椭圆"按钮）或 ◠ （"椭圆弧"按钮）。

命令：Ellipse 或 el。

（2）功能

按指定参数绘制椭圆或椭圆弧。

（3）操作过程

AutoCAD 2010 共提供两种绘制椭圆的方法及绘制椭圆弧的功能，如图3-29所示。各选项含义如下。

- 圆心：通过指定椭圆中心点、某一轴的端点和另一轴的长度来绘制椭圆。
- 轴、端点：通过指定椭圆某一轴的两个端点和另一轴的长度来绘制椭圆。
- 圆弧：绘制椭圆弧。

【例3-16】绘制如图3-30所示的长轴长15，短轴长10，包含角为100°的椭圆弧。

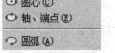

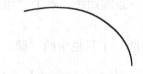

图3-29　绘制椭圆及椭圆弧的方法　　　　　图3-30　例3-16图例

操作步骤：

单击"绘图"工具栏中的"椭圆"按钮，命令行提示如下。

指定椭圆的轴端点或[圆弧(A)/中心点(C)]：a　（输入"a"选择绘制椭圆弧）
指定椭圆弧的轴端点或[中心点(C)]：c（输入"c"采用"中心点"方式创建虚拟椭圆）
指定椭圆弧的中心点：（确定虚拟椭圆的中心点位置）
指定轴的端点：15　（将鼠标放在水平方向上，输入"15"确定椭圆弧的长轴长）
指定另一条半轴长度或[旋转(R)]：10　（输入"10"确定椭圆弧的短轴长）
指定起始角度或[参数(P)]：0　（输入"0"确定椭圆弧的起点角度）
指定终止角度或[参数(P)/包含角度(I)]：i（输入"i"选择包含角）
指定弧的包含角度<180>：100　（输入"100"确定椭圆弧的包含角角度）

3.3.5　绘制圆环

绘制圆环即是根据用户指定的内、外圆直径在指定的位置创建圆环。

（1）调用命令方式

下拉菜单：绘图→圆环。

命令：Donut 或 do。

（2）功能

按指定参数绘制圆环。

（3）操作过程

调用该命令后，命令行提示：

指定圆环的内径<默认值>：
指定圆环的外径<默认值>：
指定圆环的中心点或<退出>：　（指定圆环的中心点位置）
……　（继续绘制圆环,指定圆环的中心点位置）
指定圆环的中心点或<退出>：↙　（直接按〈Enter〉键,结束命令）

需要注意的是：用户在指定内、外圆环直径时，可不考虑两个值的指定顺序，系统会自动将指定的较小的值作为圆环的内径，将指定的较大的值作为圆环的外径。当某一个值为0时，将绘制一个实心圆，且用户可以通过"fill"命令来设置圆环的填充状态，在命令框中输入命令"fill"后，选择"off"（关）即可实现绘制的圆环非实心填充。

【例3-17】绘制如图3-31所示的填充圆环、非填充圆环以及实心圆。

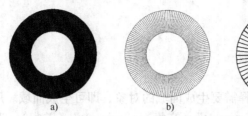

图 3-31 例 3-17 图例

a) 填充模式绘制的圆环　b) 非填充模式绘制的圆环　c) 内径为 0 的圆环

操作步骤：

> 命令：<u>fill</u>　（输入"fill"命令,选择填充模式）
> 输入模式［开(ON)/关(OFF)］<关>：<u>on</u>　（设置为填充模式）
>
> 命令：<u>_donut</u>　（选择圆环命令绘制第一个圆环）
> 指定圆环的内径<0.0000>：<u>50</u>　（输入"50",确定用户的内直径）
> 指定圆环的外径<100.0000>：<u>100</u>　（输入"100",确定用户的外直径）
> 指定圆环的中心点或<退出>：　（在合适位置确定圆环中心点）
> 指定圆环的中心点或<退出>：　（直接按〈Enter〉键,结束命令）
>
> 命令：<u>fill</u>（输入"fill"命令,选择填充模式）
> 输入模式［开(ON)/关(OFF)］<开>：<u>off</u>　（取消填充模式）
>
> 命令：donut　（选择圆环命令绘制第二个圆环）
> 指定圆环的内径<50.0000>：　（默认圆环内直径为50）
> 指定圆环的外径<100.0000>：　（默认圆环外直径为100）
> 指定圆环的中心点或<退出>：　（在合适位置确定圆环中心点）
> 指定圆环的中心点或<退出>：　（直接按〈Enter〉键,结束命令）
>
> 命令：donut　（选择圆环命令绘制第三个圆环）
> 指定圆环的内径<50.0000>：<u>0</u>　（输入"0",确定用户的内直径）
> 指定圆环的外径<100.0000>：　（默认圆环外直径为100）
> 指定圆环的中心点或<退出>：　（在合适位置确定圆环中心点）
> 指定圆环的中心点或<退出>：（直接按〈Enter〉键,结束命令）

3.4　绘制面域

面域是具有边界的平面区域,其内部可以包含孔。用户可以在由某些对象围成的封闭区域内创建面域,这些封闭区域可以是圆、椭圆、封闭的二维多段线和封闭的样条曲线,也可以是由圆弧、直线、二维多段线、椭圆弧等对象构成的封闭区域。

(1) 调用命令方式

下拉菜单：绘图→面域。

工具栏："绘图"工具栏 ⬚（"面域"按钮）。

命令：Region。

（2）功能

在指定的闭合区域内创建面域。

（3）操作过程

用户在调用命令后，逐一选择需要生成面域的对象，即可生成面域。用户可以在命令框中输入命令"union"（并集）、"intersect"（交集）、"subtract"（差集），选择对象，来完成面域的布尔运算。

【例3-18】对图3-32所示的各对象进行布尔并集的运算。

操作步骤：

> 命令：region
>
> 选择对象：（依次选择圆和三角形）
>
> 选择对象：（直接按〈Enter〉键,结束选择命令）
>
> 已提取2个环。
>
> 已创建2个面域。
>
> 命令：union（输入求并集命令）
>
> 选择对象：（依次选择已创建面域的圆和三角形）
>
> 选择对象：（直接按〈Enter〉键,结束选择命令）

完成面域求并集操作，效果如图3-33所示。

图3-32　例3-18图例

图3-33　面域布尔并集运算结果

3.5　图案填充

在绘制图形过程中，如果用户要绘制实体剖面图，则剖视区域必须用图案进行填充。对于不同部件不同材料应使用不同的填充图案。AutoCAD的图案填充功能可用于封闭区域或定义的边界内绘制剖面符号或剖面线、表现表面纹理或涂色。

（1）调用命令方式

下拉菜单：绘图→图案填充或绘图→渐变色。

工具栏："绘图"工具栏▨（"图案填充"按钮）或▨（"渐变色"按钮）。

命令：Bhatch或bh。

（2）功能

用指定的图案对封闭区域进行图案或颜色的填充。

（3）操作过程

调用该命令后，将弹出如图3-34所示的"图案填充和渐变色"对话框。

1）"图案填充"选项卡

该对话框的"图案填充"选项卡分为："类型和图案"选项组、"角度和比例"选项组、"图案填充原点"选项组、"边界"选项组、"选项"选项组5部分，"继承特性"选项和更多选项按钮。

类型和图案：该选项组主要用于选择要填充的图案的样式。其中，"类型"下拉列表中提供有"预定义""用户定义"和"自定义"3种类型的图案，可根据要填充图案的来源选择相应的图案类型。例如，若要选用 AutoCAD 内置的图案，可以选择"预定义"，若要选用自己定义的图案，可以选择"自定义"。选择"预定义"后，单击"图案"后的下拉列表按钮或 按钮，在弹出的"填充图案选项板"中选择一种所需的图案即可。"填充图案选项板"窗口如图 3-35 所示。

图 3-34　"图案填充和渐变色"对话框

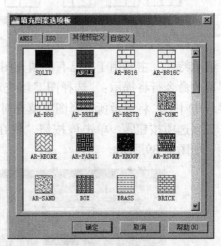

图 3-35　"填充图案选项板"窗口

角度和比例：该栏主要用于设置图案线的角度和图案线之间的间距。如图 3-36 所示，同样的图案样式，角度和比例设置不同，图案填充的外观就不同。

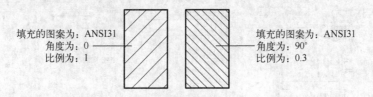

填充的图案为：ANSI31　　　　　　　　　　填充的图案为：ANSI31
角度为：0　　　　　　　　　　　　　　　　角度为：90°
比例为：1　　　　　　　　　　　　　　　　比例为：0.3

图 3-36　填充图案的角度和比例设置示例

图案填充原点：该栏主要用于设置图案填充的起始点。

边界：该栏主要用于选择图案填充的对象。如果填充的对象是封闭区域，则既可选择"拾取内部点"，也可选择"选择对象"；如果填充的对象是不封闭区域，则只能选择"选择对象"。

选项：该栏主要用于设置填充的图案与边界的关系。其中，"关联"单选钮被选中，表示填充的图案将随着边界的修改而修改，如图 3-37 所示。"创建独立的图案填充"表示将同一个填充图案应用于多个边界时，每一个边界都是一个独立的对象，可单独进行修改，如图 3-38 所示。

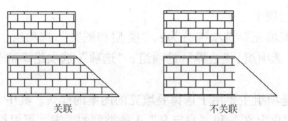

关联   不关联

图 3-37　图案与边界的关联关系示例

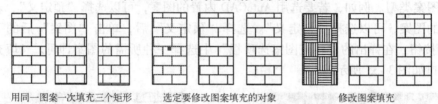

用同一图案一次填充三个矩形   选定要修改图案填充的对象   修改图案填充

图 3-38　创建独立的图案填充示例

继承特性：主要用于将已有的填充图案作为当前的填充图案。单击该按钮，将切换到作图屏幕，命令行将提示："选择图案填充对象："→"拾取内部点或［选择对象（S）/删除边界（B）］："。将继承所选择图案填充对象的特性进行图案填充。

更多选项按钮⊙：单击该按钮，将在"图案填充和渐变色"对话框中新加了"孤岛"选项，如图 3-39 所示。

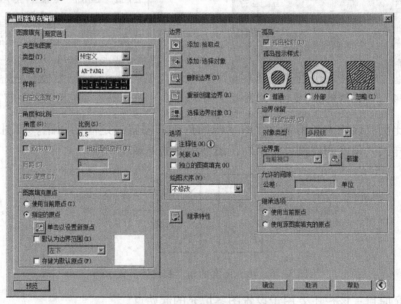

图 3-39　"图案填充编辑"对话框

在"孤岛"选项中，有 3 种孤岛检测方式，孤岛检测方式是指在填充边界内部对象时的图案填充方法。

普通：填充从最外面开始往里，遇到一个内部相交则关闭图案填充，直到它与另外一个边界相交。即由外向里，每奇数个相交区域进行填充。

外部：填充从最外面边界开始向里进行，只要遇到一个内部相交的边界，便关闭图案填充并不再打开填充。即只填充最外层的区域而将内部结构空白。

忽略：只要最外面的边界对象组成了一个闭合的多边形且在这些边界的端点处首尾相连，将忽略所有的内部对象，对最外面边界围成的全部区域进行填充，而不管如何选定对象。

图案填充时应用不同的孤岛检测方式，填充效果如图 3-40 所示。

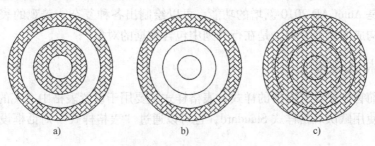

图 3-40 孤岛检测方式
a) 普通   b) 外部   c) 忽略

2) "渐变色"选项卡

"渐变色"选项卡主要用于填充纯色且颜色深浅有所变化的图案。"渐变色"选项卡显示如图 3-41 所示。

用户可在该对话框中选择填充的颜色和方向。如图 3-42 所示是填充 45°的黑色。用户可从系统提供的 9 种效果中任选一种进行填充。

需要说明的是：图案填充的命令有"hatch"和"bhatch"两种，"hatch"是以命令行提示的形式进行；"bhatch"是以对话框的形式进行，建议大家使用"bhatch"命令以提高作图效率。尽管填充图案是由多个填充线组成，但仍然将它作为一个整体来对待，如果用户要对图案进行编辑，那么在选择对象时只要选择填充图案上的一个点，便可将整个填充的对象选定。如果想单独编辑某一条线，则必须用"编辑"菜单下的"分解"命令将填充的图案分解掉再编辑线。

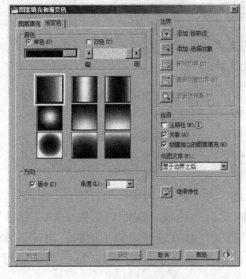

图 3-41 "渐变色"选项卡

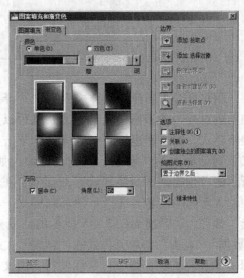

图 3-42 设置填充 45°的黑色示例

3.6 绘制表格

绘制表格是 AutoCAD 2010 新增的功能，可以绘制出各种复杂、美观的表格。它是由包含注释的单元构成的矩形阵列，是在行和列中包含数据的对象。

3.6.1 表格样式设置

绘制表格前首先要设置表格的样式，表格样式主要用于设置表格中文字的格式及边框样式。用户可以使用默认表格样式 Standard，也可以通过"表格样式"对话框设计自己的表格样式。

（1）调用命令方式

下拉菜单：格式→表格样式。

命令：Tablestyle。

（2）功能

控制一个表格的外观，设置字体、文本、高度、行距和颜色等表格样式。

（3）操作过程

调用该命令后，将弹出如图 3-43 所示的"表格样式"对话框。

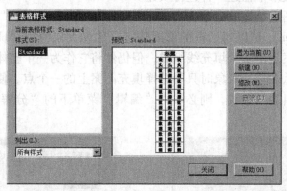

图 3-43 "表格样式"对话框

用户可以在当前表格样式列表中选择一种置为当前或对某一种表格样式做修改，也可以新建一种表格样式。如要创建新的表格样式，单击"表格样式"对话框中的"新建"按钮，将弹出如图 3-44 所示的"创建新的表格样式"对话框，在该对话框中输入新的样式名、选择一种基础样式。单击"继续"按钮，将弹出如图 3-45 所示的"新建表格样式"对话框，在此对话框中对"标题"

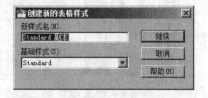

图 3-44 "创建新的表格样式"对话框

"数据""表头"等单元样式的"常规""文字""边框"特性进行设置。例如，在 STAND-ARD 表格样式中，第一行是标题行，由文字居中的合并单元行组成。第二行是列标题行，其他行都是数据行。

表格样式可以为每行的文字和网格线指定不同的对齐方式和外观。例如，表格样式可以为标题行指定更大号的文字或为列标题行指定正中对齐，以及为数据行指定左对齐。可以由

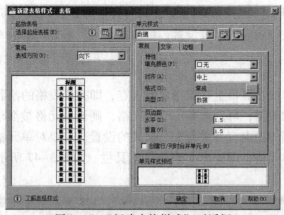

图 3-45　"新建表格样式"对话框

上而下或由下而上读取表格。表格的列数和行数几乎是无限制的。

表格样式的边框特性控制网格线的显示，这些网格线将表格分隔成单元。标题行、列标题行和数据行的边框具有不同的线宽设置和颜色，可以显示也可以不显示。选择边框选项时，会同时更新"表格样式"对话框中的预览图像。

表格单元中的文字外观由当前表格样式中指定的文字样式控制。可以使用图形中的任何文字样式或创建新样式，也可以使用设计中心复制其他图形中的表格样式。

3.6.2　表格绘制

在设置好表格样式之后，用户就可以绘制表格。

（1）调用命令方式

下拉菜单：绘图→表格。

工具栏："绘图"工具栏▦（"表格"按钮）。

命令：Table。

（2）功能

根据设置好的并置为当前的表格样式绘制表格。

（3）操作过程

调用该命令后，将弹出如图 3-46 所示的"插入表格"对话框。

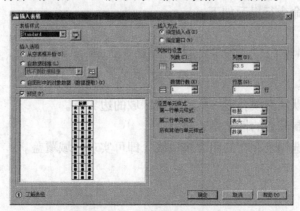

图 3-46　"插入表格"对话框

在"插入表格"对话框中，用户可对需要绘制的表格样式、插入选项、插入方式、列和行设置、设置单元样式进行相应选择及设置，单击"确定"按钮后，命令行提示如下。

> 指定插入点：

可输入插入点坐标或在屏幕上直接指定插入点，即完成表格的绘制。绘制的表格是空白表格，如要向表格添加数据，可双击某一个单元格，则该单元格被激活且弹出"文字格式"对话框，用户可输入相应的内容并进行文字格式的设置。若要对单元格进行插入、删除、合并等操作，可先选定单元格，即弹出"表格"工具栏，如图3-47所示。选择不同的命令按钮，执行相应的命令。

图3-47 "表格"工具栏

若在"插入表格"对话框中选中"自数据链接"单选框，将会从外部电子表格中的数据创建表格。单击 ▦ 按钮，将弹出"选择数据链接"对话框，通过该对话框可以进行数据链接设置。

在表格绘制完成后，单击绘制好的表格，表格会处于选中状态（显示夹点），用鼠标可以通过拖拉夹点直接编辑表格（调整单元格或整个表格的大小、表格打断等）。

3.7 区域覆盖

区域覆盖对象是一块多边形区域，它可以使用当前背景色屏蔽底层对象。使用区域覆盖对象，可以在现有对象上生产一块空白区域，用以添加注释和屏蔽信息。

（1）调用命令方式

下拉菜单：绘图→区域覆盖。

命令：Wipeout。

（2）功能

使用当前背景色屏蔽当前或底层对象。

（3）操作过程

调用该命令后，命令行提示如下。

> 指定第一点或[边框(F)/多段线(P)] <多段线>：

各选项含义如下。
- 指定第一点：默认选项。逐一拾取覆盖区域的边界点。
- 边框：用于控制遮盖的框架是否显示。
- 多段线：用户选择已存在的闭合多段线，即可实现区域覆盖。

3.8 实训

【实训3-1】绘制如图3-48所示的图形。

操作步骤：

① 绘制好圆、矩形等基本图形，如图3-49所示。

图3-48　实训3-1图例　　　　　　　　图3-49　绘制基本图形

② 使用图案填充工具，在弹出的"图案填充和渐变色"对话框中，图案选择"solid"，孤岛检测方式选择"忽略"，拾取点单击矩形内一个点。

③ 继续使用图案填充工具，用红色填充圆环，用黄色填充烟嘴，用白色填充烟身。

④ 单击下拉菜单："工具"→"绘图顺序"→"前置"，选择烟体，把烟体置于填充对象之上以消除圆的轮廓线。

【实训3-2】绘制如图3-50所示的图形。

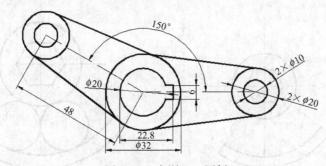

图3-50　实训3-2图例

操作步骤：

① 绘制呈150°角的两条辅助线，如图3-51所示。

② 按图3-50所示的图形尺寸绘制圆和直线。在绘制时，配合自动捕捉功能，捕捉点位。绘制后效果如图3-52所示。

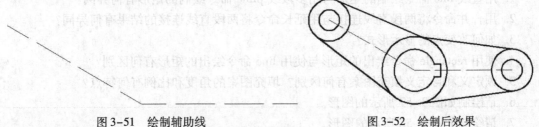

图3-51　绘制辅助线　　　　　　　　　图3-52　绘制后效果

【实训3-3】绘制如图3-53所示的图形。

操作步骤：

① 设置图层。分别设置辅助线、实线等图层相应的线型、颜色、线宽。

② 设置辅助线层为当前层，绘制辅助线，如图3-54所示。

③ 设置实线层为当前层，打开"交点捕捉"，绘制圆和六边形，六边形用内接于圆的方式绘制。

④ 用起点、端点、角度方式绘制圆弧，圆弧的角度逆时针为正，顺时针为负，如图3-55所示。

⑤ 用相切、相切、相切的方式绘制圆，如图3-56所示。

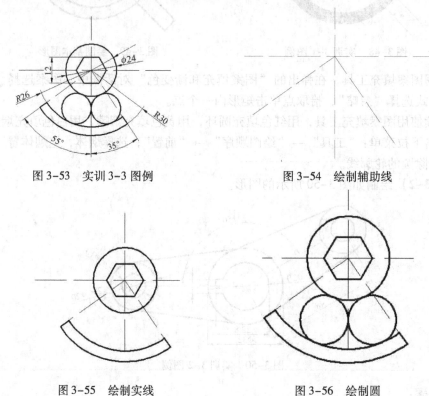

图3-53 实训3-3图例   图3-54 绘制辅助线

图3-55 绘制实线   图3-56 绘制圆

3.9 上机操作及思考题

1. 用直线line命令绘制的矩形与用多段线pline命令绘制的矩形有何异同？
2. 用合并命令将两段直线连接与用延长命令将两段直线连接的结果有何异同？
3. 如何改变点的显示形式？
4. 使用rectangle命令绘出的矩形与使用line命令绘出的矩形有何区别？
5. 预定义和自定义填充图案有何区别？填充图案的角度和比例有何特点？
6. 请绘制如图3-57所示的图形。
7. 请绘制如图3-58所示的图形。

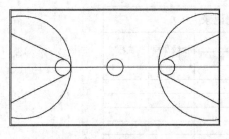

图 3-57　习题 6 图例

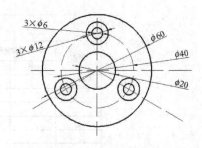

图 3-58　习题 7 图例

8. 请绘制如图 3-59 所示的图形。

9. 请绘制如图 3-60 所示的图形。

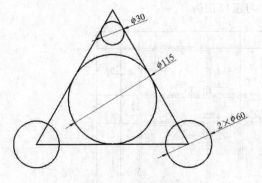

图 3-59　习题 8 图例

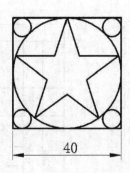

图 3-60　习题 9 图例

10. 请绘制如图 3-61 所示的图形。

11. 请绘制如图 3-62 所示的图形。

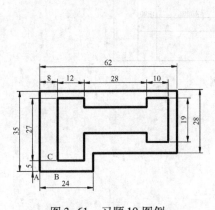

图 3-61　习题 10 图例

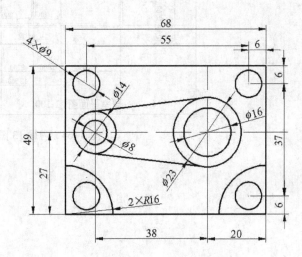

图 3-62　习题 11 图例

12. 请绘制如图 3-63 所示的表格。

13. 请用多线绘制如图 3-64 所示的图形。

69

中平测量记录

测点	水准尺读数（m）			视线高程	高程
	后视	中视	前视		

图 3-63   习题 12 图例

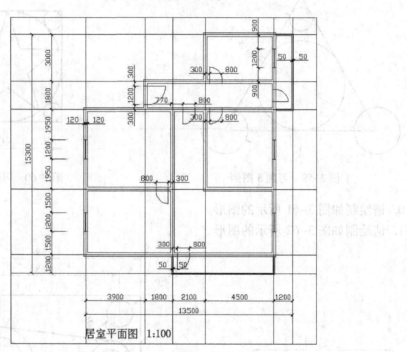

居室平面图　1:100

图 3-64   习题 13 图例

第4章 二维图形编辑

本章主要讲述针对基于绘图命令绘制的图形对象进行修改和编辑的方法，通过学习本章，读者应掌握二维对象编辑的各种方法，如删除、复制、移动、旋转、剪切、圆角等的具体操作，从而绘制出复杂的二维图形。

4.1 选择对象

AutoCAD 为用户提供了多种编辑命令以编辑图形对象。用户可通过"修改"工具栏、"修改"下拉菜单或在命令行输入命令来调用编辑命令。系统默认的初始显示只有"修改"工具栏，用户可通过设置"工具栏"以显示"修改Ⅱ"工具栏。"修改"下拉菜单、"修改"工具栏及"修改Ⅱ"工具栏分别如图 4-1 ~ 图 4-3 所示。

图 4-1 "修改"菜单

图 4-2 "修改"工具栏

图 4-3 "修改Ⅱ"工具栏

用户在进行图形对象的编辑操作时，首先应该选取要编辑的对象，然后再进行各种编辑操作。在 AutoCAD 中，有些编辑操作是多对象的，有些则是单对象的。被选中的用于进行编辑操作的对象构成选择集。

4.1.1 设置选择模式

在 AutoCAD 2010 中，用户可以选择"格式"→"选项"命令，通过如图 4-4 所示的"选项"对话框中的"选择集"选项卡来设置选择集模式、拾取框大小及夹点大小。通过使用不同的对象选择模式，可以更方便、更灵活地选择对象。

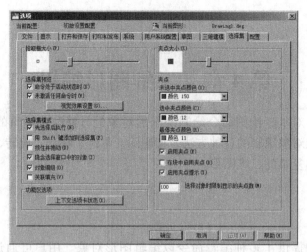

图4-4 "选项"对话框的"选择集"选项卡

在该选项卡中，各选项的含义如下。

- 拾取框大小：当命令行提示"选择对象"时，光标会变成一个小方框。这个小方框称为拾取框，可以使用该拾取框直接选择对象。拾取框显示的大小，可通过该栏中的滑块来调整。

- 选择集预览：默认情况下，选择集预览效果处于打开状态。用户可以将其关闭或修改选择集预览的视觉效果。

- 选择集模式：用于设置对象的选择模式。提供了两种选择和编辑对象的方法：一种是先调用编辑命令，再选择对象；另一种是先选择对象，再调用编辑命令对其进行操作。若用户选择了"先选择后执行"复选框，就可以先选择对象，构建一个选择集，再调用编辑命令。"用 Shift 键添加到选择集"复选框用来控制如何向已有的选择集添加对象。"按住并拖动"复选框用来控制用鼠标定义选择窗口的方式。"隐含选择窗口中的对象"复选框用来控制是否自动生成一个选择窗口。"对象编组"复选框用来控制是否可以自动按组选择。"关联填充"复选框用来控制是否可以从关联性填充中选择编辑对象。

- 夹点大小：用于设置夹点的大小，可通过该栏中的滑块来调整。

- 夹点：在未调用编辑命令时选择对象，默认情况下会在对象的特征点位置显示出小方框，这些小方框称为对象的夹点。该栏可以设置不同情况下的夹点的颜色等信息。

4.1.2 选择方式

Auto CAD 为用户提供了多种选择对象的方式，如直接选择、窗口选择、交叉窗口选择等，下面将一一进行介绍。

1. 直接选择

移动鼠标将拾取框放置在要选择的对象上，然后单击即可拾取该对象。当图形对象被选择后将以虚线显示，表示该对象被选中。

2. 交替选择

在"选择对象"提示下选择对象时，如果要选择的对象与其他的对象间距很小，则很难准确地选中该对象。为此，Auto CAD 为用户提供了交替选择的方法来选择这些对象。直接选择对象时按下〈Ctrl〉键，将拾取框放置在要选择的对象上后单击鼠标，这时命令行提示"选择对象：<循环开>"并高亮显示拾取框压住的对象，同时光标也变为一个"十"字形。继续单击鼠标，可以依次交替选择拾取框压住的对象，当选择到用户需要的对象时，单击空格键，选择该对象并提示"选择对象：<循环关>找到 1 个"，同时光标变为拾取框。

3. 窗口选择

窗口选择方式是使用一个矩形窗口来选定一个或多个对象。使用该方式时，只有完全被包围在矩形窗口中的对象才能被选中，而部分处于矩形窗口内的对象则不被选中。

用户在命令提示"选择对象："时，输入"w"按〈Enter〉键，命令行提示如下。

> 选择对象：w （输入"w"，按〈Enter〉键）
> 指定第一个角点： （用鼠标确定矩形窗口的一个对角点）
> 指定对角点： （用鼠标确定矩形窗口的另一个对角点）

图 4-5 显示的是通过矩形窗口选择对象，图中长方形完全在矩形窗口内，三角形在窗口外，而圆形只有部分在窗口内，所以只有长方形被选中。

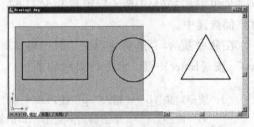

4. 交叉窗口

该方式与窗口方式类似，也是通过定义一个矩形窗口来选择对象，不同的是使用交叉窗口选择时，被窗口完全包围和部分包围（与窗口相交）的对象都会被选中。

图 4-5　矩形窗口方式选择对象示例

在命令提示"选择对象："时，输入"c"按〈Enter〉键，命令行提示如下。

> 选择对象：c （输入"c"，按〈Enter〉键）
> 指定第一个角点：（单击确定矩形窗口的一个对角点）
> 指定对角点：（单击确定矩形窗口的另一个对角点）

仍以图 4-5 为例，通过交叉窗口选择对象，由于长方形和圆形完全或部分在矩形窗口内，所以这两个对象均被选中，而三角形在窗口外，则未被选中。

5. 框窗口

该方式是窗口选择方式和交叉窗口方式的综合，也是用矩形窗口来选择对象。
在命令提示"选择对象："时，输入"box"按〈Enter〉键，命令行提示如下。

> 选择对象：box（输入"box"，按〈Enter〉键）
> 指定第一个角点： （单击确定矩形窗口的一个对角点）
> 指定对角点：（单击确定矩形窗口的另一个对角点）

如果用户确定窗口时，第一个角点在左边，第二个角点在右边时，与窗口选择方式相同，选择被完全包围的对象；反之，则与交叉窗口相同，选择完全或部分被包围的对象。

6. 多边形窗口

当使用矩形窗口不易选择对象时，用户可以使用多边形窗口来创建选择集。

在命令提示"选择对象:"时,输入"wp"按〈Enter〉键,命令行提示如下。

> 选择对象:wp　(输入"wp",按〈Enter〉键)
> 第一圈围点:　(单击确定多边形窗口的第一个顶点)
> 指定直线的端点或[放弃(U)]:　(单击确定多边形窗口的第二个顶点)
> ……
> 指定直线的端点或[放弃(U)]:　(单击确定多边形窗口的最后一个顶点)
> 指定直线的端点或[放弃(U)]:　(按〈Enter〉键,结束命令)

图4-6显示的是通过多边形窗口选择对象,如果用户只想选择圆形、六边形和椭圆形,则用多边形窗口将这几个图形全部选在窗口范围内即可。

7. 交叉多边形窗口

该方式与多边形窗口方式类似,也是通过定义一个多边形窗口来选择对象,不同的是使用交叉多边形窗口选择时,被窗口完全包围和部分包围(与窗口相交)的对象都被选中。

在命令提示"选择对象:"时,输入"cp"按〈Enter〉键,命令行提示如下。

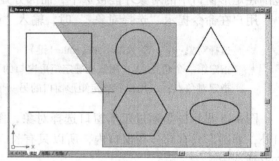

图4-6　多边形窗口方式选择对象示例

> 选择对象:cp　(输入"cp",按〈Enter〉键)
> 第一圈围点:　(单击确定多边形窗口的第一个顶点)
> 指定直线的端点或[放弃(U)]:　(单击确定多边形窗口的第二个顶点)
> ……
> 指定直线的端点或[放弃(U)]:　(单击确定多边形窗口的最后一个顶点)
> 指定直线的端点或[放弃(U)]:　(按〈Enter〉键,结束命令)

仍以图4-6为例,通过交叉多边形窗口选择对象,由于长方形部分在多边形窗口内,所以长方形、圆形、六边形和椭圆这4个对象均被选中。

8. 最后一个

在命令提示"选择对象:"时,输入"l"按〈Enter〉键,将自动选中用户最后一个绘制的图形。使用该选项只能选择一个对象。

9. 前一个

使用该选项将自动选择最后生成的选择集中的所有对象。用户在命令提示"选择对象:"时,键入"p"并按〈Enter〉键,AutoCAD会记忆前一次创建的选择集,让用户使用"前一个"选项来再次选择它。

10. 扣除

在命令提示"选择对象:"时,输入"r"按〈Enter〉键。该选项是用来从已经建立的选择集中移去对象。系统通常提示"选择对象:"时都是加入模式,即选择的对象都是加入到选择集中。"扣除"选项将加入模式改为扣除模式,命令提示改为"删除对象:",然后选择要移去的对象。

11. 加入

加入选项与扣除选项相反。在确定选择集时将扣除模式改为加入模式，使用户可以继续往选择集中添加对象。在命令提示"选择对象："时，输入"a"按〈Enter〉键，即进入加入模式。

12. 全部

当用户要对所有对象（不包括被冻结或锁住层上的对象）进行编辑时，可使用该选项。在命令提示"选择对象："时，输入"all"按〈Enter〉键，则所有对象被选中。

13. 栏选

当用户要在一幅复杂的图形中选择彼此不相邻的对象时，可使用"栏选"方式。它是使用一条折线段来确定选择集的，与该折线相交的所有对象均被选中。

在命令提示"选择对象："时，输入"f"按〈Enter〉键，命令行提示如下。

> 选择对象:f（输入"f"，按〈Enter〉键）
> 指定第一个栏选点：　（指定折线的起点）
> 指定下一个栏选点或[放弃(U)]：　（指定折线的第二点）
> ……
> 指定下一个栏选点或[放弃(U)]：　（指定折线的最后一点）
> 指定下一个栏选点或[放弃(U)]：　（按 Enter 键,结束命令）

图4-7 显示的是通过栏选方式选择对象，图中折线与长方形、六边形、三角形均相交，所以3个对象均被选中。

14. 编组

该选项是使用用户已经建立对象的组名来选择对象，用户必须在使用该选项前用 Group 命令定义好对象编组，并给对象编组赋予一个名字。

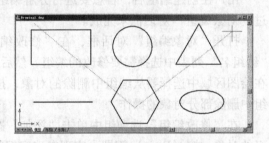

图4-7　栏选方式选择对象示例

在命令提示"选择对象："时，输入"g"按〈Enter〉键，命令行提示如下。

> 输入编组名：　（输入用户建立的对象组组名）

输入对象组组名后按〈Enter〉键，选择该对象编组中的所有对象。

15. 多个对象

通常用户每选择一个对象，该对象即以高亮显示。在命令提示"选择对象："时，键入"m"按〈Enter〉键，可在被选中的对象不高亮显示状态下选择多个对象，这样可加快选择过程。选择完成后按〈Enter〉键，所有被选中的对象将一起以高亮显示。

16. 自动

该选项用来返回自动选择方式，是系统的默认选项。用户可以单击一个对象来选择此对象，也可以在绘图区域空白处单击一点，自动进入缺省窗口方式来选择对象。

17. 取消

该选项用于取消前一步选择操作所选中的对象。

18. 单个

当选择该选项时，用户只能进行一次选择操作。在进行一次选择后，系统不再提示

"选择对象"，而直接确认用户的选择。

4.1.3 对象编组

当用户需要对图形中的几个对象同时进行编辑时，可将这几个对象进行编组。

（1）调用命令方式

命令：Group。

（2）功能

创建和编辑对象编组。

（3）操作过程

输入该命令后，将弹出如图4-8所示的"对象编组"对话框。

在"编组标识"选项组中，设置编组的名称和说明内容，然后单击"创建编组"选项组中的"新建"按钮，对话框将暂时关闭。然后选中绘图区域中要进行编组的对象，按〈Enter〉键，即可返回对话框，最后单击"确定"按钮，完成编组的创建。

图4-8 "对象编组"对话框

用户在创建编组后，若想要进行分解编组、在编组中添加或删除对象等操作，可再次通过"对象编组"对话框来完成。

打开"对象编组"对话框，在"修改编组"选项组中包含多个修改编组的命令，在"编组名"列表中选择需要修改的编组，然后单击"删除"按钮，可暂时关闭对话框，然后在绘图区域中选择要从编组中删除的对象，按〈Enter〉键返回对话框，即可实现从已有编组中删除部分对象的操作。

在"修改编组"选项组中单击"添加"按钮，然后在绘图区域中选择要添加进选定编组的对象，按〈Enter〉键即可实现向选定编组中添加对象的操作。

在"修改编组"选项组中单击"重命名"按钮，可对选定编组的名称进行重命名操作，也可直接在"编组名"选项右侧的文本框中输入新的名称。

如果用户创建了多个编组，单击"重排"按钮会显示"编组排序"对话框。在该对话框中可以修改选定编组中对象的编号次序。单击"确定"按钮关闭"编组排序"对话框。

在"修改编组"选项组中单击"说明"按钮，可对当前编组的说明进行修改。在"说明"文本框中输入新的说明内容，再次单击该按钮即可实现编组说明的更改。

选择要删除的编组，单击"分解"按钮即可将其删除。删除编组时，编组中的对象不受影响，仍保留在图形中。

在"修改编组"选项组中单击"可选择的"按钮，即可在编组的可选择性和不可选择性之间进行切换。通过按〈Ctrl + H〉组合键或〈Ctrl + Shift + A〉组合键也可在打开和关闭编组选择之间进行切换。

4.1.4 快速选择

当需要选择具有某些共同特性的对象时，用户可利用"快速选择"对话框，根据对象的图层、线型、颜色、图案填充等特性和类型创建选择集。

（1）调用命令方式

下拉菜单：工具→快速选择。

命令：Qselect。

（2）功能

自动选取满足过滤条件的对象。

（3）操作过程

输入该命令后，将弹出如图4-9所示的"快速选择"对话框。

该对话框中各选项含义如下。

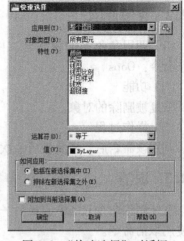

图4-9 "快速选择"对话框

- 应用到：用于选择过滤规则运用范围。用户可以通过下拉列表选择，也可以通过单击右边的"选择对象"图标来选择一些对象作为应用范围。
- 对象类型：用于设置对象类型的过滤条件。默认类型是"所有图元"。
- 特性：用于设置特性的过滤条件。用户可在该列表框中选择一种特性。
- 运算符：用于设置选择特性的逻辑运算。
- 值：用于设置特性的值。在"值"下拉列表框中选择一个特性值。
- 如何应用：用于选择过滤规则的应用方法。
- 附加到当前选择集：选中该复选框，表示将选中的对象添加到当前的选择集中。未选中则表示创建一个新的选择集替代当前选择集。

4.2 删除/恢复删除对象

在绘图过程中，用户可以使用删除的相关命令将多余的辅助线或绘制错误的图形删除掉。

4.2.1 删除对象

（1）调用命令方式

下拉菜单：修改→删除。

工具栏："修改"工具栏 ✎ （"删除"按钮）。

命令：Erase 或 e。

（2）功能

删除所有选择的对象。

（3）操作过程

调用该命令后，命令行提示如下。

```
选择对象：  （选择一个或多个对象）
S……
选择对象：  （直接按〈Enter〉键,结束选择对象并删除所有选择的对象）
```

4.2.2　恢复删除

（1）调用命令方式

命令：Oops。

（2）功能

恢复被删除的对象。

（3）操作过程

调用该命令后，恢复最后一次删除的对象。

4.2.3　取消

恢复删除命令只能恢复最后一次删除的对象。若用户需要恢复前几次删除的对象，则可以使用取消命令。

（1）调用命令方式

下拉菜单：编辑→放弃。

工具栏："标准"工具栏 ↶▾ （"放弃"按钮）。

命令：Undo 或 U。

快捷菜单：单击鼠标右键，在弹出的快捷菜单中选择"放弃"命令。

（2）功能

恢复被删除的对象。

（3）操作过程

调用该命令后，不断恢复被删除的对象。

4.3　复制对象

复制对象是在绘图、修改图形时经常要使用的操作，用户可根据实际情况选用复制、镜像、偏移和阵列等命令来实现对象的复制。

4.3.1　复制

复制对象是将选中的实体复制到指定位置，可进行单次复制，也可进行多次复制。

（1）调用命令方式

下拉菜单：修改→复制。

工具栏："修改"工具栏 （"复制"按钮）。

工具栏："标准"工具栏 （"复制"按钮，需要配合粘贴命令使用）。

命令：Copy。

快捷菜单：单击鼠标右键，在弹出的快捷菜单中选择"复制"命令（需要配合粘贴命令使用）。

（2）功能

复制一个或多个已经绘制的对象。

（3）操作过程

调用该命令后，命令行提示如下。

选择对象：（提示选择要复制的一个或多个对象,直接选择或窗口选择等均可）

......

选择对象：（按〈Enter〉键表示选择对象结束）

指定基点或[位移(D)]＜位移＞：（指定基准点）

指定第二个点或＜使用第一个点作为位移＞：（指定复制后的对象的定位点）

......

指定第二个点或[退出(E)/放弃(U)]＜退出＞：（如果继续指定定位点则复制多个对象,如果不需再复制,则按〈Enter〉键退出）

【例4-1】对图4-10中已有的圆进行复制，要求将圆复制到矩形的4个角点上。

操作步骤：

单击"修改"工具栏中的"复制"按钮，命令行提示如下。

选择对象：（选择要复制的圆）

选择对象：（按〈Enter〉键,结束选择对象）

当前设置：复制模式＝多个

指定基点或[位移(D)/模式(O)]＜位移＞：（通过对象捕捉功能指定圆心为基点）

指定第二个点或＜使用第一个点作为位移＞：（捕捉到矩形的一个角点作为复制的圆的圆心位置）

指定第二个点或[退出(E)/放弃(U)]＜退出＞：（捕捉到矩形的第二个角点作为复制的圆的圆心位置）

指定第二个点或[退出(E)/放弃(U)]＜退出＞：（捕捉到矩形的第三个角点作为复制的圆的圆心位置）

指定第二个点或[退出(E)/放弃(U)]＜退出＞：（捕捉到矩形的第四个角点作为复制的圆的圆心位置）

指定第二个点或[退出(E)/放弃(U)]＜退出＞：（结束复制命令）

复制后的图形如图4-11所示。

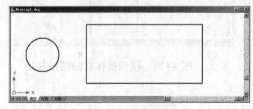 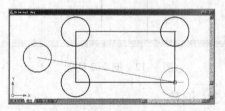

图4-10 例4-1例图　　　　图4-11 复制操作后的图形显示

4.3.2 镜像

如果用户要绘制两个形状相似且位置对称的图形，则可先绘制出一个对象，然后用"镜像"命令复制出另一个。

（1）调用命令方式

下拉菜单：修改→镜像。

工具栏："修改"工具栏 △（"镜像"按钮）。

命令：Mirror。

（2）功能

将选择的一个或多个对象作镜像进行复制。

（3）操作过程

调用该命令后，命令行提示如下。

> 选择对象：（提示选择要镜像的一个或多个对象,直接选择或窗口选择等均可）
> ……
> 选择对象：（按〈Enter〉键结束选择对象）
> 指定镜像线的第一点：（确定对称线的第一点）
> 指定镜像线的第二点：（确定对称线的第一点）
> 要删除源对象吗？［是(Y)/否(N)］＜N＞：（选择是否删除源对象,默认为不删除）

【例4-2】如图4-12所示，用镜像的方法绘出道路另外一侧的花坛和路灯，使道路两边的花坛及路灯关于道路的中线对称。

操作步骤：

单击"修改"工具栏中的"镜像"按钮，命令行提示如下。

> 选择对象:找到8个 （选择已有花坛及路灯对象）
> 选择对象：（按〈Enter〉键结束选择对象）
> 指定镜像线的第一点：（选择道路中线(虚线)上一点）
> 指定镜像线的第二点：（选择道路中线(虚线)上另一点）
> 要删除源对象吗？［是(Y)/否(N)］＜N＞：（不删除原有三角形,直接按〈Enter〉键）

镜像后的图形如图4-13所示。

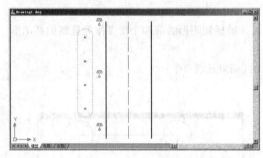

图4-12 例4-2例图

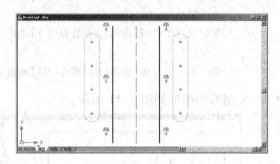

图4-13 镜像操作后的图形显示

4.3.3 偏移

如果用户要绘制的图形形状相似，且有一定的间距，则可先绘制一个对象，然后用"偏移"命令复制其他对象。

（1）调用命令方式

下拉菜单：修改→偏移。

工具栏："修改"工具栏 ☙（"偏移"按钮）。

命令：Offset。

（2）功能

将选择的对象按指定的距离和方向偏移，生成另一个相似图形。

（3）操作过程

调用该命令后，命令行提示如下。

指定偏移距离或[通过(T)/删除(E)/图层(L)]<默认值>：　（输入要偏移的距离或确定偏移后对象要经过或延长通过的偏移点）

选择要偏移的对象，或[退出(E)/放弃(U)]<退出>：　（确定偏移的对象）

指定要偏移的那一侧上的点，或[退出(E)/多个(M)/放弃(U)]<退出>：　（确定偏移的方向）

需要说明的是：在使用偏移命令的过程中选择对象时，只能用点选的方式一次选择一个实体进行偏移。偏移命令只适用于直线、多段线、圆、椭圆、椭圆弧和样条曲线，而对于点、属性、文本等对象不能进行偏移。对直线进行偏移时是等长进行的；对多段线进行偏移时是逐段进行的，各段的长度将重新进行调整；对圆、椭圆、椭圆弧进行偏移时是同心进行的。

【例 4-3】分别对图 4-14 中已有的直线、圆和多段线进行偏移，要求偏移距离均为 10。

操作步骤：

单击"修改"工具栏中的"偏移"按钮，命令行提示如下。

命令：offset
当前设置：删除源=否　图层=源　OFFSETGAPTYPE=0
指定偏移距离或[通过(T)/删除(E)/图层(L)]<50.0000>：10（输入偏移距离 10）
选择要偏移的对象，或[退出(E)/放弃(U)]<退出>：（选择直线）
指定要偏移的那一侧上的点，或[退出(E)/多个(M)/放弃(U)]<退出>：（选择直线上方任意一点）
选择要偏移的对象，或[退出(E)/放弃(U)]<退出>：（选择原直线）
指定要偏移的那一侧上的点，或[退出(E)/多个(M)/放弃(U)]<退出>：（选择直线下方任意一点）
……
选择要偏移的对象，或[退出(E)/放弃(U)]<退出>：（选择圆）
指定要偏移的那一侧上的点，或[退出(E)/多个(M)/放弃(U)]<退出>：（选择圆外任意一点）
选择要偏移的对象，或[退出(E)/放弃(U)]<退出>：（选择原来的圆）
指定要偏移的那一侧上的点，或[退出(E)/多个(M)/放弃(U)]<退出>：（选择圆内任意一点）
……
选择要偏移的对象，或[退出(E)/放弃(U)]<退出>：（选择多段线）
指定要偏移的那一侧上的点，或[退出(E)/多个(M)/放弃(U)]<退出>：（选择多段线外侧任意一点）
选择要偏移的对象，或[退出(E)/放弃(U)]<退出>：（选择原多段线）
指定要偏移的那一侧上的点，或[退出(E)/多个(M)/放弃(U)]<退出>：（选择多段线内侧任意一点）
……
指定要偏移的那一侧上的点，或[退出(E)/多个(M)/放弃(U)]<退出>：（按〈Enter〉键，结束命令）

偏移后的图形如图 4-15 所示。

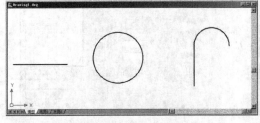
图 4-14　例 4-3 例图

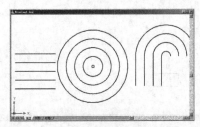
图 4-15　进行偏移操作后的图形显示

4.3.4 阵列

如果用户要绘制多个图形，要求它们形状相同，且分布有一定的规律，则可先绘制一个对象，然后用阵列命令复制其他对象。

（1）调用命令方式

下拉菜单：修改→阵列。

工具栏："修改"工具栏 ▦（"阵列"按钮）。

命令：Array。

（2）功能

以指定的方式将选择的对象进行多重复制。

（3）操作过程

调用该命令后，将弹出如图4-16所示的"阵列"对话框。

该对话框各选项功能含义如下。

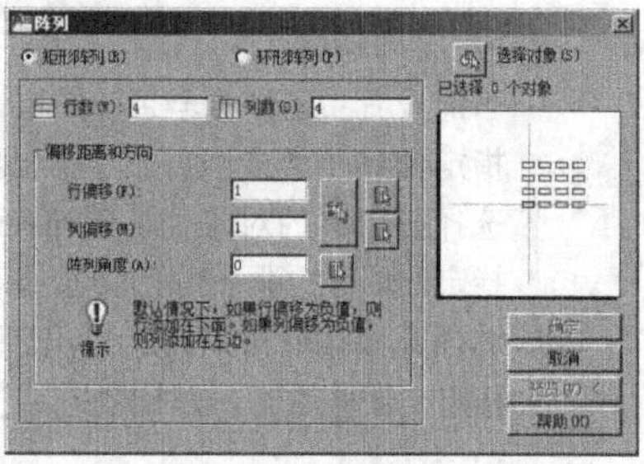

● 矩形阵列：选择该单选按钮后，将采用行列的矩形方式进行多重复制。用户需要输入矩形阵列的行数、列数以及确定行、列间的间距和阵列角度。

● 环形阵列：选择该单选按钮后，将采用环形的方式进行多重复制。用户需要确定环形的中心点、环绕方法及数值，复制后的显示形式等。

确定了阵列形式和数量后，可以通过"选择对象"

图4-16　"阵列"对话框

按钮来选择要阵列的图形，还可以预览阵列效果，并进行相应修改，直至完成阵列操作。

需要说明的是：若在矩形阵列对话框中的"行偏移"中输入正值，则向上阵列，输入负值，则向下阵列；若在"列偏移"中输入正值，则向右阵列，输入负值，则向左阵列；若在"阵列角度"中输入正值，则逆时针阵列，输入负值，则顺时针阵列。环形阵列对话框中的"项目总数"包括原实体；"填充角度"输入正值时，逆时针阵列，输入负值时，顺时针阵列。若选中"环形阵列"对话框中的"复制时旋转项目"复选框，则原实体将随环形阵列做相应的旋转，否则只平移不旋转。

【例4-4】对图4-17中的矩形（20×10）进行阵列，要求：4行6列的矩形阵列。

操作步骤：

单击"修改"工具栏中的"阵列"按钮，弹出"阵列"对话框，按照如图4-18所示的设置值对该矩形进行行列设置。通过"选择对象"按钮，选择该矩形。

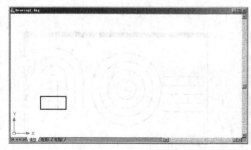

图4-17　例4-4图例

图4-18　对已有的矩形进行矩形阵列设置

设置完成后，单击"预览"按钮，查看阵列效果，如图4-19所示。

如果阵列效果合适，单击鼠标右键或按〈Enter〉键接受阵列按钮，完成阵列操作。如果对阵列的效果不满意，单击绘图区任意位置或按〈Esc〉键，则返回"阵列"对话框，用户可以继续对各项值进行修改，直至满意为止。

【例4-5】对图4-20中的直线进行环形阵列，要求：以图中圆的圆心为阵列中心点，共绘制30个对象。

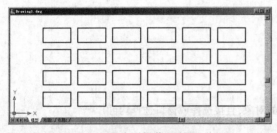
图4-19　矩形阵列操作后的图形显示

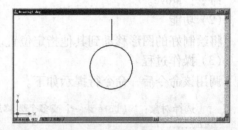
图4-20　例4-5图例

操作步骤：

选择修改工具栏中的阵列按钮图标，弹出"阵列"对话框，按照如图4-21所示的设置值对该直线进行环形设置（其中：中心点坐标是通过"拾取中心点"按钮在图上拾取的）。通过"选择对象"按钮，选择该直线。

设置完成后，单击"预览"按钮，查看阵列效果，如图4-22所示。此时发现阵列的效果并不合适，直线没有绕着圆的圆心旋转，则返回"阵列"对话框，选中"复制时旋转项目"复选框，再进行预览，直至满意为止。阵列后效果如图4-23所示。

图4-21　对已有的直线进行环形阵列设置

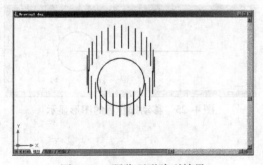
图4-22　预览环形阵列效果

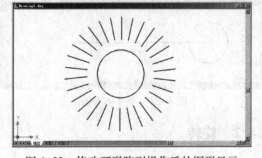
图4-23　修改环形阵列操作后的图形显示

4.4　移动对象

移动对象也是修改图形时常用的操作，使用移动、旋转和缩放命令都可实现对象的移动。

4.4.1 移动

若用户要将对象移动到指定的位置，可以使用移动命令。

（1）调用命令方式

下拉菜单：修改→移动。

工具栏："修改"工具栏✥（"移动"按钮）。

命令：Move。

（2）功能

将绘制好的图形移动到其他指定位置。

（3）操作过程

调用该命令后，命令行提示如下。

> 选择对象： （选择要一个或多个要移动的对象,直接选择或窗口选择均可）
>
> ······
>
> 选择对象： （按〈Enter〉键结束选择对象）
>
> 指定基点或[位移(D)] <位移 >： （指定一个点为位移的基点）
>
> 指定第二个点或 <使用第一个点作为位移 >： （确定要移动到的点）

【例4-6】将图4-24中的圆移动到直线的另一端，要求：圆心与直线端点重合。

操作步骤：

单击"修改"工具栏中的"移动"按钮，命令行提示如下。

> 选择对象： （选择圆形）
>
> 选择对象： （直接按〈Enter〉键,结束选择对象）
>
> 指定基点或[位移(D)] <位移 >： （通过自动捕捉,捕捉到圆的圆心作为基点）
>
> 指定第二个点或 <使用第一个点作为位移 >：（通过自动捕捉,捕捉到直线另一端点为位移点）

移动后的图形如图4-25所示。

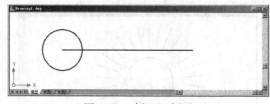 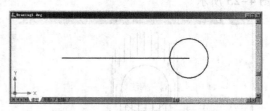

图4-24　例4-6例图　　　　　　　　图4-25　移动操作后的图形显示

4.4.2 旋转

若用户要将对象旋转到一定的角度，则可用旋转命令。

（1）调用命令方式

下拉菜单：修改→旋转。

工具栏："修改"工具栏○（"旋转"按钮）。

命令：Rotate。

（2）功能

将选择的对象旋转指定的角度。

（3）操作过程

调用该命令后，命令行提示如下。

> UCS 当前的正角方向：ANGDIR = 逆时针　ANGBASE = 0（当前模式）
>
> 选择对象：　（选择要旋转的一个或多个对象，直接选择或窗口选择均可）
>
> ……
>
> 选择对象：　（按〈Enter〉键结束选择对象）
>
> 指定基点：　（指定旋转的基点，即对象绕该点旋转）
>
> 指定旋转角度，或[复制（C）/参照（R）]<默认值 >：（直接输入角度或以参照方式定义选择角度）

需要说明的是：进行旋转角度输入时，输入正数为顺时针旋转，输入负数为逆时针旋转。用参照（R）的方式旋转角度，实体所旋转的角度为"新角度减去参考角"。

【例4-7】将图4-26中的直线绕圆心逆时针旋转90°。

操作步骤：

单击"修改"工具栏中的"旋转"按钮，命令行提示如下。

> UCS 当前的正角方向：　ANGDIR = 逆时针　ANGBASE = 0
>
> 选择对象：　（选择直线）
>
> 选择对象：　（按〈Enter〉键，结束选择命令）
>
> 指定基点：　（通过自动捕捉功能捕捉到圆心）
>
> 指定旋转角度，或[复制（C）/参照（R）]　< 0 >：90　（输入 90 按〈Enter〉键，表示逆时针旋转90°）

旋转后的图形如图4-27所示。

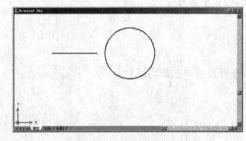

图4-26　例4-7 例图

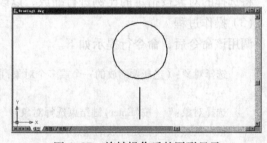

图4-27　旋转操作后的图形显示

【例4-8】对图4-28所示的直线 AB 进行旋转，要求：直线 AB 经过旋转后与直线 CD 平行。

操作步骤：

单击"修改"工具栏中的"旋转"按钮，命令行提示如下。

> UCS 当前的正角方向：　ANGDIR = 逆时针　ANGBASE = 0
>
> 选择对象：　（选择直线 AB）
>
> 选择对象：　（直接按〈Enter〉键，结束选择命令）
>
> 指定基点：　（通过自动捕捉功能捕捉到 B 点）
>
> 指定旋转角度，或[复制（C）/参照（R）] < 0 >：r　（选择"参照"方式旋转角度）
>
> 指定参照角 < 0 >：（通过自动捕捉功能捕捉到 B 点）
>
> 指定第二点：（拾取直线 AB 上任一个点）
>
> 指定新角度或[点（P）]< 0 >：p　（将要通过给定点给定新角度）

指定第一点：（通过自动捕捉功能捕捉到 C 点）
指定第二点：（拾取直线 CD 上任一个点）

旋转后的图形如图 4-29 所示。

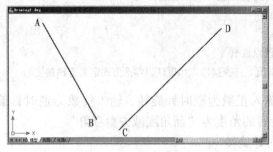

图 4-28 例 4-8 例图

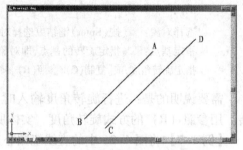

图 4-29 进行旋转操作后的图形显示

4.4.3 比例缩放

若用户要改变对象的大小，可用缩放命令。

（1）调用命令方式

下拉菜单：修改→缩放。

工具栏："修改"工具栏（"缩放"按钮）。

命令：Scale。

（2）功能

将选择的对象按指定的比例进行缩放，以改变其尺寸大小。

（3）操作过程

调用该命令后，命令行提示如下。

选择对象：（选择要缩放的一个或多个对象,直接选择或窗口选择均可）

……

选择对象：　（按〈Enter〉键结束选择对象）

指定基点：　（指定缩放的基点）

指定比例因子或［复制(C)/参照(R)］＜默认值＞：（给出缩放比例）

需要说明的是：选项"复制（C）/参照（R）"与旋转命令选项中的"复制（C）/参照（R）"操作相似。当比例因子 >1 时，放大对象；当 0 < 比例因子 <1 时，缩小对象。

【例 4-9】将图 4-30 中的圆以圆心为基准点，缩小为其一半。

操作步骤：

单击"修改"工具栏中的"缩放"按钮，命令行提示如下。

选择对象：　（选择圆）

选择对象：　（直接按〈Enter〉键,结束选择命令）

指定基点：　（通过自动捕捉功能捕捉到圆心）

指定比例因子或［复制(C)/参照(R)］＜默认值＞：0.5　（给出缩小比例）

缩小后的图形如图 4-31 所示。

86

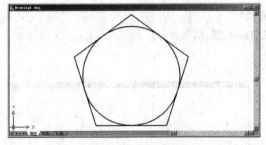
图 4-30 例 4-9 例图

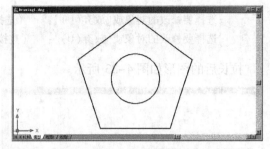
图 4-31 缩小操作后的图形显示

4.5 修改对象

其他常用的修改对象命令还包括拉长、拉伸、合并、延伸、修剪、打断、倒角和圆角命令等。

4.5.1 拉长

若用户要将直线、多义线、圆弧、椭圆弧等非封闭的曲线长度按设置进行拉长或缩短，可使用拉长命令。

（1）调用命令方式

下拉菜单：修改→拉长。

命令：Lengthen。

（2）功能

改变所选对象的长度。

（3）操作过程

调用该命令后，命令行提示如下。

> 选择对象或[增量(DE)/百分数(P)/全部(T)/动态(DY)]:（选择要拉长或缩短的对象）
> 当前长度： ,包含角：   （选定对象的信息）
> 选择对象或[增量(DE)/百分数(P)/全部(T)/动态(DY)]:   （选择拉长或缩短的方式）

各选项含义如下。

- 增量：输入长度增量来拉长对象，如在命令提示行"输入长度增量或［角度（A）］
  ＜20.0000＞："中输入"A"，将按指定的角度增量延长圆弧类对象。
- 百分数：新对象除以原对象所得的数值。当输入的百分数大于 100 时，延长对象，当输入的百分数小于 100 时缩短对象。
- 全部：将对象延长或缩短为输入的数值。
- 动态：用鼠标拖动的方式将对象延长或缩短到指定的长度。

【例 4-10】对图 4-32 所示长度为 50 的直线进行拉长，使其长度变为 100。

操作步骤：

选择"修改"→"拉长"命令，命令行提示如下。

> 选择对象或[增量(DE)/百分数(P)/全部(T)/动态(DY)]: t   （选择输入全长的方式拉长）
> 指定总长度或[角度(A)] <1.0000) >:100   （输入直线全长 100）

选择要修改的对象或[放弃(U)]:	（选择直线）
选择要修改的对象或[放弃(U)]:	（直接按〈Enter〉键,结束命令）

拉长后的图形如图 4-33 所示。

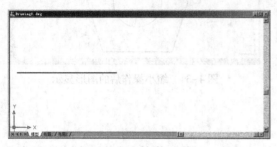
图 4-32　例 4-10 例图

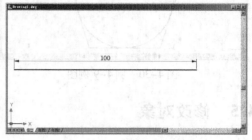
图 4-33　拉长操作后的图形显示

4.5.2　拉伸

若用户要将所选定的图形进行拉伸或压缩,可使用拉伸命令。

（1）调用命令方式

下拉菜单:修改→拉伸。

工具栏:"修改"工具栏（"拉伸"按钮）。

命令:Stretch。

（2）功能

用于拉伸或压缩对象。

（3）操作过程

调用该命令后,命令行提示如下。

以交叉窗口或交叉多边形选择要拉伸的对象...
选择对象:（以交叉窗选方式选择对象）
指定对角点:
选择对象:（按〈Enter〉键结束选择对象）
指定基点或[位移(D)]<位移>:（确定基点位置）
指定第二个点或<使用第一个点作为位移>:（拾取其他点作为位移连线的第二个点）

需要说明的是:拉伸对象时,必须用交叉窗选的方式选择对象。若把某一个图形全部选中,则"拉伸"命令相当于"移动"命令。

【例 4-11】对如图 4-34 所示的图形进行拉伸操作。

操作步骤:

单击"修改"工具栏中的"拉伸"按钮,命令行提示:

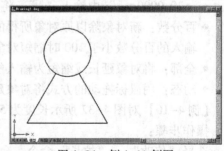
图 4-34　例 4-11 例图

以交叉窗口或交叉多边形选择要拉伸的对象...
选择对象:(以交叉窗选方式选择对象,此时要注意窗选的范围,范围不同则拉伸的效果也不同,

如图 4-35 ~ 图 4-37 所示)

指定对角点:

选择对象: (直接按〈Enter〉键,结束选择命令)

指定基点或[位移(D)] <位移>:(通过捕捉功能捕捉到圆心为基点)

指定第二个点或 <使用第一个点作为位移>: (水平拾取一它点作为位移连线的第二个点)

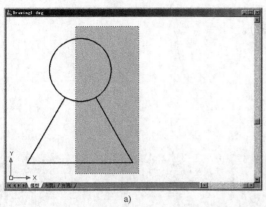 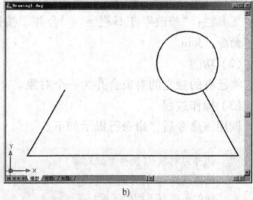

a)   b)

图 4-35 交叉窗选方式选择对象示意图一

a) 窗选范围 b) 拉伸结果

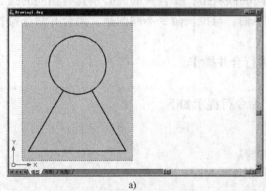 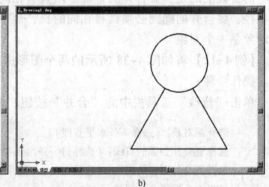

a)   b)

图 4-36 交叉窗选方式选择对象示意图二(此时相当于移动)

a) 窗选范围 b) 拉伸结果

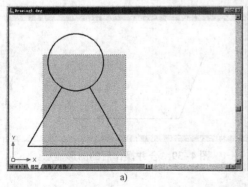 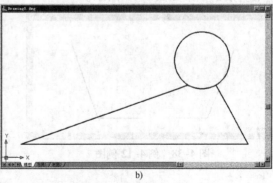

a)   b)

图 4-37 交叉窗选方式选择对象示意图三

a) 窗选范围 b) 拉伸结果

4.5.3　合并

若用户要将直线、圆、椭圆、样条曲线等独立的对象合并为一个对象，可使用"合并"命令。

（1）调用命令方式

下拉菜单：修改→合并。

工具栏："修改"工具栏 ✦ （"合并"按钮）。

命令：Join。

（2）功能

将已有的独立的对象合并为一个对象。

（3）操作过程

调用该命令后，命令行提示如下。

> 选择源对象：（选择基础对象）
>
> 选择圆弧，以合并到源或进行 [闭合（L）]：/ 选择要合并到源的直线：（根据选择的是圆弧或直线的不同有不同的提示）

需要说明的是：要合并的直线必须具有相同的倾斜角；要合并的圆必须具有相同的圆心和半径；要合并的椭圆必须具有相同的长、短半轴。与拉长命令不同的是，用合并命令拉长的对象是一个对象。

【例 4-12】将如图 4-38 所示的两个图形进行合并操作。

操作步骤：

单击"修改"工具栏中的"合并"按钮，命令行提示如下。

> 选择源对象：（选择一条水平直线）
>
> 选择要合并到源的直线：（选择另一条水平直线）
>
> 选择要合并到源的直线：（直接按 Enter 键，结束选择命令）
>
> 已将 1 条直线合并到源

合并后的图形如图 4-39 所示。

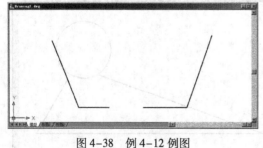
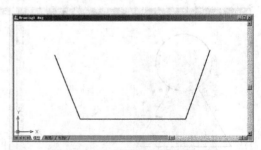

图 4-38　例 4-12 例图　　　　　图 4-39　合并操作后的图形显示

4.5.4　延伸

若用户要将对象延伸到指定的边界，可使用"延伸"命令。

（1）调用命令方式

下拉菜单：修改→延伸。

工具栏："修改"工具栏-/（"延伸"按钮）。

命令：Extend。

（2）功能

将选择的对象延长至选择的边界。

（3）操作过程

调用该命令后，命令行提示：

> 当前设置:投影 = UCS,边 = 无
>
> 选择边界的边 …
>
> 选择对象或 < 全部选择 > :（选择要延伸到的边界,若直接按〈Enter〉键默认对象所遇到的第一个边界）
>
> 选择对象:（按〈Enter〉键结束选择对象）
>
> 选择要延伸的对象,或按住 Shift 键选择要修剪的对象,或[栏选（F）/窗交（C）/投影（P）/边（E）/放弃（U）]:（选择要延伸的对象）
>
> ……
>
> 选择要延伸的对象,或按住 Shift 键选择要修剪的对象,或[栏选（F）/窗交（C）/投影（P）/边（E）/放弃（U）]:（直接按〈Enter〉键,结束选择命令）

各选项含义如下。

- 选择要延伸的对象：默认选项，直接选取要延伸的对象。
- 按住 Shift 键选择要修剪的对象：此时，由延伸功能变为修剪功能
- 栏选：用该方式选择要延伸的对象时，与栏相交的对象被延伸，但栏只能有一个转折点。
- 窗交：用该方式选择要延伸的对象时，只有与矩形的边且可通过对角线逆时针旋转而成的那条边相交的对象才能被延伸。
- 投影：已有延伸对象时，所使用投影方式。
- 边：用于设置隐含边界设置模式。
- 放弃：取消延伸命令所作的改变。

【例 4-13】将图 4-40 中的圆弧的端点 2 延伸至直线 b。

操作步骤：

单击"修改"工具栏中的"延伸"按钮，命令行提示如下。

> 当前设置:投影 = UCS,边 = 无
>
> 选择边界的边 …
>
> 选择对象或 < 全部选择 > :　（选择直线 b）
>
> 选择对象:（直接按〈Enter〉键,结束选择命令）
>
> 选择要延伸的对象,或按住 Shift 键选择要修剪的对象,或[栏选（F）/窗交（C）/投影（P）/边（E）/放弃（U）]:（选择靠近端点 2 一侧的圆弧上任意一点）
>
> 选择要延伸的对象,或按住 Shift 键选择要修剪的对象,或[栏选（F）/窗交（C）/投影（P）/边（E）/放弃（U）]:（直接按〈Enter〉键,结束选择命令）

延伸后的图形如图 4-41 所示。

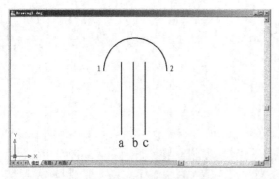

图 4-40　例 4-13 例图

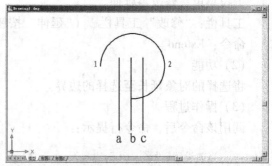

图 4-41　延伸操作后的图形显示

4.5.5　修剪

若用户要将对象修剪至由其他对象定义的边界，可使用修剪命令。

（1）调用命令方式

下拉菜单：修改→修剪。

工具栏："修改"工具栏 ╱ （"修剪"按钮）。

命令：Trim。

（2）功能

将选择的对象修剪至选择的边界。

（3）操作过程

调用该命令后，命令行提示如下。

> 当前设置:投影 = UCS,边 = 延伸(当前模式)
>
> 选择剪切边…
>
> 选择对象或 < 全部选择 >:（选择要修剪到的边界）
>
> ……
>
> 选择对象:（按〈Enter〉键结束选择对象）
>
> 选择要修剪的对象,或按住 Shift 键选择要延伸的对象,或[栏选(F)/窗交(C)/投影(P)/边(E)/删除(R)/放弃(U)]:（选择要修剪的对象）
>
> ……
>
> 选择要修剪的对象,或按住 Shift 键选择要延伸的对象,或[栏选(F)/窗交(C)/投影(P)/边(E)/删除(R)/放弃(U)]:（按〈Enter〉键结束选择点选要修剪的对象）

需要说明的是：选择对象时，要将需要修剪的和其边界对象都选中，用窗选的方式可加快选择的速度。栏选（F）/窗交（C）/投影（P）/边（E）选项与延伸命令中选项的使用方法相似。

【例 4-14】对如图 4-42 所示的五角星进行修剪操作。

操作步骤：

单击"修改"工具栏中的"修剪"按钮，命令行提示如下。

92

> 当前设置:投影 = UCS,边 = 无
>
> 选择剪切边 . . .
>
> 选择对象或 < 全部选择 > :(依次选择五角星的五条边为边界,或者直接按〈Enter〉键默认最近的边为边界)
>
> ……
>
> 选择对象:(直接按〈Enter〉键,结束选择命令)
>
> 选择要修剪的对象,或按住 Shift 键选择要延伸的对象,或[栏选(F)/窗交(C)/投影(P)/边(E)/删除(R)/放弃(U)]:(依次选择五角星中间的多余线段)
>
> ……
>
> 选择要修剪的对象,或按住 Shift 键选择要延伸的对象,或[栏选(F)/窗交(C)/投影(P)/边(E)/删除(R)/放弃(U)]:(直接按〈Enter〉键,结束选择命令)

修剪后的图形如图 4-43 所示。

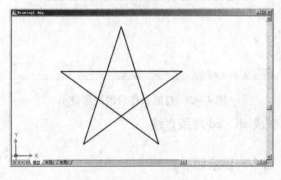

图 4-42　例 4-14 例图

图 4-43　修剪操作后的图形显示

4.5.6　打断

若用户要将对象部分删除或将对象分解为两部分,可用打断命令。

(1)调用命令方式

下拉菜单:修改→打断或打断于点。

工具栏:"修改"工具栏 ("打断"按钮) 或 ("打断于点"按钮)。

命令:Break。

(2)功能

将选择的对象断开成两半或删除对象上的一部分。

(3)操作过程

调用该命令后,命令行提示如下。

> 选择对象:(选择要打断的对象,该点又默认为打断的第一点)
>
> 指定第二个打断点或[第一点(F)]:(确定要打断的第二点或从新确定打断的第一点)

需要说明的是:在打断圆或圆弧时,按逆时针删除打断点 1 和打断点 2 之间的实体。打断于点相当于将实体在打断点分解为两部分而外观上没有任何变化。

【例 4-15】将图 4-44 中的直线 ac 在 b 点处打断。

操作步骤：

单击"修改"工具栏中的"打断于点"按钮，命令行提示如下。

> 选择对象：（选择直线 ac 上任意一点）
> 指定第二个打断点或[第一点(F)]：f
> 指定第一个打断点：（选择 b 点处进行打断）

打断后的图形如图 4-45 所示。此时，虽然从表面上看仍是一条直线，但已由原来的一个实体变为以 b 为分界点的两个实体。

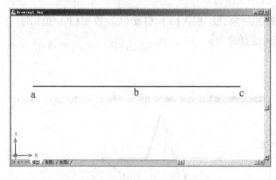

图 4-44 例 4-15 例图

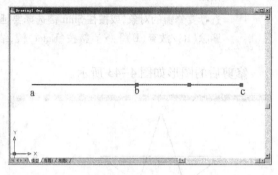

图 4-45 打断操作后的图形显示

【例 4-16】将图 4-46 中的直线 ad 打断，变成 ab、cd 两条直线。

操作步骤：

单击"修改"工具栏中的"打断"按钮，命令行提示如下。

> 选择对象：（选择 AB 直线上的 C 点作为打断的第一点）
> 指定第二个打断点或[第一点(F)]：（选择 D 点作为为打断的第二点）

若在"选择对象："时没有选择 C 点，而是选择了 AB 上任意一点，用户可以在"指定第二个打断点 或 [第一点（F)]："时先选择"f"，重新确定打断的第一点。

打断后的图形如图 4-47 所示。

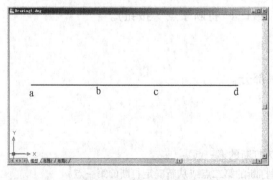

图 4-46 例 4-16 例图

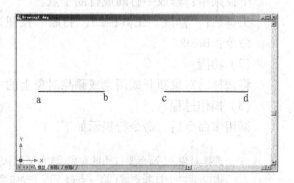

图 4-47 打断操作后的图形显示

4.5.7 倒角

若用户要将两条相交直线、多段线等实体线段作倒角，可使用倒角命令。

（1）调用命令方式

下拉菜单：修改→倒角。

工具栏：“修改”工具栏 （“倒角”按钮）。

命令：Chamfer。

（2）功能

将两个不平行的对象延伸或修剪，使之相交，或以一条有一定斜度的直线来连接两个对象。

（3）操作过程

调用该命令后，命令行提示如下。

（“修剪”模式）当前倒角距离 1 = 0.0000，距离 2 = 0.0000（当前模式）

选择第一条直线或［放弃（U）/多段线（P）/距离（D）/角度（A）/修剪（T）/方式（E）/多个（M）］：

各选项含义如下。

- 选择第一条直线：默认选项。以当前模式进行倒角的第一条边选择，选择后根据提示继续选择第二条边，则会根据当前模式对选择的两条边进行倒角。
- 多段线：该选项可以将一条二维多段线的所有角进行倒角。
- 距离：用于设置和改变倒角距离。
- 角度：该选项可以通过定义第一条直线的倒角距离和倒角与第一条直线的夹角来进行倒角。
- 修剪：用于控制是否修剪或延伸所选择的对象到倒角线的端点。
- 方式：控制在距离和角度方式之间进行切换。
- 多个：进行多个倒角操作。

需要说明的是：如果某个图形是由多段线绘制，则用多段线（P）的方式一次可倒折多个角。一定要注意看命令行提示给出的当前模式，可通过距离（D）或修剪（T）来修改当前模式。

【例4-17】 对图4-48所示的两条直线进行倒角操作，要求两个倒角后的效果如图4-49所示。

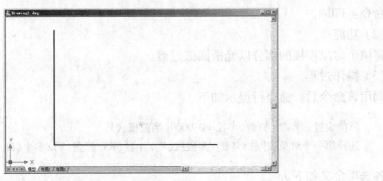

图4-48　例4-17例图

操作步骤：

单击“修改”工具栏中的“倒角”按钮，命令行提示如下。

（"修剪"模式）当前倒角距离 1 = 0.0000,距离 2 = 0.0000

选择第一条直线或[放弃(U)/多段线(P)/距离(D)/角度(A)/修剪(T)/方式(E)/多个(M)]: d
（确定倒角距离）

指定第一个倒角距离 <0.0000>: 10　　（输入第一个倒角距离 50）

指定第二个倒角距离 <10.0000>: 20　　（输入第二个倒角距离 50）

选择第一条直线或[放弃(U)/多段线(P)/距离(D)/角度(A)/修剪(T)/方式(E)/多个(M)]:
（选择竖直线）

选择第二条直线或[放弃(U)/多段线(P)/距离(D)/角度(A)/修剪(T)/方式(E)/多个(M)]:
（选择水平线）

倒角后的图形如图 4-49 所示。若在选择要倒角的直线时，先选了水平线而后选竖直线，则会出现如图 4-50 的效果。所以，输入了不同的倒角距离后，一定要注意选择直线的顺序，才能正确地对图形进行修改。

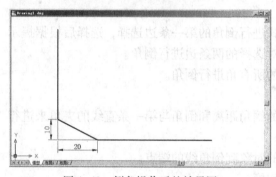 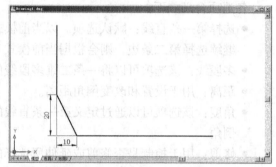

图 4-49　倒角操作后的效果图　　　　　　　图 4-50　倒角操作后的图形显示

4.5.8　圆角

若用户要用一段指定半径的圆弧光滑地连接两个对象，可使用圆角命令。

（1）调用命令方式

下拉菜单：修改→圆角。

工具栏："修改"工具栏 ⬜ （"圆角"按钮）。

命令：Fillet。

（2）功能

将两个对象连接的部分以光滑圆弧过渡。

（3）操作过程

调用该命令后，命令行提示如下。

当前设置：模式 = 修剪,半径 = 0.0000(当前模式)

选择第一个对象或[放弃(U)/多段线(P)/半径(R)/修剪(T)/多个(M)]:

各选项含义如下。

- 选择第一个对象：默认选项。以当前模式进行圆角的第一条边选择，选择后根据提示继续选择第二条边，则会根据当前模式对选择的两条边进行圆角。
- 多段线：该选项可以将多段线进行圆角设置。

- 半径：用于设置圆弧过渡的圆弧半径。
- 修剪：用于设置对象圆角后是否修剪对象。
- 多个：进行多个圆角操作。

需要说明的是：一定要注意看命令行提示给出的当前模式，可通过半径（R）或修剪（T）来修改当前模式。圆角的对象可以是直线、圆、圆弧等，圆角的结果与点取的位置有关，一般是在与点取位置近的地方用光滑圆弧连接。如给出的半径过大或过小，命令提示行将给出"没有半径为××的有效圆角"。技巧是用"工具"→"查询"→"距离"命令，查询出要用圆弧连接的两点之间的距离，给出的圆角半径应大于这两点之间的距离的1/2。两条发散的直线之间不能用倒圆角连接（平行线除外）。

【例4-18】如图4-51所示，分别用修剪和不修剪模式用一段圆弧连接圆与直线。

操作步骤：

① 修剪模式。

单击"修改"工具栏中的"圆角"按钮，命令行提示如下。

> 当前设置：模式＝修剪，半径＝0.0000　（当前模式为修剪）
> 选择第一个对象或［放弃(U)/多段线(P)/半径(R)/修剪(T)/多个(M)］：r（输入"r"设置圆角半径）
> 指定圆角半径 <0.0000>：10（输入圆角的半径10）
> 选择第一个对象或［放弃(U)/多段线(P)/半径(R)/修剪(T)/多个(M)］：（选择圆）
> 选择第二个对象,或按住Shift键选择要应用角点的对象：（选择直线）

圆角后的图形如图4-52中a所示。

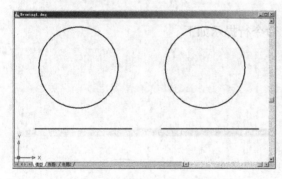

图4-51　例4-18例图

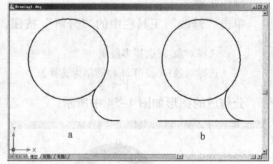

图4-52　进行圆角操作后的图形显示

② 不修剪模式。

单击"修改"工具栏中的"圆角"按钮，命令行提示如下。

> 当前设置：模式＝修剪，半径＝0.0000
> 选择第一个对象或［放弃(U)/多段线(P)/半径(R)/修剪(T)/多个(M)］：t（当前模式为修剪，选择"t"改变修剪模式）
> 输入修剪模式选项［修剪(T)/不修剪(N)］<修剪>：n　（输入"n"选择不修剪模式）
> 选择第一个对象或［放弃(U)/多段线(P)/半径(R)/修剪(T)/多个(M)］：r（输入"r"设置圆角半径）
> 指定圆角半径 <0.0000>：10（输入圆角的半径10）

选择第一个对象或[放弃(U)/多段线(P)/半径(R)/修剪(T)/多个(M)]：(选择圆)
选择第二个对象,或按住 Shift 键选择要应用角点的对象：(选择直线)

圆角后的图形如图 4-52 中 b 所示。

4.6 分解对象

若用户要将用多段线绘制的图形、多边形、块、剖面线等实体分解为多个实体，可使用分解命令。

（1）调用命令方式

下拉菜单：修改→分解。

工具栏："修改"工具栏 （"分解"按钮）。

命令：Explode。

（2）功能

将复合对象分解为它的组成对象。

（3）操作过程

调用该命令后，命令行提示如下。

选择对象：(选择要分解的对象)

……

选择对象：(按〈Enter〉键结束选择)

【例 4-19】将如图 4-53 所示的用多段线绘制的图形进行分解操作。

操作步骤：

单击"修改"工具栏中的"分解"按钮，命令行提示如下。

选择对象：(选择多段线)
选择对象：(按〈Enter〉键结束选择)

分解后的图形如图 4-54 中所示。

图 4-53　例 4-19 例图

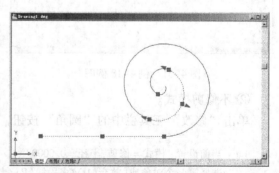
图 4-54　分解操作后的图形显示

4.7 编辑对象

若用户要对用多线、多段线、样条曲线绘制的图形进行修改，可分别使用多线编辑、多段线编辑、样条曲线编辑命令来完成。编辑对象一般可通过"修改"→"对象"子菜单下的各种命令来完成。"对象"下的各种命令菜单如图4-55所示。

图4-55 "对象"下的各种命令菜单

4.7.1 编辑多线

用多线编辑命令可编辑多线。

(1) 调用命令方式

下拉菜单：修改→对象→多线。

命令：Mledit。

(2) 功能

对多线进行编辑，创建和修改多线的样式。

(3) 操作过程

调用该命令后，将弹出如图4-56所示的"多线编辑工具"对话框。"多线编辑工具"对话框中共显示4列样例图标。从左到右依次控制多线的4种编辑操作：第一列是十字交叉，第二列是"T"型交叉，第三列是拐角和顶点编辑，第四列是多线的断开和连接。用户单击某个样例图标即可进行相应的多线编辑操作。

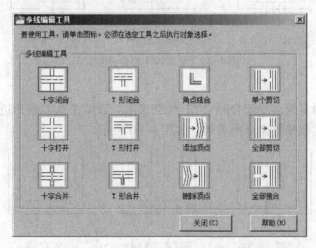

图4-56 "多线编辑工具"对话框

1) 十字闭合

该选项用于将两多线十字闭合相交。剪切掉所选的第一条多线与第二条多线交叉处的所有直线，如图4-57所示。

选择第一条多线　　　选择第二条多线　　　交叉结果

图4-57 两多线十字闭合相交

2）十字打开

该选项用于将两多线十字开放相交。剪切掉所选的第一条多线与第二条多线交叉处的所有直线，同时剪切掉第二条多线的最外面直线，如图 4-58 所示。

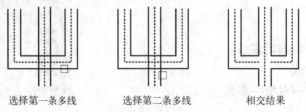

选择第一条多线　　　选择第二条多线　　　相交结果

图 4-58　两多线十字开放相交

3）十字合并

该选项用于将两多线十字合并相交。剪切掉所选多线在交点处的所有直线（中心线除外），如图 4-59 所示。

选择第一条多线　　　选择第二条多线　　　交叉结果

图 4-59　两多线十字合并相交

4）T 形闭合

该选项用于在两多线形成闭合的"T"形交叉点。以第二条多线为边界修剪或延伸第一条多线到交点处，类似修剪命令的剪切，如图 4-60 所示。

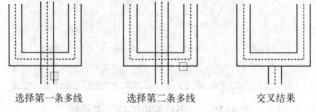

选择第一条多线　　　选择第二条多线　　　交叉结果

图 4-60　两多线闭合"T"形交叉

5）T 形打开

该选项用于在两多线形成开放"T"形交叉点。以第二条多线为边界修剪或延伸第一条多线到交点处，并剪切掉第二条多线与第一条多线相交的最外直线，如图 4-61 所示。

选择第一条多线　　　选择第二条多线　　　交叉结果

图 4-61　两多线闭合"T"形打开

6）T形合并

该选项用于在两多线形成合并"T"形交叉点。类似于"T型打开"选项，只是将第一条多线的中心线延伸到交点的中心与第二条多线的内部第一条直线相交，如图4-62所示。

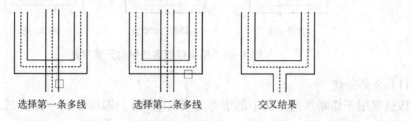

选择第一条多线　　　　选择第二条多线　　　　交叉结果

图4-62　两多线合并"T"形交叉

7）角点结合

该选项用于在两多线之间形成拐角连接点。修剪或延伸选择的两多线到它们的交点处，两多线的最外面直线相互连接，形成闭合拐角点。选择点位置不同，结果可能不同，如图4-63所示。

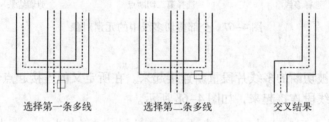

选择第一条多线　　　　选择第二条多线　　　　交叉结果

图4-63　两多线间形成拐角连接点

8）添加顶点

该选项可向选择的多线上添加顶点。用户可以在多线的选择位置上添加一个顶点，如图4-64所示。

9）删除顶点

该选项可删除多线上选择的顶点。将删除多线上用户选择位置处的顶点，如图4-65所示。

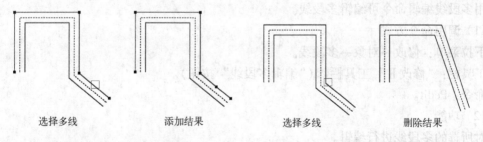

选择多线　　　　添加结果　　　　　　选择多线　　　　删除结果

图4-64　在选择的多线上添加顶点　　　图4-65　在选择的多线上删除顶点

10）单个剪切

该选项用于切断所选中的多线中的一个元素（直线）。将选中元素的第一个切断点与第二个切断点之间的部分剪切掉，如图4-66所示。

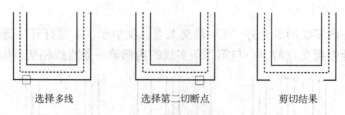

选择多线   选择第二切断点   剪切结果

图 4-66   单个剪切多线中的元素对象

11）全部剪切

该选项用于切断所选多线中的所有元素（直线），即将多线一分为二。将所选择的多线上的第一个切断点与第二个切断点之间的部分剪切掉，如图 4-67 所示。

选择多线   选择第二切断点   剪切结果

图 4-67   全部剪切多线中的元素对象

12）全部结合

该选项用于将被切断的多线片段重新连接起来。在所定义的连接起点和连接端点之间生成一段多线将两多线段连接起来，如图 4-68 所示。

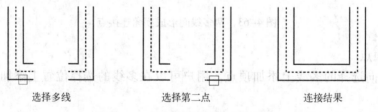

选择多线   选择第二点   连接结果

图 4-68   连接被切断多线中的片段

4.7.2   编辑多段线

用多段线编辑命令可编辑多段线。

（1）调用命令方式

下拉菜单：修改→对象→多段线。

工具栏："修改Ⅱ"工具栏 ◿（"编辑多段线"按钮）。

命令：Pedit。

（2）功能

对所选的多段线进行编辑。

（3）操作过程

调用该命令后，命令行提示如下。

选择多段线或［多条(M)］:（选择要编辑的多段线）

此时，如果用户选择的是一条直线或圆弧，则命令行提示如下。

> 选定的对象不是多段线
> 是否将其转换为多段线？<Y> （默认转换成多段线）

若确定转换为多段线后，它们将被转换为只有单段的多段线，然后可使用命令"合并(J)"选项将这些直线和圆弧连接成二维多段线。输入"n"重新选择多段线。

选择一条多段线后，命令行提示如下。

> 输入选项[闭合(C)/合并(J)/宽度(W)/编辑顶点(E)/拟合(F)/样条曲线(S)/非曲线化(D)/线型生成(L)/放弃(U)]：

该选项含义如下：

- 闭合：将选取的多段线首尾相连。
- 合并：将直线、圆弧、多段线转换为多段线，并连接到当前多段线上，但要求所要连接的多段线与原多段线有一个共同端点。
- 宽度：指定多段线整体新的宽度。
- 编辑顶点：编辑多段线的顶点。
- 拟合：将多段线拟合成曲线。
- 样条曲线：将多段线用B样条曲线进行拟合。
- 非曲线化：将所有的曲线删除，并用多个顶点连接。此选项和样条曲线是互为逆命令。
- 线型生成：该选项可设置非连续型多段线（中心线及虚线）在顶点处的绘制方式。

【例4-20】对如图4-69所示的用直线命令绘制的折线进行多段线编辑，最终将折线拟合成一条曲线。

操作步骤：

单击"修改Ⅱ"工具栏中的"编辑多段线"按钮，命令行提示如下。

> 选择多段线或[多条(M)]：m （输入"m"，选择多条线段）
> 选择对象：（依次选择多条线段）
> ……
> 选择对象：（直接按〈Enter〉键，结束选择命令）
> 是否将直线和圆弧转换为多段线？[是(Y)/否(N)]？<Y> （将所选直线转换为多段线）
> 输入选项[闭合(C)/打开(O)/合并(J)/宽度(W)/拟合(F)/样条曲线(S)/非曲线化(D)/线型生成(L)/放弃(U)]：j （输入"j"对所选直线进行合并）
> 合并类型 = 延伸
> 输入模糊距离或[合并类型(J)] <0.0000>：
> 多段线已增加5条线段
> 输入选项[闭合(C)/打开(O)/合并(J)/宽度(W)/拟合(F)/样条曲线(S)/非曲线化(D)/线型生成(L)/放弃(U)]：f （输入"f"对合并后并转换的多段线进行拟合）
> 输入选项[闭合(C)/打开(O)/合并(J)/宽度(W)/拟合(F)/样条曲线(S)/非曲线化(D)/线型生成(L)/放弃(U)]：（直接按〈Enter〉键，结束命令）

拟合后的效果如图4-70所示。

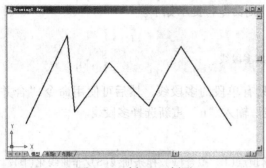
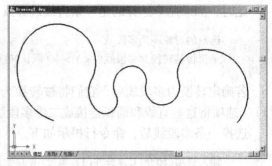

图 4-69　例 4-20 例图　　　　　　　　　图 4-70　拟合操作后的图形显示

4.7.3　编辑样条曲线

用样条曲线编辑命令可编辑样条曲线。

（1）调用命令方式

下拉菜单：修改→对象→样条曲线。

工具栏："修改Ⅱ"工具栏（"编辑样条曲线"按钮）。

命令：Splinedit。

（2）功能

对所选的样条曲线进行编辑。

（3）操作过程

调用该命令后，命令行提示如下。

> 选择样条曲线：
>
> 输入选项[拟合数据（F）/闭合（C）/移动顶点（M）/精度（R）/反转（E）/放弃（U）]：

该选项含义如下。

- 拟合数据：该选项将修改样条曲线通过的一些特殊点。
- 闭合：该选项将封闭样条曲线。
- 移动顶点：该选项将移动样条曲线上的当前点。
- 精度：该选项将重新定义样条曲线上的控制点。
- 反转：该选项将交换样条曲线的起点和终点位置以改变曲线的方向。

【例 4-21】　对如图 4-71 所示的样条曲线进行编辑，要求将现有的起点顶点移动位置，通过增加控制点提高精度。

操作步骤：

单击"修改Ⅱ"工具栏中的"编辑样条曲线"按钮，命令行提示如下。

> 选择样条曲线：（选择已有的样条曲线）
>
> 输入选项[拟合数据（F）/闭合（C）/移动顶点（M）/精度（R）/反转（E）/放弃（U）]：m　（输入"m"移动顶点）
>
> 指定新位置或[下一个（N）/上一个（P）/选择点（S）/退出（X）]<下一个>：（将起点顶点移动到新位置，如图 4-72 所示）
>
> 指定新位置或[下一个（N）/上一个（P）/选择点（S）/退出（X）]<下一个>：x（输入"x"退出"移动顶点"的命令）

输入选项[闭合(C)/移动顶点(M)/精度(R)/反转(E)/放弃(U)/退出(X)]＜退出＞：r（输入"r"提高精度）

输入精度选项[添加控制点(A)/提高阶数(E)/权值(W)/退出(X)]＜退出＞：a（输入"a"添加控制点）

在样条曲线上指定点＜退出＞：（依次选择要添加控制点的位置,如图4-73所示）

……

在样条曲线上指定点＜退出＞：（直接按〈Enter〉键,结束选择命令）

输入精度选项[添加控制点(A)/提高阶数(E)/权值(W)/退出(X)]＜退出＞：（直接按Enter键,退出编辑命令）

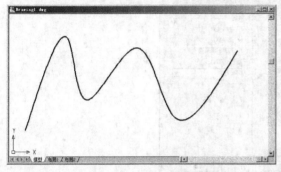

图4-71　例4-21例图　　　　　　　　　图4-72　移动顶点操作后的图形显示

对样条曲线进行编辑后的效果如图4-74所示。

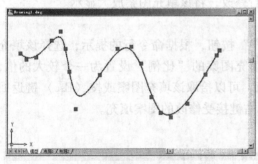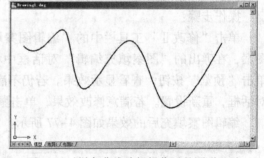

图4-73　添加控制点后的样条曲线　　　　图4-74　样条曲线编辑操作后的图形显示

4.7.4　编辑图案填充

若用户要对已填充的图案进行修改，可以使用编辑图案填充的命令。

（1）调用命令方式

下拉菜单：修改→对象→图案填充。

工具栏："修改Ⅱ"工具栏（"编辑图案填充"按钮）。

命令：Hatchedit。

（2）功能

编辑已有的图案填充对象。

（3）操作过程

调用该命令后，命令行提示如下。

用户选择一个填充图案后,将弹出如图4-75所示的"图案填充编辑"对话框,在该对话框中用户可直接对所选图案及各项设置进行编辑,并通过预览功能查看窗口编辑后的效果。

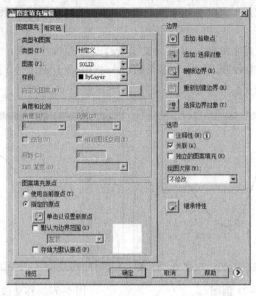

图4-75 "图案填充编辑"对话框

【例4-22】对如图4-76所示的填充图案进行修改,将该填充图案放大显示。

操作步骤:

单击"修改Ⅱ"工具栏中的"编辑图案填充"按钮,根据命令行的提示,选择该填充图案,在弹出的"图案填充编辑"对话框中将填充图案的"比例"设置为一个较大的值,单击"预览"按钮,查看显示效果。若仍不满意,可以拾取该填充图案或按〈Esc〉键返回对话框,重新设置。若满意修改效果,单击鼠标右键接受修改的图案填充。

编辑图案填充后的效果如图4-77所示。

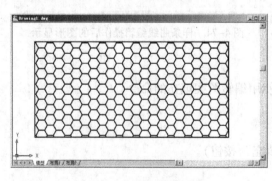

图4-76 例4-22例图

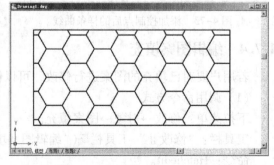

图4-77 编辑图案填充操作后的图形显示

4.7.5 夹点编辑对象

夹点是对象的特征位置。如果用户打开夹点显示,则在命令激活之前用定点设备选择对象，在对象上显示该对象的特征控制点。对于不同的对象，它们的夹点各不相同。如选中矩形，则在矩形的 4 个角点位置显示出夹点；如选中圆，则在圆心位置和 4 个相像点位置显示出夹点；如选中直线，则在直线的两端点和中间位置显示出夹点，如图 4-78 所示。

使用夹点编辑对象，首先必须用定点设备选择其中一个夹点作为基准夹点，然后选择一种编辑模式进行对象编辑。当用户选择某一夹点作为基准点后，命令行提示如下。

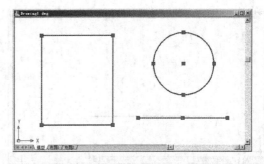

图 4-78　不同对象的夹点显示

```
＊＊拉伸＊＊
指定拉伸点或[基点(B)/复制(C)/放弃(U)/退出(X)]:
```

此时命令处于拉伸模式，用户可以在该提示下按〈Enter〉键或空格键，在镜像、移动、旋转、拉伸和比例缩放几种模式间循环切换，也可以输入"mi"（镜像）、"mo"（移动）、"ro"（旋转）、"st"（拉伸）、"sc"（比例缩放）切换到相应模式。命令行提示如下。

```
＊＊镜像＊＊
指定第二点或[基点(B)/复制(C)/放弃(U)/退出(X)]:
＊＊移动＊＊
指定移动点或[基点(B)/复制(C)/放弃(U)/退出(X)]:
＊＊旋转＊＊
指定旋转角度或[基点(B)/复制(C)/放弃(U)/参照(R)/退出(X)]:
＊＊拉伸＊＊
指定拉伸点或[基点(B)/复制(C)/放弃(U)/退出(X)]:
＊＊比例缩放＊＊
指定比例因子或[基点(B)/复制(C)/放弃(U)/参照(R)/退出(X)]:
```

1. 使用夹点拉伸对象

该模式为夹点编辑的默认模式。用户可通过移动选择的基准点到新的位置来拉伸对象。但是，当用户选择的基准点是圆心、椭圆中心、文字的起点、块的插入点、直线中点以及单点对象时，该操作是移动对象而不是拉伸对象。

【例 4-23】通过夹点，使图 4-79 中的直线 AB 的中点移动到 C 点位置后，将 B 点仍拉伸回原 B 点位置。

操作步骤：

① 选择直线 AB 后，分别在两端点和中心点上出现夹点，选择中心点的夹点作为基准点，将直线移动到 C 点处，如图 4-80 所示。移动好后的效果如图 4-81 所示。

② 选择直线右边端点的夹点为基准点，对直线进行拉伸。将夹点拉伸到原 B 点处的位置，如图 4-82 所示，所有操作完成后，效果如图 4-83 所示。

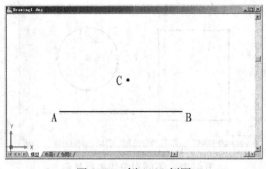

图 4-79 例 4-23 例图

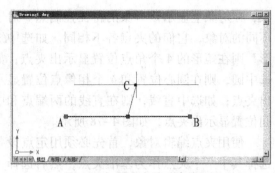

图 4-80 用夹点移动直线 AB

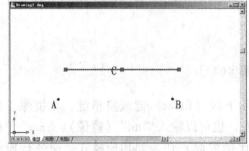

图 4-81 移动后效果图

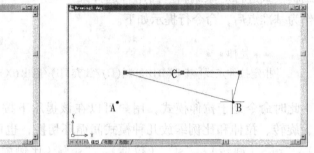

图 4-82 用夹点拉伸直线 AB

2. 使用夹点移动对象

选择对象后，任意选择一个夹点作为基准点，切换到移动模式，将对象移动到合适的位置。图 4-84 是将图 4-83 中的直线移动到新位置的示意图。移动时，鼠标选择直线 AB 后，分别在两端点和中心点上出现夹点，选择 B 点处的夹点作为基准点，此时若移动鼠标，整条直线不是移动而是拉伸，所以在命令行输入"mo"或按〈Enter〉键或空格键，循环切换到移动模式后，任意移动鼠标即可实现移动功能。

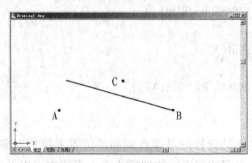

图 4-83 移动、拉伸后效果图

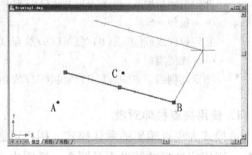

图 4-84 移动对象

3. 使用夹点旋转对象

选择对象后，任意选择一个夹点作为基准点，切换到旋转模式，指定旋转角度，将对象旋转到指定位置。图 4-85 所示的是将图 4-83 中的直线以中点的夹点为基准点逆时针旋转60°后的示意图。旋转时，选择直线 AB 后，分别在两端点和中心点上出现夹点，选择中点处的夹点作为基准点，在命令行输入"ro"或按〈Enter〉键或空格键，循环切换到旋转模式后，命令行提示如下。

指定旋转角度或 [基点(B)/复制(C)/放弃(U)/参照(R)/退出(X)]：60 （输入要旋转的度数）

108

4. 使用夹点将对象镜像

选择对象后，选择一个夹点作为基准点，切换到镜像模式，指定另外一点，以该夹点与另外一点的连线为对称线，将对象进行镜像。若需指定与该对象无关联的对称线，可以在切换到镜像模式后，选择"b"基点选项，重新选择对称线进行镜像。

【例 4-24】通过夹点，使图 4-86 中的矩形以直线 BC 为对称线进行镜像。

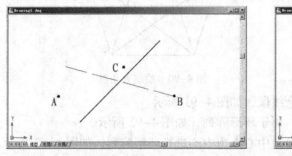
图 4-85　旋转对象

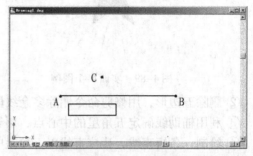
图 4-86　例 4-24 图例

操作步骤：

选择矩形后，分别在 4 个角点上出现夹点，任意选择一个夹点，在命令行输入"mi"或按〈Enter〉键或空格键，循环切换到镜像模式，命令行提示如下。

＊＊镜像＊＊
指定第二点或[基点(B)/复制(C)/放弃(U)/退出(X)]：b　（输入"b"重新选择对称线）
指定基点：（用鼠标分别选择 B、C 两点，其连线作为对称线）

镜像后的效果如图 4-87 所示。

5. 使用夹点将对象比例缩放

选择对象后，选择一个夹点作为基准点，切换到比例缩放模式，按照提示输入比例因子，将以该基准点为缩放基点进行对象缩放。若不想以选择的基准点为基点进行缩放对象，可以在切换到比例缩放模式后，选择"b"基点选项，重新选择基点进行比例缩放。图 4-88 所示的是将图 4-87 中的矩形以其右下角点为基点进行放大 1.5 倍后的示意图。

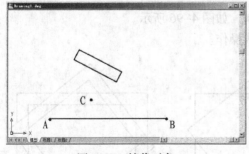
图 4-87　镜像对象

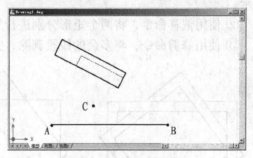
图 4-88　比例缩放对象

4.8　实训

【实训 4-1】绘制如图 4-89 所示的五角星。
操作步骤：

① 用多边形工具绘制五边形，将各角点用直线连接形成五角星，如图 4-90 所示。

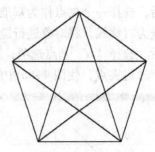

图 4-89　实训 4-1 图例　　　　　　　　　图 4-90　绘制五角星

② 删除五边形，用修剪命令删除多余线段，如图 4-91 所示。
③ 利用辅助线确定五角星的中心点，用于环形阵列，如图 4-92 所示。
④ 绘制一条短直线，让该直线以五角星中心点为中心进行环形阵列，如图 4-93 所示。
⑤ 删除辅助线，用图案图层工具，将五角星内部填充黑色，完成操作。

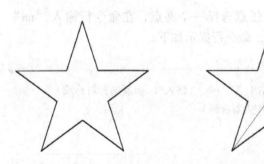

图 4-91　修改五角星　　　　图 4-92　确定五角星中心点　　　　图 4-93　对直线环形阵列

【实训 4-2】绘制如图 4-94 所示的图形。

操作步骤：

① 用矩形工具绘制两个矩形，并将其中一个用旋转工具旋转至合适位置，如图 4-95 所示。

② 使用偏移命令，将两个矩形分别进行复制，如图 4-96 所示。

③ 使用修剪命令，将多余的线段删除，完成操作。

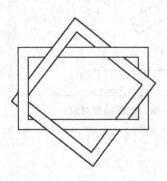

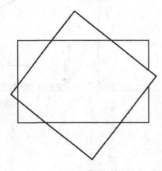

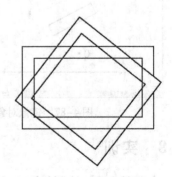

图 4-94　实训 4-2 图例　　　　图 4-95　绘制矩形并旋转　　　　图 4-96　偏移复制对象

【实训4-3】绘制如图4-97所示的墙面图。

操作步骤：

① 绘制辅助线。使用构造线、射线等绘制如图4-98所示的辅助线。

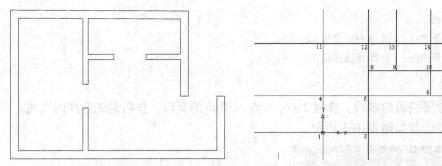

图4-97　实训4-3图样　　　　　　　　　图4-98　用构造线、射线绘制的辅助线

② 设置外墙的多线样式，如图4-99所示。

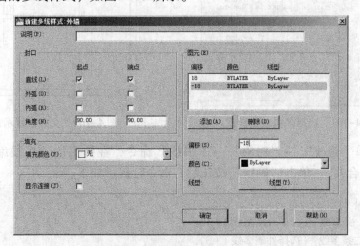

图4-99　设置外墙的多线样式示例

③ 设置内墙的多线样式。内墙的多线样式设置和外墙基本一样，只是元素的偏移量为12。

④ 绘制外墙，如图4-100所示。绘制外墙前先要设置当前多线的绘制模式。

⑤ 绘制内墙，如图4-101所示。其绘制过程和绘制外墙基本一样。

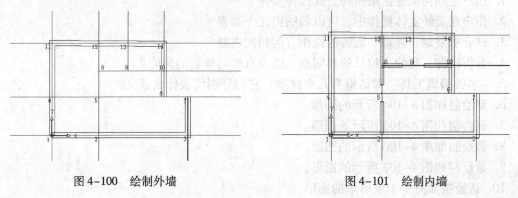

图4-100　绘制外墙　　　　　　　　　　　　图4-101　绘制内墙

⑥ 删除辅助线，即构造线、射线。

⑦ 修改多线。选择菜单"修改"→"对象"→"多线"命令，在弹出的"多线编辑工具"对话框中选择"T形打开"，如图 4–102 所示。单击"确定"按钮后，命令行提示如下。

> 命令：mledit
> 选择第一条多线：（选择内墙多线 12 – 8）
> 选择第二条多线：（选择外墙多线 11 – 14）
> …

顺序选择其他要编辑的多线，修改 2 点、8 点、10 点的交口。技巧是先选择内墙线，再选择外墙线。各点位置如图 4–103 所示。

图 4–102 选择多线编辑样式

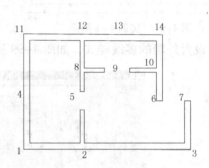

图 4–103 交点位置示意

⑧ 选择菜单"修改"→"对象"→"多线"命令，在弹出的"多线编辑工具"对话框中选择"十字合并"。单击"确定"按钮后，命令行提示如下。

> 命令：mledit
> 选择第一条多线：（选择外墙多线 1 – 11）
> 选择第二条多线：（选择外墙多线 1 – 3）

效果如图 4–97 所示。

4.9 上机操作及思考题

1. 用户应如何决定使用何种方式选择实体？
2. 用户在旋转实体操作中，可以归纳出几个要素？
3. 试分析复制、移动、旋转的操作有何相同之处？
4. 分析拉伸、延伸、拉长的异同点，以及打断与修剪的异同点。
5. "多线编辑工具"对话框有几个选项？它们分别代表什么意义？
6. 请绘制如图 4–104 所示的图形。
7. 请绘制如图 4–105 所示的图形。
8. 请绘制如图 4–106 所示的图形。
9. 请绘制如图 4–107 所示的图形。
10. 请绘制如图 4–108 所示的图形。

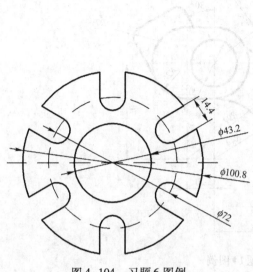

图 4-104　习题 6 图例　　　　　　　　　图 4-105　习题 7 图例

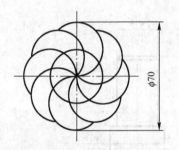

图 4-106　习题 8 图例

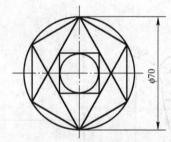

图 4-107　习题 9 图例

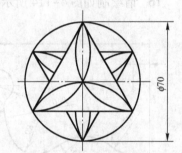

图 4-108　习题 10 图例

11. 请绘制如图 4-109 所示的图形。

12. 请绘制如图 4-110 所示的图形。

13. 请绘制如图 4-111 所示的图形。

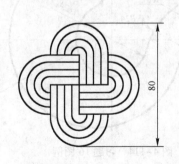

图 4-109　习题 11 图例

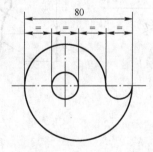

图 4-110　习题 12 图例

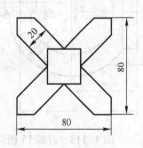

图 4-111　习题 13 图例

14. 请绘制如图 4-112 所示的图形。

15. 请绘制如图 4-113 所示的图形。

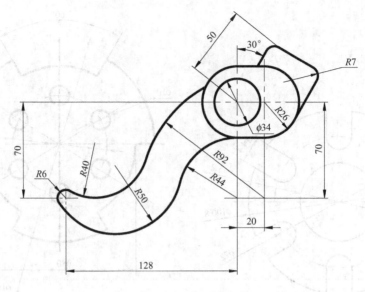

图 4-112　习题 14 图例

16. 请绘制如图 4-114 所示的图形。

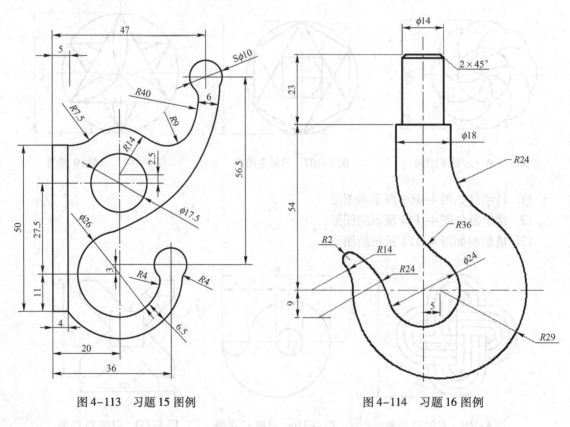

图 4-113　习题 15 图例

图 4-114　习题 16 图例

第5章　块和外部参照

本章的主要内容包括块、属性及参照的概念；块、动态块的创建和使用方法；属性的编辑、提取等操作。通过本章的学习，读者应能将专业中常用的符号、结构等分别创建为块或属性块，并掌握修改、应用各类块的正确方法。

5.1　块的概念

在绘图过程中，有些图形可能需要经常使用，如机械图中的螺栓、螺母；房屋建筑设计中的门窗等。如果用户每使用一次这样的图形，就重新绘制一次，不但浪费大量的时间，而且还会浪费大量的存储空间。为解决这个问题，AutoCAD引入了块的概念。块就是把若干图形对象组合成一个整体，将其命名并存储在图中的一个整体图形单元。在需要用到该块时，用户可以通过命令把它插入到图中任意位置，并可以根据需要放大、缩小及旋转插入块。

引入块可以大大提高绘图效率，具体表现在：

① 图形共享及体系结构化。根据不同的要求，将常用的图形做成块，供以后或他人调用，避免许多重复性劳动。

② 便于修改。类似动态链接的块插入功能，使得重复定义一次块即可起到修改图中所有被插入块的功能。

③ 节省图形文件的磁盘存储空间。因为块是一个整体图形单元，所有每次插入时，只需保存块的特征参数，如块名、插入坐标、缩放比例等，而不需保存块中每个图形对象的特征参数。

④ 便于插入属性。所谓属性是指从属于块的文本信息，如某个零件的材质、编号等，每次插入该块时，用户可以根据需要改变块属性。

需要注意的是，组成块的每个对象都可以有自己的图层、线型、颜色等特性，但在插入时，块中"0"层上的对象将被绘制到当前图层上，其他图层上的对象仍在原图层上绘制，块中与当前图形中同名的图层将在当前图形中同名的图层中绘制，不同的图层将在当前图形中增加相应的图层。所以，为了以后绘图和输出的方便，应使块中实体所在的图层与当前图形保持一致。

5.2　块的定义及保存

5.2.1　块定义

在定义块之前，必须首先绘制出块所包含的所有图形对象，然后使用"创建"命令定义块。

（1）调用命令方式

下拉菜单：绘图→块→创建。

命令：Block 或 Bmake。

工具栏："绘图"工具栏 🗗（"创建块"按钮）。

（2）功能

定义内部块。

（3）操作过程

调用该命令后，将弹出如图 5-1 所示的"块定义"对话框。在该对话框中输入相应的设置，如"名称"（输入块的名字）、"基点"（输入或拾取图形的插入定位点）、"对象"（选择要创建块的对象）、"设置"（设置块插入时的单位）、"说明"（输入对定义块的文字描述）。

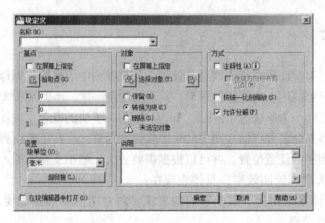

图 5-1　"块定义"对话框

在该对话框中，"对象"区各选项的含义如下。

● 保留：在当前作图区把创建块的图形保留。

● "转化为块"：把当前作图区创建块的图形转化为块。

● 删除：在当前作图区把创建块的图形删除。

在该对话框中，"设置"区各选项的含义如下。

块单位：设置块插入时的单位。

用 Block 或 Bmake 命令定义的块只能在块所在的当前图形文件中使用，而不能作为图形文件保存以供他用，所以这种块叫做内部块。

5.2.2　块保存

为弥补内部块不能在其他文件中使用的不足，系统提供了 Wblock 命令，它可以定义块并将其作为一个独立的图形文件保存。

（1）调用命令方式

命令：Wblock。

（2）功能

定义外部块。

（3）操作过程

调用该命令后，将弹出如图 5-2 所示"写块"对话框。该对话框由"源"选项组和"目标"选项组两部分组成。

"源"选项组用于确定组成块的图形对象的来源。其中,"块"单选按钮表示直接将已定义的内部块作为外部块保存;"整个图形"单选按钮表示将整个图形文件作为一个外部块保存;"对象"单选按钮表示将用户选择的图形对象作为一个外部块保存。"基点"和"对象"区中各选项的含义及使用方法与"块定义"对话框中一致,在此不再介绍。

在"目标"选项组中的"文件名和路径"文本框中,用户可以输入路径和文件名或单击按钮█指定路径和文件名。在"插入单位"设置块插入时的单位。

图 5-2　"写块"对话框

5.3　块的插入

用户在创建好块后,只需要将块插入即可使用。块插入分为单独插入块和多重插入块。

5.3.1　单独插入块

块定义好后,插入即可使用。

(1)调用命令方式

下拉菜单:插入→块。

命令:Insert 或 Ddinsert。

工具栏:"绘图"工具栏█("插入块"按钮)。

(2)功能

插入一个定义好的块。

(3)操作过程

输入命令后将弹出"插入"对话框,如图 5-3 所示。

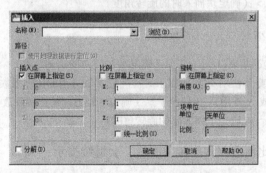

图 5-3　"插入"对话框

该对话框中各项设置的含义如下。

在"名称"下拉列表框中选择要插入的块名,如果是第一次使用非本文件中创建的块,可单击 浏览(B)... 按钮,从随后弹出的路径中指定所要插入的块。

在"插入点"中可设置是否在屏幕上指定插入点、缩放比例和旋转角度。其中，缩放比例值如大于 1 则放大，小于 1 则缩小；如为正值则插入正像，为负值则插入镜像。旋转角度值为正值则逆时针旋转，为负值则顺时针旋转。如选择"插入"对话框中的"分解"选项，则在插入块的同时就把块分解为一个个单一的对象，可单独进行编辑修改，但要占用较大的磁盘空间。否则，所插入的块是一个整体，在需要单独进行编辑时可用"Explod"分解命令将其分解开。

5.3.2 多重插入块

该命令能实现按矩形阵列方式插入块，其操作过程类似于阵列命令。

（1）调用命令方式

命令：Minsert。

（2）功能

按照行列的形式插入多个块。

（3）操作过程

调用该命令后，命令行提示如下。

> 输入块名或[？]:(输入要插入的块名称)
> 单位：毫米　转换：　　1.0000
> 指定插入点或[基点(B)/比例(S)/X/Y/Z/旋转(R)]:(用户确定一点作为块的插入点)
> 输入 X 比例因子,指定对角点,或[角点(C)/XYZ(XYZ)]<1>:(要求用户确定块插入的比例系数,其中:直接输入 X 轴的比例系数后,会提示:)
> 输入 Y 比例因子或 <使用 X 比例因子>:(确定 Y 轴方向的比例系数)
> 指定旋转角度 <0>:(确定块插入时的旋转角度)

指定对角点后，会提示：

> 指定旋转角度 <0>:(确定块插入时的旋转角度)

选择角点（C）后，会提示：

> 指定对角点:(确定另一个对角点,该角点与插入点构成的矩形的宽高比作为比例系数)
> 指定旋转角度 <0>:(确定块插入时的旋转角度)

选择 XYZ 后，会提示：

> 指定 X 比例因子或[角点(C)]<1>:(确定 X 轴方向的比例系数)
> 输入 Y 比例因子或 <使用 X 比例因子>:(确定 Y 轴方向的比例系数)
> 指定 Z 比例因子或 <使用 X 比例因子>:(确定 Z 轴方向的比例系数)
> 指定旋转角度 <0>:(确定块插入时的旋转角度)

确定块的插入点、比例系数和旋转角度后，会继续提示：

> 输入行数(－－－)<1>:(输入矩形阵列行数)
> 输入列数(|||)<1>:(输入矩形阵列列数)
> 输入行间距或指定单位单元(－－－):(确定行间距)
> 指定列间距(|||):(确定列间距)

需要注意的是，多重插入的块只能被当做一个整体来处理，而不能用 Explode 命令分解。

5.4 块的属性

块的属性是从属于块的非图形信息，它是块的一个组成部分，是块的文本或参数说明。属性不能独立存在，也不能独立使用，只有在块插入时，属性才会出现。如在绘制机械零件图时经常用的表面粗糙度符号，用户可以先绘制好表面粗糙度的图形符号，然后再定义表面粗糙度数值这一属性，最后由这两者共同创建一个块，这样每次插入表面粗糙度块时，系统会提示用户输入表面粗糙度数值这一属性。

5.4.1 属性的定义

（1）调用命令方式

下拉菜单：绘图→块→定义属性。

命令：Attdef。

（2）功能

定义块的属性。

（3）操作过程

调用该命令后，将弹出如图 5-4 所示的"属性定义"对话框。该对话框中各项设置的含义如下。

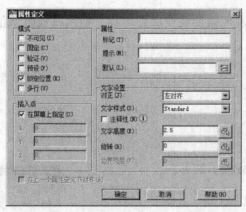

图 5-4 "属性定义"对话框

- "模式"选项组："不可见"复选框表示属性不可见；"固定"复选框表示属性为一个固定值，在插入块时不会提示用户输入属性值，也不能修改该值，除非重新定义块；"验证"复选框表示在插入属性时先显示默认值，等待用户确认，也可输入新属性值并进行验证；"预设"复选框表示在插入属性时自动接受默认值，但该属性可编辑；"锁定位置"复选框表示锁定块参照中属性的位置，解锁后，属性可以相对于使用夹点编辑的块的其他部分移动，并且可以调整多行属性的大小；"多行"复选框表示指定属性值可以包含多行文字，选定此选项后，可以指定属性的边界宽度。
- "属性"选项组："标记"用于定义块时的属性标记；"提示"用于设置插入块属性时在 AutoCAD 的命令行出现的提示；"默认"表示块默认具有的属性值。

- "插入点"选项组：确定属性插入的位置。
- "文字设置"选项组：该区中的各个文本框用于设置属性标记文本的特征，如对齐方式、字体、字高等。

5.4.2 属性的显示

属性的可见性是在"属性定义"对话框中设置的，但用户也可以用 Attdisp 命令直接在命令行进行重新设置。

（1）调用命令方式

命令：Attdisp。

（2）功能

属性的可见性设置。

（3）操作过程

调用该命令后，命令行提示如下。

> 输入属性的可见性设置[普通(N)/开(ON)/关(OFF)] <普通 >：

其中，"普通（N）"表示保持每个属性的当前可见性，只显示可见属性，而不显示不可见属性；"开（ON）"表示使所有属性都可见；"关（OFF）"表示使所有属性都不可见。

5.4.3 属性的修改

用户定义属性后，若发现需要改变属性名称、提示符或默认值，则可以采用 Ddedit 命令进行修改。

（1）调用命令方式

命令：Ddedit。

（2）功能

修改属性定义。

（3）操作过程

调用该命令后，命令行提示如下。

> 选择注释对象或[放弃(U)]：

选择一个已定义的属性对象后，将弹出如图 5-5 所示的"编辑属性定义"对话框。用户可以修改属性定义的名称、提示符或默认值。

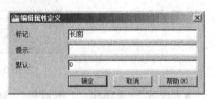

图 5-5 "编辑属性定义"对话框

5.5 块的修改

5.5.1 修改由 Block 命令创建的块

修改用 Block 命令创建块的方法：先分解该块再进行修改或重新绘制，然后以相同的块名再用 Block 命令重新定义一次。重新定义后，将立即修改该图形中所有已插入的同名附属块。

5.5.2 修改由 Wblock 命令创建的块

修改用 Wblock 命令创建块的方法：用 Open 命令指定路径打开该块文件，修改后用 Qsave 命令保存。当图中已插入多个相同的块，而且只需要修改其中一个时，千万不能重新定义块，而应当使用分解命令将块炸开直接进行修改。

5.5.3 修改属性块中的文字

修改属性块中文字的方法：在属性文字处双击鼠标左键，将弹出"增强属性编辑器"对话框，在该对话框中进行修改即可。

当属性块中有多个属性文字时，应先选择对话框"属性"选项卡列表中要修改的属性文字，此时在"值"文字编辑框将显示该属性文字的值，在此输入一个新值，确定后即修改。"文字选项"选项卡可以修改文字的字高、文字样式等。"特性"选项卡可以修改属性文字的图层、颜色、线型等。

【例 5-1】 对如图 5-6 所示的办公室内布置办公桌，并将办公桌进行分配。

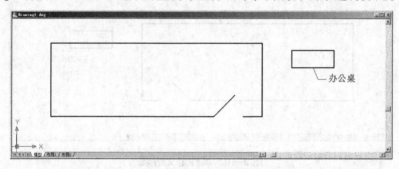

图 5-6 例 5-1 图例

操作步骤：

（1）属性定义

调用"定义属性"（Attdef）命令，按照图 5-7 创建属性标记为"名称"的属性定义。其插入点可通过单击"拾取点"按钮在办公桌内选择合适的一点。然后，分别按图 5-8 和图 5-9 创建标记为"姓名"和"年龄"的属性定义。

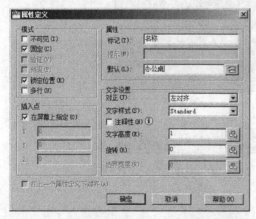

图 5-7 创建属性标记为"名称"的属性定义

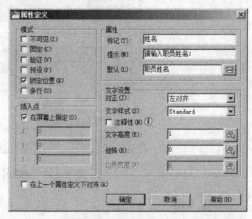

图 5-8 创建属性标记为"姓名"的属性定义

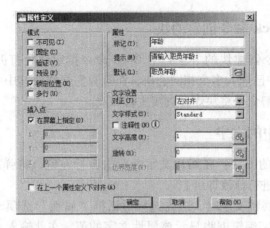

图 5-9　创建属性标记为"年龄"的属性定义

创建完 3 个属性定义后的屏幕显示如图 5-10 所示。

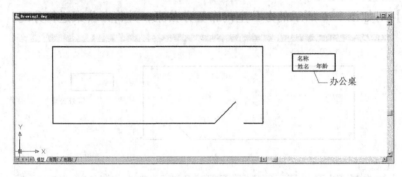

图 5-10　属性定义结果

（2）定义块

调用"创建块"（Block）命令，按图 5-11 所示的对话框创建名为"办公桌"的块。在选择对象时，同时选择代表为办公桌的矩形及上一步定义的 3 个属性标记。

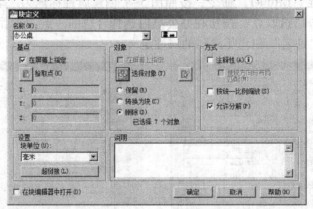

图 5-11　创建名为"办公桌"的块

（3）插入块

调用"插入块"（Insert）命令，在需要的地方插入块。

命令：insert
指定插入点或[基点(B)/比例(S)/X/Y/Z/旋转(R)]：（在适当位置确定块的插入点）
输入 X 比例因子,指定对角点,或[角点(C)/XYZ(XYZ)]＜1＞：
输入 Y 比例因子或＜使用 X 比例因子＞：
指定旋转角度＜0＞：
输入属性值
请输入职员年龄：＜职员年龄＞：25　　（输入员工的年龄"25"）
请输入职员姓名：＜职员姓名＞：张三　　（输入员工的姓名"张三"）

然后，多次使用"插入块"命令，依次插入"办公桌"块，最终效果如图 5-12 所示。

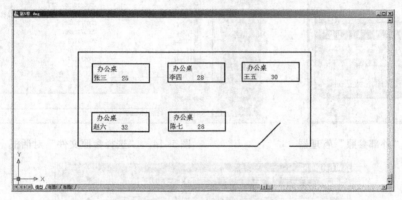

图 5-12　例 5-1 效果图

5.6　外部参照

外部参照是指将一个已有的图形文件插入到当前文件中。但是，用户必须注意外部参照与块的插入完全不同，块插入后就成为当前图形中永久不变的部分，外部参照插入后并不是作为当前图形的一部分，而是与当前图形形成一种链接关系。在当前图形中并不存储外部参照的图形，而只是存储它们之间的链接关系。当用于外部参照的图形发生变化时，用户打开存有该外部参照的主文件时，主文件将自动更新以与修改后的外部参照文件保持一致。

外部参照给绘制复杂的安装图及其他大型图形带来便利，用户可以将零件图作为外部参照插入到总装图中，以后当用户对图纸进行修改时，若修改零件图，总装图也将自动更新而完成修改。下面将详细介绍外部参照的各项操作。

5.6.1　插入外部参照

（1）调用命令方式
下拉菜单：插入→外部参照或插入→DWG 参照。
命令：Externalreferences 或 Xattach。
（2）功能
将图形文件以外部参照的形式插入到当前文件中。
（3）操作过程
调用 Externalreferences 命令后，将弹出如图 5-13 所示的"外部参照"管理器，通过单击按钮右边的下拉箭头，选择要附着的文件格式，将弹出如图 5-14 所示的"选择参照文件"对话框，选择用于外部参照的图形文件名。

调用 Xattach 命令后，将直接弹出如图 5-14 所示的"选择参照文件"对话框。用户在选择参照文件后，单击"打开"按钮，将弹出如图 5-15 所示的"附着外部参照"对话框。

图 5-13　"外部参照"管理器　　　　　　　　图 5-14　"选择参照文件"对话框

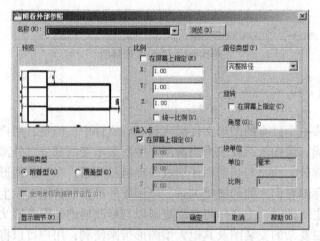

图 5-15　"附着外部参照"对话框

"附着外部参照"对话框中各选项含义如下。

- "名称"：该下拉列表框列出了可以选定的用于外部参照的图形文件名，用户也可以通过单击 浏览(B)... 按钮重新选择用于外部参照的图形文件名。
- "预览"：可显示出选择的参照文件的图形。
- "比例"：可设置插入外部参照的缩放显示。
- "参照类型"："附着型"单选按钮表示在嵌套参照中（包含外部参照的图形文件作为外部参照）可以显示该外部参照；"覆盖型"单选按钮表示在嵌套参照中不能显示该外部参照。
- "插入点"：确定外部参照插入的位置。
- "旋转"：设置插入外部参照的旋转角度。
- 显示细节(W) 按钮：若单击，则显示出该文件的位置和保存的路径。

124

5.6.2 管理外部参照

用户可以通过如图 5-13 所示的"外部参照"管理器，对外部参照进行相应的修改，管理图形文件中的外部参照。

在"外部参照"管理器右上方，用户可通过单击"列表图"▦按钮或"树状图"▤按钮来选择对话框中所列外部参照的查看方式。若选择的是列表图查看方式，在列表框中将列出当前图形的外部参照名称、装载状态、大小、类型、建立日期和保存路径等信息；若选择树状图查看方式，则以树状形式显示出外部参照及外部参照的嵌套关系。

在某外部参照文件名处单击鼠标右键，将弹出快捷菜单供用户选择，各选项含义如下。

- "打开"：打开该外部参照图形文件。
- "附着"：将选定的外部参照插入到图中。
- "卸载"：将选定的外部参照从图的显示中消去，但外部参照的信息仍保留在图中。单击该按钮后，选定的外部参照仍在列表框中显示。可以用"重载"功能将该外部参照重新加载。
- "重载"：将卸载的外部参照重新装入图中。
- "拆离"：将选定的外部参照从图中除去。单击该按钮后，选定的外部参照将从列表框中消失。
- "绑定"：将选定的外部参照作为块插入到图中。

5.7 实训

【实训 5-1】创建带属性的办公室平面图，如图 5-16 所示。

操作步骤：

① 绘制门的图样⌐。

② 用"Wblock"命令将门创建为块，基点为门轴的下方，保存块门。

③ 调用第 4 章创建的多线：内墙和外墙，并绘制如图 5-17 所示的墙体平面图。

④ 删除辅助线——墙体中心线。通过下拉菜单"修改"→

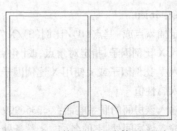

图 5-16 实训 5-1 图例

"对象"→"多线"，在弹出的"多线编辑工具"对话框中选择"T 形打开"，先选择内墙线，再选择外墙线，修改墙体。通过下拉菜单"插入"→"块"，在弹出的"插入"对话框中选择块门，设置合适的插入比例、旋转角度，将门插入到合适的位置。如图 5-18 所示。

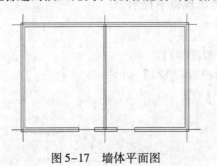

图 5-17 墙体平面图　　　　　图 5-18 修改后的墙体平面图

⑤ 创建房间的属性。通过下拉菜单"绘图"→"块"→"定义属性"，在弹出的"属性定义"对话框中分别输入如图5-19~图5-21所示的设置。然后在左边房间中指定属性的插入点。

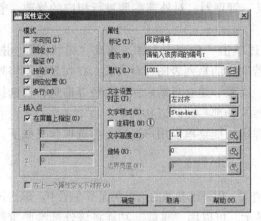

图 5-19　设置"房间编号"属性

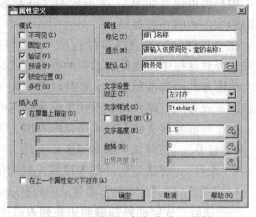

图 5-20　设置"部门名称"属性

⑥ 重复步骤⑤，创建右边房间的属性。

⑦ 定义块。方法：在命令行输入"Wblock"命令，在弹出的"写块"对话框中输入如图5-22所示的设置。在"写块"对话框中"拾取点"为房间平面图的左下角，"选择对象"为整个房间平面图形，并保存。效果如图5-16所示。

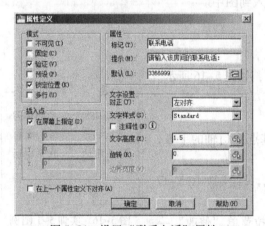

图 5-21　设置"联系电话"属性

图 5-22　定义块

【实训5-2】插入块办公室。

操作步骤为：

插入块。单击"确定"按钮后，命令行将出现以下提示。

命令：insert
指定插入点或[基点(B)/比例(S)/X/Y/Z/旋转(R)]：
输入 X 比例因子,指定对角点,或[角点(C)/XYZ(XYZ)]＜1＞：
输入 Y 比例因子或＜使用 X 比例因子＞：
输入属性值
请输入该房间的联系电话：＜3366999＞：
请输入该房间处、室的名称：＜教务处＞：

请输入该房间的号码：<1001>：
请输入该房间的联系电话：<3366999>：<u>3366998</u>
请输入该房间处室的名称：<教务处>：<u>学生处</u>
请输入该房间的编号：<1001>：<u>1002</u>
验证属性值
请输入该房间的联系电话：<3366999>：
请输入该房间处、室的名称：<教务处>：
请输入该房间的编号：<1001>：
请输入该房间的联系电话：<3366998>：
请输入该房间处、室的名称：<学生处>：
请输入该房间的编号：<1002>：

输入确认的提示内容后，效果如图 5-23 所示。

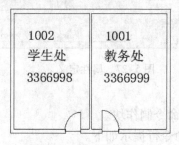

图 5-23　插入的块办公室

【实训 5-3】绘制如图 5-24 所示的未加固的斜坡。

操作步骤：

① 绘制"l'"图形，并将其创建成名为"斜坡"的块。

② 绘制样条曲线，如图 5-25 所示。

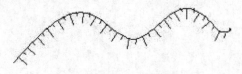

图 5-24　实训 5-3 例图　　　　　　　　　　图 5-25　绘制的样条曲线

③ 选择"绘图"→"点"→"定距等分"命令，命令行提示如下。

命令：measure
选择要定距等分的对象：（选择样条曲线）
指定线段长度或［块（B）］：<u>B</u>　（点的标记要用自创建的块）
输入要插入的块名：<u>斜坡</u>（输入插入的块名）
是否对齐块和对象？［是（Y）/否（N）］<Y>：（接受默认的对齐对象）
指定线段长度：<u>4</u>　（每隔 4 个单位插入一个块）

④ 输入确认的提示内容后，效果如图 5-24 所示。

【实训 5-4】绘制如图 5-26 所示的表面粗糙度符号，将其制作成带属性的块，并在点
（20，50）处插入属性值为 6.5 的块。

操作步骤：

① 绘制表面粗糙度符号。

② 用 Attdef 命令定义块的属性，设置内容如图 5-27 所示，单击"确定"按钮后得到如图 5-28 所示的带属性标记的表面粗糙度符号。

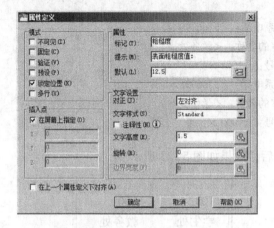

图 5-26　表面粗
　　　糙度符号

图 5-27　属性定义

图 5-28　带属性的表面
　　　　粗糙度符号

③ 用 Block 命令或 Wblock 命令制作块。

④ 用 Insert 命令插入块，命令行提示如下。

命令：insert
指定插入点或[基点(B)/比例(S)/X/Y/Z/旋转(R)]：20,50　（指定块的插入点）
输入属性值
表面粗糙度值？ <12.5 >：6.5　（指定属性值）

5.8　上机操作及思考题

1. 块具有哪些特性与用途？
2. 用 Block 命令创建的块和用 Wblock 命令创建的块有何异同点？
3. 使用块有哪些好处？
4. 块的插入方法有哪几种？各有何特点？
5. 什么是块的属性？设置成带属性的块有什么优点？
6. 请将如图 5-29 所示的图形创建成块，注意图形的定位点。

图名		图号	图号	班级	班级
		比例	比例	学号	学号
制图	制图者	制图日期	校名		
审核	审核者	审核日期			

图 5-29　习题 6 图例

第6章 文字标注与尺寸标注

通过本章的学习，读者应该理解文字标注与尺寸标注的概念，能按照本专业制图标准正确地进行字体、字高等文字样式设置和各类尺寸标注样式设置；掌握文字标注与尺寸标注的基本方法，并做到灵活运用；会对各类图形进行标注，能按照制图标准快速标注尺寸，并灵活运用相关命令调整和修改尺寸。

6.1 文字标注

在绘图过程中，为了使图形易于阅读，用户常常要在图样中添加一些图形不能表达清楚的说明性文字，如技术要求等，这就涉及如何在绘制图形中添加文字标注的问题。不同的专业有不同的文字标注要求，所以用户在进行文字标注前应根据不同需求对要标注的文字样式进行设置。

6.1.1 设置文字样式

（1）调用命令方式

下拉菜单：格式→文字样式。

命令：Style，也可通过'Style 命令透明使用。

（2）功能

修改或创建文字样式并设置当前的文字样式。

（3）操作过程

调用该命令后，将会弹出"文字样式"对话框，如图6-1所示。用户可以通过该对话框创建新的文字样式或者修改已有的文字样式。

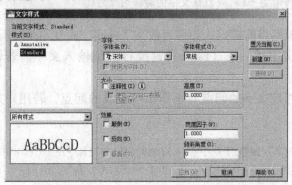

图6-1 "文字样式"对话框

"文字样式"对话框包括"样式""字体""大小""效果"和"预览"选项，各选项含义如下。

● "样式"选项：可选择列表框中所列的文字样式名或通过单击"新建"按钮来添加一

种新的文字样式名。默认的文字样式为标准样式（Standard）。

- "字体"选项：可通过"字体名"下拉列表框选择所需要的字体文件名；"高度"文本框用来设置文字的高度。
- "效果"选项：可通过该选项中的复选框来设置文字的颠倒、反向、垂直等效果。
- "预览"选项：可通过预览框直观观察到设置后文字的外观效果。

需要注意的是，如果要输入汉字，一定要选择一种"T 字体名"，而不要选择"T@ 字体名"的字体。"字体"选项中的高度一般设置为"0"，这样可在具体输入文字时设置高度，比较直观。"字体"选项中的"使用大字体"复选框只有在选择了".SHX"字体名后才可用。"效果"选项中的"倾斜角度"文本框中若为正值时，则文字逆时针倾斜；为负值时则文字顺时针倾斜。

6.1.2　单行文字

如果输入的文字较少且只使用一种字体和文字样式时，可用单行文字标注。标注单行文字时，一行是一个实体，可单独编辑。

（1）调用命令方式

下拉菜单：绘图→文字→单行文字。

命令：Dtext 或 Text。

（2）功能

进行单行文字标注。

（3）操作过程

输入命令后，命令行提示：

> 命令：dtext
> 当前文字样式："Standard"　文字高度：1.0000　注释性：否　（说明当前标注文字的基本信息）
> 指定文字的起点或[对正(J)/样式(S)]：（在绘图区选择注写文字的左下角点）
> 指定高度<1.0000>：5　（指定标注文字的高度为5）
> 指定文字的旋转角度<0>：（默认文字的旋转角度为0）

在输入时一定要观察当前模式，如果当前文字样式、高度不是所需的设置，应重新进行设置。输入需标注的文字后，按〈Enter〉键换行继续输入文字。若输入完成，则再次按〈Enter〉键退出命令。

命令行提示中"指定文字的起点"是指文字基线的起点，若用户选择"对正（J）"则命令行提示：

> 输入选项[对齐(A)/调整(F)/中心(C)/中间(M)/右(R)/左上(TL)/中上(TC)/右上(TR)/左中(ML)/正中(MC)/右中(MR)/左下(BL)/中下(BC)/右下(BR)]：

其中各项含义如下。

- 对齐：输入"A"后，系统将根据选择的起点和终点之间的距离自动调整文字的高度，将用户输入的文本均匀地分布于两点之间，且文字的旋转角度与起点和终点连线的倾斜角一致。

- 调整：输入"F"后，系统将提示用户选择基线的起点和终点，并且根据输入的文字多少自动调整文字的宽度，使输入的文字均匀地分布于起点和终点之间。
- 中心：输入"C"后，系统将提示用户选择文字串基线的中心点。
- 中间：输入"M"后，系统将提示用户选择文字串的中心点。
- 右：输入"R"后，系统将提示用户选择基线的右端点。

其余选项的对齐点如图6-2所示。

图6-2　其余选项的对齐点

若用户选择"样式（S）"则命令行提示如下。

输入样式名或［?］＜Standard＞：

该选项可以改变当前的文字样式。

在输入文本时，可能会遇到一些特殊的不能通过键盘输入的字符，这些特殊字符可用AutoCAD中提供的一些特殊的输入方式，如表6-1所示。

表6-1　特殊符号的输入方式列表

代　码	符　号	说　明	代　码	符　号	说　明
％％D	°	角度	％％O	⁻	上画线
％％C	φ	直径	％％U	₋	下划线
％％P	±	正负号	％％％	％	百分号

6.1.3　多行文字

如果输入的文本较多，可用"多行文字"命令来输入。需要说明的是：用"多行文字"命令输入的文本是一个实体，只能整体进行编辑。

（1）调用命令方式

下拉菜单：绘图→文字→多行文字。

命令：Mtext。

工具栏："绘图"工具栏 **A**（"多行文字"按钮）。

（2）功能

进行多行文字标注。

（3）操作过程

输入命令后，命令行提示如下。

命令：mtext

当前文字样式："Standard" 文字高度：2.5 注释性：否 （说明当前标注文字的基本信息）

指定第一角点：（拾取输入文字矩形框的第一个角点）

指定对角点或[高度(H)/对正(J)/行距(L)/旋转(R)/样式(S)/宽度(W)/栏(C)]：（拾取输入文字矩形框的第二个角点）

选择输入文字矩形框的第二个角点后，将弹出文字格式编辑器与输入文字矩形框，如图 6-3 所示。

图 6-3　文字格式编辑器和输入文字矩形框

用户也可在指定第一个对角点后，通过输入"高度（H）/对正（J）/行距（L）/旋转（R）/样式（S）/宽度（W）/栏（C）"选项中的任一项来设置文本的高度、对齐方式、行距、旋转角度、文字样式、文字宽度和文字的分栏显示。

在输入文本时，如有 $\angle aob$、± 1.0 等带有特殊符号的标注，可选择文字格式编辑器上的 @▾ 按钮或 ⊙ 按钮下的下拉菜单中的"符号"选项中的相应符号。若有 $A_5{}^2$、$\frac{1}{2}$ 等标注，则先选定要编辑的文本，然后单击文字格式编辑器中的"堆叠"按钮 ⅙。该按钮将使所选定的文本以"/"或"^"为界，分成上下两部分，"/"和"^"的区别：用"/"分割的文本中间有横线，用"^"分割的文本中间没有横线，如输入"A2^5"后，选择"2^5"，单击"堆叠"按钮，则原来的标注显示为"$A_5{}^2$"；若输入"1/2"后，选择"1/2"，单击"堆叠"按钮，则原来的标注显示为"$\frac{1}{2}$"。

6.1.4　文本编辑

若用户要对输入的文字进行修改，可使用文字编辑命令。

（1）调用命令方式

下拉菜单：修改→对象→文字→编辑。

命令：Ddeditt。

鼠标：双击要修改的文字。

（2）功能

对已经完成的文字标注进行修改、编辑。

（3）操作过程

输入命令后，命令行提示如下。

命令：ddedit

选择注释对象或[放弃(U)]：（选择要编辑的文本）

选择要编辑的文本后，将回到文本输入状态，用户可重新输入或设置文本格式。

6.2 尺寸标注

一幅按比例绘制的图样对机械师、工程师或建筑师来说，所传达的信息往往是不够的。图形只是反映形状，其各部分真实大小只有通过尺寸标注才能表达出来。准确绘制的图形加上能反映实际尺寸特性的尺寸标注，才是一幅完整的设计图样。

用户可通过图 6-4 所示的"标注"下拉菜单和图 6-5 所示的"标注"工具栏、各种尺寸标注命令等来进行尺寸的标注。

图 6-4 "标注"下拉菜单

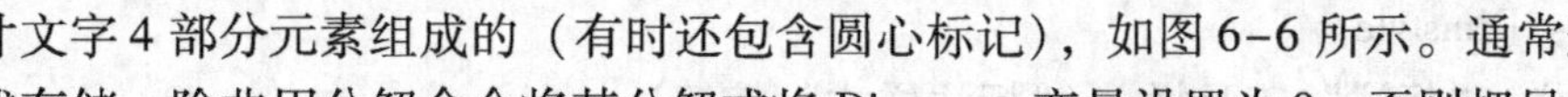

图 6-5 "标注"工具栏

6.2.1 尺寸标注概述

虽然尺寸标注的样式和形式不同，但一个完整的尺寸标注都是由尺寸线、延伸线、尺寸箭头和尺寸文字 4 部分元素组成的（有时还包含圆心标记），如图 6-6 所示。通常这 4 部分以块的形式存储，除非用分解命令将其分解或将 Dimassoc 变量设置为 0，否则把尺寸标注作为一个单一对象来看待。

1. 尺寸线

尺寸线用来指示尺寸标注的长度或角度。通常尺寸线的两个端点都带有箭头以表明尺寸标注的起点和终点。尺寸文字沿尺寸线放置，尺寸线通常在测量区域之间，当区域之间的空间不够时，将尺寸线和文字移动到延伸线的外面（视标注样式而定），如图 6-7 所示。

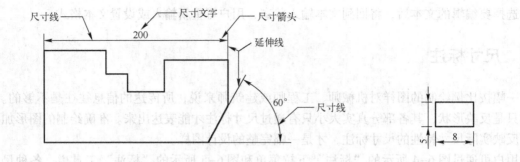

图 6-6　尺寸标注的组成　　　　　　　　图 6-7　不同形式的尺寸线

2. 延伸线

延伸线是从标注对象延伸到尺寸线的两条直线,用于确定尺寸标注的区域。延伸线通常与尺寸标注线垂直,但用户也可使用"倾斜"("标注"菜单→"倾斜")命令使它倾斜,如图 6-8 所示。

3. 尺寸箭头

尺寸箭头显示在尺寸线的两端,用于标明标注的起止位置。默认情况下,使用闭合的实心箭头符号,用户也可以选择提供的其他符号作为标志,如建筑符号、点等,也可以使用自己定义的符号,如图 6-9 所示。

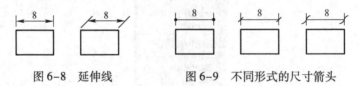

图 6-8　延伸线　　　　　　　图 6-9　不同形式的尺寸箭头

4. 尺寸文字

尺寸文字是标注尺寸大小的文字,用来标明对象特征尺寸的大小。用户可以使用自动计算的对象测量值,也可以输入自己的文字或不标注文字。

6.2.2　尺寸标注样式设置

尺寸标注中所使用的标注文字的字体、放置形式、文字高度,箭头样式和大小,延伸线的偏移距离以及超出标注线的延伸量等尺寸标注的特性称为标注样式。用户可以通过"标注样式管理器"对话框来设置和管理标注样式。AutoCAD 2010 中默认的标注样式是 ISO – 25。

(1) 调用命令方式

菜单:格式→标注样式。

命令:Dimstyle。

工具栏:"标注"工具栏 ("标注样式"按钮)。

(2) 功能

创建或修改尺寸标注样式,并设置当前尺寸标注样式。

(3) 操作过程

输入命令后,将弹出如图 6-10 所示的"标注样式管理器"对话框。该对话框中包含样式预览窗口,对标注样式作出的更改可以实时快捷地通过预览窗口反映出来,提供可视化的操作反馈，方便用户操作，减少出错的可能性，避免重复操作。具体各项功能介绍如下。

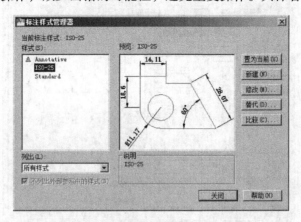

图 6-10　"标注样式管理器"对话框

- 当前标注样式：显示当前正在使用的标注样式。
- 样式：在该列表框中列出所有的样式名称，用户可单击名称选择某种样式。
- 列出：从该下拉列表中选择在"样式"列表框显示的样式种类，默认是所有类型的样式都显示在"样式"列表框，也可以选择仅列出正在使用的样式。
- 不列出外部参照中的样式：该复选框控制是否在"样式"列表框中列出外部参照中的标注样式。
- 置为当前：在"样式"列表框中选择一个样式，单击该按钮，从弹出的快捷菜单中选择"置为当前"选项或者双击样式名称，即可将选择的样式置为当前标注样式。
- 新建：单击该按钮新建一种标注样式，将弹出如图 6-11 所示的"创建新标注样式"对话框，用户可使用该对话框创建新的样式。

AutoCAD 默认是在当前标注样式的基础上创建新样式。通过图 6-11 中的"创建新标注样式"对话框，用户对新样式名称、选择基础样式以及新建标注样式应用的对象范围应有所了解。"新样式名"文本框用于指定新样式的名称；"基础样式"下拉列表框用于选择从哪个样式开始创建新样式；"注释性"复选框用于指定标注样式为注释性，若对象的注释性特性处于启用状态，则称其为注释性对象，用户

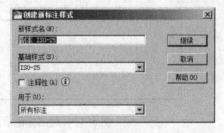

图 6-11　"创建新标注样式"对话框

为布局视口和模型空间设置的注释比例确定这些空间中注释性对象的大小；"用于"下拉列表框用于选择新建样式所应用的对象范围，默认选择为作用于所有尺寸标注类型，若用户选择仅用于某一种标注类型，则新样式名由 AutoCAD 自动给出，用户不能对其进行命名。

做完以上操作后，选择"继续"按钮进入样式的各种特性设置。弹出如图 6-12 所示的"新建标注样式"对话框。

在该对话框中包含 7 个选项卡：线、符号和箭头、文字、调整、主单位、换算单位和公差。

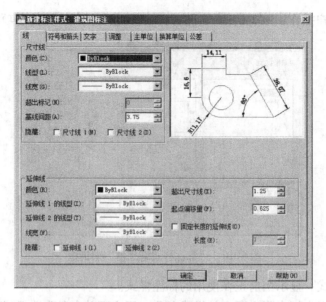

图 6-12 "新建标注样式"对话框

1) 线

"线"选项卡用于对尺寸线和延伸线进行相关设置。

- 尺寸线:可进行颜色、线型和线宽的设置,默认为"随块"。"超出标记"是指当尺寸箭头设置为建筑标记、倾斜、小点、积分和无标记时,该值用于设置尺寸线超出延伸线并延伸出来的长度,如图 6-13 所示。"基线间距"用于设置在用基线标注尺寸时两个标注之间的间隔距离,如图 6-14 所示。"隐藏"项包含两个复选框,即"尺寸线 1"和"尺寸线 2",分别控制是否显示尺寸线 1 和尺寸线 2。

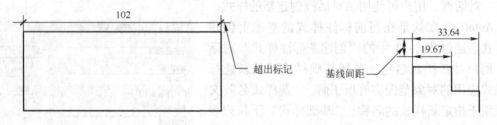

图 6-13 超出标记示例   图 6-14 基线间距示例

- 延伸线:用于设置延伸线的颜色、线型和线宽的特性,默认为"随块"。"超出尺寸线"用于设置延伸线超出尺寸线的长度。"起点偏移量"用于设置延伸线起始点离标注尺寸源点的间隔距离,如图 6-15 所示。"隐藏"项包含两个复选框,即"延伸线 1"和"延伸线 2",分别控制是否显示延伸线 1 和延伸线 2。

2) 符号和箭头

- "箭头"用于控制箭头的显示外观,两个箭头可以设置为相同的样式,也可以设置为不同的样式。
- "引线"用于设置引线标注时引线起点处的箭头样式。
- "箭头大小"用于设置箭头的大小尺寸。
- "圆心标记"用于设置标注圆或圆弧中心的标记类型和标记大小。

136

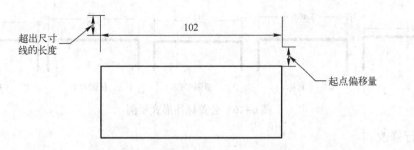

图 6-15　超出尺寸线和起点偏移量示例

- "弧长符号"用于设置弧长符号的标注位置。
- "半径标注折弯"用于设置半径标注折弯的角度。

3）文字

- "文字外观"区可设置标注文字的样式、颜色、高度、是否绘制文字边框。
- "文字位置"区可设置标注文字相对于尺寸线的位置、偏移尺寸线的量以及与尺寸线的对齐方式。

4）调整

"调整"选项卡用于控制尺寸标注文字、箭头、引出线以及尺寸线的放置，以达到最佳显示效果。

"文字或箭头"当有足够的空间放置文字和箭头时，将两者都放置在延伸线之间，否则根据最佳效果将其中之一或两个都放置在外面。"箭头"、"文字"选项，当有足够的空间放置文字和箭头时，将两者都放置在延伸线之间，否则将所选项放置在延伸线之间，另外一项则放置在延伸线外，当空间很小，两者都放不下时，则都放置在延伸线外面。"文字和箭头"，若空间很小，文字和箭头两者都放不下时，则两者都放置在延伸线外面。"文字始终保持在延伸线之内"，不管怎样总是将标注文字放置在延伸线之间。

5）主单位

"主单位"选项卡主要用于设置尺寸标注主单位的格式和精度，并可给标注文字设置前缀和后缀。

- "线性标注"用于设置线性标注的主单位格式和精度。
- "测量单位比例"用于设置尺寸标注时测量的比例因子。
- "消零"用于控制标注文字是否显示无效的数字 0。
- "角度标注"用于设置当前角度标注的角度格式。

6）换算单位

"换算单位"选项卡主要用来设置换算尺寸单位的格式和精度。

7）公差

"公差"选项卡主要用来设置标注尺寸公差的样式。

"公差格式"区可用来设置公差数值与基本数值的位置（方式）、公差数值的小数位数（精度）、最大公差值（上偏差）、最小偏差值（下偏差）、公差数值相对于基本数值的大小（高度比例）、公差数值相对于尺寸线的位置（垂直位置）。图 6-16 列举了几种常见的公差标注形式。

修改：单击该按钮弹出"修改标注样式"对话框，用户可以使用该对话框对选中的标

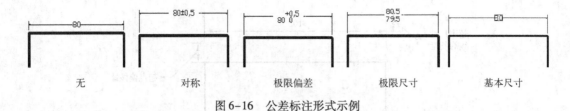

| 无 | 对称 | 极限偏差 | 极限尺寸 | 基本尺寸 |

图 6-16　公差标注形式示例

注样式进行修改。

替代：单击该按钮弹出"替代标注样式"对话框，用户可以在不改变原标注样式的情况下，在原标注样式的基础上创建临时的标注样式。

比较：单击该按钮可比较两种样式的区别。

6.2.3　长度尺寸标注

工程制图中最常使用的尺寸标注是长度尺寸标注。提供长度尺寸标注的方法包括线性标注、对齐标注、基线标注、连续标注和弧长标注。

1. 线性标注

线性标注用于标注水平尺寸、垂直尺寸和旋转尺寸。

（1）调用命令方式

下拉菜单：标注→线性。

工具栏："标注"工具栏┌┐（"线性"按钮）。

命令：Dimlinear。

（2）功能

用于标注平面或空间任意两点之间的水平或垂直距离。

（3）操作过程

调用该命令后，命令行提示如下。

> 指定第一条延伸线原点或 ＜选择对象＞：（指定第一条延伸线的起点）
> 指定第二条延伸线原点：（指定第二条延伸线的起点）
> 指定尺寸线位置或［多行文字（M）/文字（T）/角度（A）/水平（H）/垂直（V）/旋转（R）］：

- "指定尺寸线位置"：默认选项，要求用户指定尺寸线的位置。
- "多行文字"：启动多行文字编辑器，用户可以在尺寸前后添加其他文字，也可以输入新值代替测量值。
- "文字"：输入替代测量值的标注文字。
- "角度"：用于指定标注尺寸数字的倾斜角度。
- "水平"：用于限定标注水平尺寸。
- "垂直"：用于限定标注垂直尺寸。
- "旋转"：用于设置尺寸线的旋转角度。

若在"指定第一条延伸线原点或 ＜选择对象＞："提示下直接按〈Enter〉键，则默认"选择对象"选项，命令行提示如下。

> 选择标注对象：（选择要标注尺寸的对象）

选择对象后，会自动将该对象的两个端点作为两条延伸线的起点，并提示如下。

指定尺寸线位置或[多行文字(M)/文字(T)/角度(A)/水平(H)/垂直(V)/旋转(R)]：

该提示各选项功能同前所述。

【例6-1】 对如图6-17所示图形的各边长用线性标注的方法进行标注。

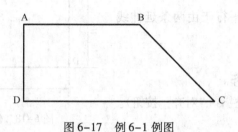

图6-17 例6-1例图

线性标注的过程如下。

命令：dimlinear
指定第一条延伸线原点或 <选择对象>：(选择A点)
指定第二条延伸线原点：(选择B点)
指定尺寸线位置或[多行文字(M)/文字(T)/角度(A)/水平(H)/垂直(V)/旋转(R)]：(选择合适的位置进行标注)
标注文字 = 15

命令：dimlinear
指定第一条延伸线原点或 <选择对象>：(选择A点)
指定第二条延伸线原点：(选择D点)
指定尺寸线位置或[多行文字(M)/文字(T)/角度(A)/水平(H)/垂直(V)/旋转(R)]：(选择合适的位置进行标注)
标注文字 = 10

命令：dimlinear
指定第一条延伸线原点或 <选择对象>：(鼠标选择D点)
指定第二条延伸线原点：(选择C点)
指定尺寸线位置或[多行文字(M)/文字(T)/角度(A)/水平(H)/垂直(V)/旋转(R)]：(选择合适的位置进行标注)
标注文字 = 25

命令：dimlinear
指定第一条延伸线原点或 <选择对象>：(选择B点)
指定第二条延伸线原点：(选择C点)
指定尺寸线位置或[多行文字(M)/文字(T)/角度(A)/水平(H)/垂直(V)/旋转(R)]：r （选择旋转）
指定尺寸线的角度 <0>：45 （输入旋转角度45°）

指定尺寸线位置或[多行文字(M)/文字(T)/角度(A)/水平(H)/垂直(V)/旋转(R)]:(选择合适的位置进行标注)
标注文字 = 14.14

效果如图 6-18 所示。

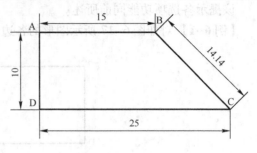
图 6-18　例 6-1 标注效果图

2. 对齐标注

对齐标注的尺寸线是平行于由两条延伸线起点确定的直线。

(1) 调用命令方式

下拉菜单：标注→对齐。

工具栏："标注"工具栏 ("对齐"按钮)。

命令：Dimaligned。

(2) 功能

用于标注非水平或垂直的倾斜对象的实际尺寸。

(3) 操作过程

调用该命令后，命令行提示如下。

指定第一条延伸线原点或 <选择对象>:(指定第一条延伸线的起点或直接按〈Enter〉键选择标注对象)
指定第二条延伸线原点:(指定第二条延伸线的起点)
指定尺寸线位置或[多行文字(M)/文字(T)/角度(A)]:

用户可通过单击来确定尺寸线的位置，实现对齐标注。其他选项类似于线性标注各选项的含义。

【例 6-2】用对齐标注的方法标注等边三角形的各边长，如图 6-19 所示。

命令:Dimaligned
指定第一条延伸线原点或<选择对象>:(选择 B 点)
指定第二条延伸线原点:(选择 C 点)
指定尺寸线位置或[多行文字(M)/文字(T)/角度(A)]:(选择合适的位置进行标注)
标注文字 = 100

命令:Dimaligned
指定第一条延伸线原点或 <选择对象>:(选择 B 点)
指定第二条延伸线原点:(选择 A 点)
指定尺寸线位置或[多行文字(M)/文字(T)/角度(A)]:(选择合适的位置进行标注)
标注文字 = 100

命令:Dimaligned
指定第一条延伸线原点或<选择对象>:(选择 A 点)
指定第二条延伸线原点:(选择 C 点)
指定尺寸线位置或[多行文字(M)/文字(T)/角度(A)]:(选择合适的位置进行标注)
标注文字 = 100

效果如图 6-20 所示。

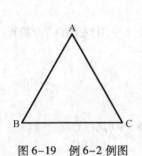

图 6-19　例 6-2 例图

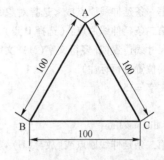

图 6-20　例 6-2 标注效果图

3. 基线标注

所谓基线标注，是指有一条公共的延伸线和一组相互平行尺寸线的线性标注或角度标注构成的标注组。在进行基线标注前，一定要确认标注对象中是否存在一个线性或角度标注，如果不存在，则无法进行基线标注。

（1）调用命令方式

下拉菜单：标注→基线。

工具栏："标注"工具栏 ⊟（"基线"按钮）。

命令：Dimbaseline。

（2）功能

用于标注有共同参考点但定位不同的一系列关联标注。

（3）操作过程

先进行一个线性或角度的标注，然后调用该命令，命令行提示如下。

> 指定第二条延伸线原点或 [放弃(U)/选择(S)] < 选择 >：（用于指定第二条延伸线的起点）

如果用户要自选基准标注，直接按〈Enter〉键，命令行提示如下。

> 选择基准标注：（选择一个线性或角度的标注）

这时选择的标注的第一延伸线将作为所有后续标注共用的第一延伸线。接着提示：

> 指定第二条延伸线原点或 [放弃(U)/选择(S)] < 选择 >：（用于指定第二条延伸线的起点）

指定第二条延伸线的位置后，系统将自动放置尺寸线。两条尺寸线之间的距离可以在标注样式中"基线间距"一栏进行设置。

【例 6-3】对如图 6-21 所示的图形用基线标注的方法进行标注。

先在 AB 段进行线性标注，然后选择基线标注命令，命令行提示如下。

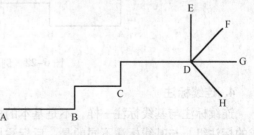

图 6-21　例 6-3 例图

命令：dimlinear
指定第一条延伸线原点或 <选择对象>：（选择 A 点）
指定第二条延伸线原点：（选择 B 点）
指定尺寸线位置或[多行文字(M)/文字(T)/角度(A)/水平(H)/垂直(V)/旋转(R)]：（选择合适的位置进行标注）
标注文字 =15

命令：dimbaseline
指定第二条延伸线原点或[放弃(U)/选择(S)] <选择>：（选择 C 点）
标注文字 =25
指定第二条延伸线原点或[放弃(U)/选择(S)] <选择>：（选择 D 点）
标注文字 =40
Esc 退出命令

先标注 DE 和 DF 之间的夹角，然后选择"基线标注"命令，命令行提示如下。

命令：dimangular
选择圆弧、圆、直线或 <指定顶点>：
选择第二条直线：
指定标注弧线位置或[多行文字(M)/文字(T)/角度(A)/象限点(Q)]：
标注文字 =45
命令：dimbaseline
指定第二条延伸线原点或[放弃(U)/选择(S)] <选择>：
标注文字 =90
指定第二条延伸线原点或[放弃(U)/选择(S)] <选择>：
标注文字 =135
指定第二条延伸线原点或[放弃(U)/选择(S)] <选择>：（按〈Esc〉键退出命令）

效果如图 6-22 所示。

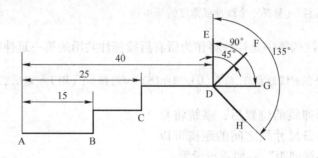

图 6-22　例 6-3 标注效果图

4. 连续标注

连续标注与基线标注一样，不是基本的标注类型，它也是一个由线性标注或角度标注组成的标注组。与基线标注不同的是，后标注尺寸的第一条延伸线是上一个标注尺寸的第二条延伸线。

142

(1) 调用命令方式

下拉菜单：标注→连续。

工具栏："标注"工具栏 █ ("连续"按钮)。

命令：Dimcontinue。

(2) 功能

用于创建连续标注。

(3) 操作过程

先进行一个线性或角度的标注，然后调用该命令，命令行提示如下。

指定第二条延伸线原点或[放弃(U)/选择(S)]<选择>：(用于指定第二条延伸线的起点)

如果要自选基准标注，直接按〈Enter〉键，命令行提示：

选择连续标注：(选择一个线性或角度的标注)

这时选择标注的第二延伸线将作为所有后续标注的第一延伸线。命令行接着提示：

指定第二条延伸线原点或[放弃(U)/选择(S)]<选择>：(用于指定第二条延伸线的起点)

指定第二条延伸线的位置后，系统将自动放置尺寸线，并重复提示继续标注，若用户要结束标注，按〈Esc〉键或按两次〈Enter〉键。

【例6-4】用连续标注的方法对例6-3的例图进行标注（见图6-21）。

先在 AB 段进行线性标注，然后选择连续标注命令，命令行提示如下。

命令：dimlinear
指定第一条延伸线原点或<选择对象>：(选择 A 点)
指定第二条延伸线原点：(选择 B 点)
指定尺寸线位置或[多行文字(M)/文字(T)/角度(A)/水平(H)/垂直(V)/旋转(R)]：(选择合适的位置进行标注)
标注文字 = 15

命令：dimcontinue
指定第二条延伸线原点或[放弃(U)/选择(S)]<选择>：(选择 C 点)
标注文字 = 10
指定第二条延伸线原点或[放弃(U)/选择(S)]<选择>：(选择 D 点)
标注文字 = 15

按〈Esc〉键退出命令。

命令：dimangular
选择圆弧、圆、直线或<指定顶点>：(选择直线 DE)
选择第二条直线：
指定标注弧线位置或[多行文字(M)/文字(T)/角度(A)/象限点(Q)]：(选择直线 DF)
标注文字 = 45

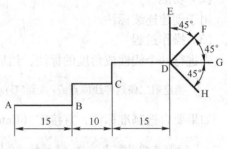

图 6-23　例 6-4 标注效果图

连续标注的效果如图 6-23 所示。

5. 弧长标注

如果要标注圆弧或多段线圆弧段上的长度，可用弧长标注。

（1）调用命令方式

下拉菜单：标注→弧长。

工具栏："标注"工具栏 ⌒（"弧长"按钮）。

命令：Dimarc。

（2）功能

用于创建弧长标注。

（3）操作过程

调用该命令后，命令行提示如下。

各选项含义说明如下：

- 多行文字/文字/角度：设置和线性标注中的选项含义相同。
- 部分：用于只标注弧的一部分。图 6-24 是只标注部分弧长示意图。
- 引线：用引线指示所标注的弧。

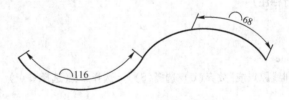

图 6-24　弧长标注示例

需要说明的是，弧长的标注格式可通过"标注样式"的"符号和箭头"选项卡中的"弧长符号"来设置；弧的弦长可通过"对齐"标注来实现；弧的圆心角可通过"角度"标注来实现。

6.2.4　角度尺寸标注

用于标注两条直线之间的夹角、圆弧的弧度或三点之间的角度。

（1）调用命令方式

下拉菜单：标注→角度。

工具栏："标注"工具栏 △（"角度"按钮）。

命令：Dimangular。

（2）功能

用于标注圆和圆弧的包含角、两条非平行直线的夹角以及三点确定的角度。

（3）操作过程

调用该命令后，命令行提示如下。

选择圆弧、圆、直线或 ＜指定顶点＞：

如果用户选择一条直线，则系统会把这条直线作为标注的第一条延伸线，命令行提示如下。

选择第二条直线：
指定标注弧线位置或［多行文字（M）/文字（T）/角度（A）/象限点（Q）］：

如果用户开始使用的不是一条直线，而是一段弧或圆，则可标注出弧或圆的某一部分角度。

【例6-5】分别标注如图6-25所示各图形的角度尺寸。

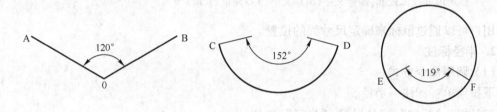

图6-25　例6-5的图例

命令：dimangular
选择圆弧、圆、直线或＜指定顶点＞：（选择 AO 直线上任意一点）
选择第二条直线：（鼠标选择 BO 直线上任意一点）
指定标注弧线位置或［多行文字（M）/文字（T）/角度（A）/象限点（Q）］：（选择合适的位置进行标注）
标注文字 = 120

命令：dimangular
选择圆弧、圆、直线或＜指定顶点＞：（选择 CD 圆弧上任意一点）
指定标注弧线位置或［多行文字（M）/文字（T）/角度（A）/象限点（Q）］：（选择合适的位置进行标注）
标注文字 = 152

命令：dimangular
选择圆弧、圆、直线或＜指定顶点＞：（选择圆上的 E 点）
指定角的第二个端点：（选择圆上的 F 点）
指定标注弧线位置或［多行文字（M）/文字（T）/角度（A）/象限点（Q）］：（选择合适的位置进行标注）
标注文字 = 119

6.2.5 直径和半径尺寸标注

直径和半径尺寸标注形式分别用于标注圆或圆弧的直径和半径。

1. 直径标注

（1）调用命令方式

下拉菜单：标注→直径。

工具栏："标注"工具栏 ◎（"直径"按钮）。

命令：Dimdiameter。

（2）功能

用于标注圆或圆弧的直径。

（3）操作过程

调用该命令后，命令行提示如下。

> 选择圆弧或圆：
> 指定尺寸线位置或［多行文字(M)/文字(T)/角度(A)］：

用户可以通过鼠标来确定尺寸线的位置。

2. 半径标注

（1）调用命令方式

下拉菜单：标注→半径。

工具栏："标注"工具栏 ◎（"半径"按钮）。

命令：Dimradius。

（2）功能

用于标注圆或圆弧的半径。

（3）操作过程

调用该命令后，命令行提示如下。

> 选择圆弧或圆：
> 指定尺寸线位置或［多行文字(M)/文字(T)/角度(A)］：

用户可以通过单击来确定尺寸线的位置。

直径和半径的标注效果如图 6-26 和图 6-27 所示。

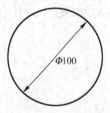

图 6-26　直径标注

图 6-27　半径标注

3. 折弯半径标注

如需标注圆或圆弧的中心位于布局外部，且无法在其实际位置显示时，可以创建折弯半径标注，也称为"缩放的半径标注"。

146

（1）调用命令方式

下拉菜单：标注→折弯。

工具栏："标注"工具栏 （折弯按钮）。

命令：Dimjogged。

（2）功能

用于进行圆或圆弧的折弯标注。

（3）操作过程

调用该命令后，命令行提示如下。

选择圆弧或圆：（选择需折弯标注半径的弧）
指定图示中心位置：（指定标注的起点位置）
标注文字 = 415.48
指定尺寸线位置或[多行文字(M)/文字(T)/角度(A)]：（指定标注尺寸线位置）
指定折弯位置：（指定标注折弯的位置）

效果如图 6-28 所示。

6.2.6 其他尺寸标注

1. 坐标标注

（1）调用命令方式

下拉菜单：标注→坐标。

工具栏："标注"工具栏 （"坐标"按钮）。

命令：Dimordinate。

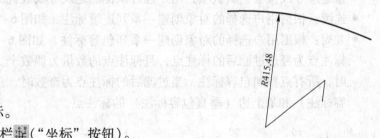

图 6-28 折弯标注图例

（2）功能

用于标注相对于原点的图形中任意点的 X 和 Y 坐标。

（3）操作过程

调用该命令后，命令行提示如下。

指定点坐标：（选择要标注坐标的点）
指定引线端点或[X 基准(X)/Y 基准(Y)/多行文字(M)/文字(T)/角度(A)]：

各选项含义说明如下。

● 指定引线端点：该项为默认项，用于确定引线的端点位置。指定端点后，在该点标注
 出指定点的坐标。将标注文字与坐标引出线对齐显示，即自动沿 X 轴或 Y 轴放置标
 注文字和引出线。一般标注坐标尺寸应将正交模式打开，如果关闭该模式，则用户在
 指定引出线时，引出线将自动弯曲产生等距离偏移。系统会根据用户指定的引出线端
 点的位置与特征位置的差异来确定标注测量 X 坐标还是 Y 坐标。

● X 基准(X)/Y 基准(Y)：将标注类型固定为 X 坐标标注或 Y 坐标标注。

● 多行文字(M)/文字(T)/角度(A)：同线性标注中各选项的含义。

2. 快速标注

（1）调用命令方式

下拉菜单：标注→快速标注。

工具栏："标注"工具栏 🔲（"快速标注"按钮）。

命令：Qdim。

（2）功能

自动给多个对象一次性创建尺寸标注。该命令是一个交互式、动态、自动化的尺寸标注生成器，通过命令选项或快捷菜单可选择连续、基线、坐标等标注方式。使用该命令可快速标注多个圆、圆弧的半径或直径，并可编辑已有尺寸标注的布置。

（3）操作过程

调用该命令后，命令行提示如下。

> 选择要标注的几何图形：
> 指定尺寸线位置或［连续（C）/并列（S）/基线（B）/坐标（O）/半径（R）/直径（D）/基准点（P）/编辑（E）/设置（T）］＜连续＞：

各选项含义说明如下。

- 指定尺寸线位置：默认项，用户通过鼠标确定尺寸线放置的位置。
- 连续：根据用户选择的对象创建一系列连续标注，如图6-29所示。
- 并列：根据用户选择的对象创建一系列包容标注，如图6-30所示。参加包容标注的标注点为经过过滤后的标注点，且标注点的数量为偶数个。当过滤后的标注点为偶数时，所有点参加包容标注，当过滤后的标注点为奇数时，自动过滤掉最右边（水平包容标注）和最上边（垂直包容标注）的标注点。

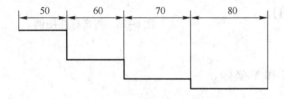

图6-29　连续快速标注图例　　　　图6-30　包容快速标注图例

基线：根据用户选择的对象创建一系列基线标注，如图6-31所示。

坐标：根据用户选择的对象创建一系列坐标标注，如图6-32所示。

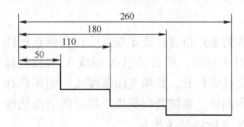 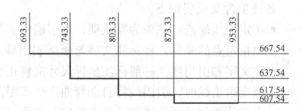

图6-31　基线快速标注图例　　　　图6-32　坐标快速标注图例

- 半径/直径：这两个选项可创建选择对象中圆或圆弧的多个半径或直径的标注。选择该项后若所选对象中不包含圆或圆弧，将提示用户不能进行半径或直径的标注。
- 基准点：在不改变用户坐标系原点的条件下，改变坐标型标注或基准线型标注的基准参考点位置。选择该项后，命令行提示如下。

用户可以选择新的坐标标注基准点，如图 6-33 所示为重新选择 O 点为坐标标注新基准点后进行坐标标注的效果。

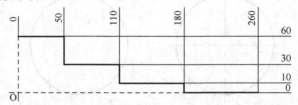

图 6-33　重新选择基准点后的坐标标注

- 编辑：该选项用于编辑标注点，用户可以从已有的标注点中删除或添加标注点。选择该项后，命令行提示如下。

指定要删除的标注点或[添加(A)/退出(X)] <退出>：
指定尺寸线位置或[连续(C)/并列(S)/基线(B)/坐标(O)/半径(R)/直径(D)/基准点(P)/编辑(E)/设置(T)] <默认项>：

用户可选择删除或添加标注点来进行有关标注，如图 6-34 所示为添加了 A 点后进行的连续标注。

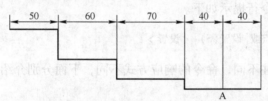

图 6-34　编辑标注点后的连续标注

- 设置：用户可以为指定延伸线原点设置默认对象捕捉。选择该项后，命令行提示如下。

关联标注优先级[端点(E)/交点(I)] <端点>：

用户选择了端点或交点的优先级后，程序将返回到上一个提示。

3. 圆心标记

（1）调用命令方式

下拉菜单：标注→圆心标记。

工具栏："标注"工具栏 ⊕（"圆心标记"按钮）。

命令：Dimcenter。

（2）功能

指明圆或圆弧的中心位置。

（3）操作过程

调用该命令后，命令行提示如下。

选择圆弧或圆：

选择圆或圆弧后,系统会用当前圆心标记符号来标记所选的圆或圆弧。用户可以在标注样式管理器中设置使用圆心标记还是绘制中心线,以及确定标记的大小,图6-35为分别用直线和标记的形式进行的圆心标记。

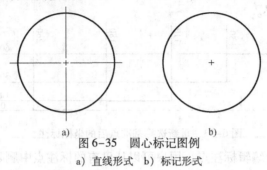

a)   b)

图6-35　圆心标记图例

a) 直线形式　b) 标记形式

4. 引线标注

引线标注用于指明图形各部位的名称、材料以及形位公差等信息。

(1) 调用命令方式

命令: Qleader。

(2) 功能

创建多种格式的引线和标注文字。

(3) 操作过程

调用该命令后,命令行提示如下。

指定第一个引线点或[设置(S)]<设置>:

由于设置的引线标注不同,命令的响应方式不同,下面分别介绍不同引线设置时的命令响应方式。

在命令行提示:"指定第一个引线点或[设置(S)]<设置>:"时按〈Enter〉键或〈S〉键,将弹出如图6-36所示的"引线设置"对话框,用于设置引线标注的格式。

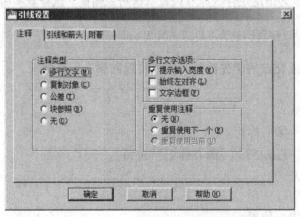

图6-36　"引线设置"对话框

各选项卡功能如下:

● 注释:用来设置标注文字的类型,定义多行文字选项,并指明是否重复使用前一标注文字。

- 引线和箭头：用于设置引线和箭头的样式。
- 附着：只有选择多行文字标注类型时才有该选项卡，用于设置多行文字在引线左边或右边时与引线的连接位置。

【例 6-6】用引线标注说明图 6-37 中圆心的坐标。

命令：qleader
指定第一个引线点或[设置(S)]<设置>：(指定 A 点或按〈Enter〉键设置引线)
指定下一点：(指定 B 点)
指定下一点：(指定 C 点)
指定文字宽度<0>：
输入注释文字的第一行<多行文字(M)>：该圆圆心X 坐标为165.44
输入注释文字的下一行：Y 坐标为176.07
输入注释文字的下一行：(按〈Enter〉键结束命令)

5. 多重引线

多重引线包括引线、箭头和文字 3 部分，具体如图 6-38 所示。

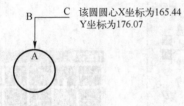

图 6-37　例 6-6 图例

图 6-38　引线各部分名称

（1）调用命令方式

下拉菜单：标注→多重引线。

命令：Mleader。

（2）功能

创建多重引线和标注文字。

（3）操作过程

调用该命令后，命令行提示如下。

指定引线箭头的位置或[引线基线优先(L)/内容优先(C)/选项(O)]<选项>：
指定引线基线的位置：

各选项含义如下：

- 指定引线箭头位置：默认项，即引线箭头优先，先设置箭头的位置。
- 引线基线优先：先设置引线基线的位置。
- 内容优先：先设置要标注的文字的位置。
- 选项：引线类型、显示方式等的设置。选择该选项后，命令行提示如下。

输入选项[引线类型(L)/引线基线(A)/内容类型(C)/最大节点数(M)/第一个角度(F)/第二个角度(S)/退出选项(X)]<退出选项>：

6.2.7 公差标注

1. 尺寸公差标注

尺寸公差的设置与标注方法见本章 6.2.2 公差选项卡的说明,这里不再重复。

2. 形位公差标注

(1)调用命令方式

下拉菜单:标注→公差。

工具栏:"标注"工具栏⊞("公差"按钮)。

命令:Tolerance。

(2)功能

标注形位公差。

(3)操作过程

调用该命令后,将弹出如图 6-39 所示的"形位公差"对话框。

输入公差符号:单击"形位公差"对话框中的"符号"按钮,将弹出"特征符号"选项板,如图 6-40 所示,用户可选择合适的公差符号。

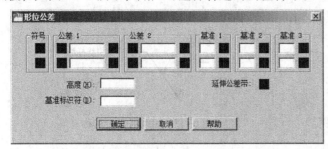

图 6-39 "形位公差"对话框

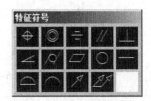

图 6-40 "特征符号"选项板

输入"形位公差"对话框内其他内容:用与输入公差符号相同的方法输入合适的内容。如在"形位公差"对话框内输入如图 6-41 所示的内容,效果如图 6-42 所示。

需要说明的是,"形位公差"对话框内文字高度、字形与当前标注样式一致。位置公差的引线和基准代号用相应的绘图命令绘制。

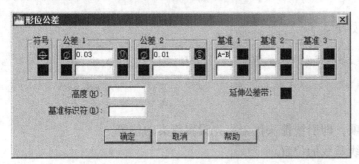

图 6-41 "形位公差"输入示例

⊕ │ ⌀0.03 Ⓜ │ ⌀0.01 Ⓢ │ A-B

图 6-42 "形位公差"效果示例

6.2.8 编辑尺寸标注

如果要修改标注,用户可根据具体情况选用不同的方式。

1. 全部修改某一种标注样式

如果要对图形文件中的某一种标注样式全部做修改，可通过选择"格式"菜单下的"标注样式"命令重新设置该标注样式，然后同名保存。

2. 修改标注文字的位置

（1）调用命令方式

下拉菜单：标注→对齐文字。

快捷菜单：选中需修改的标注，单击鼠标右键，在弹出的快捷菜单中选择"标注文字位置"命令，然后根据需要选择子命令，如图6-43所示。

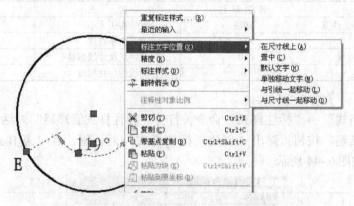

图6-43　修改标注文字的位置的设置

（2）功能

修改标注文字的位置。

3. 修改标注文字的精度

如果需修改标注文字的小数位数，用户可先选择需修改的标注，单击鼠标右键，在弹出的快捷菜单中选择"精度"命令，然后根据需要选择子命令即可。

4. 修改尺寸接线的倾斜角度

如果只需修改尺寸界限的倾斜角度，快速的方法是选择"标注"菜单下的"倾斜"命令。

5. 修改标注文字的内容

（1）调用命令方式

工具栏："标注"工具栏△（"编辑标注"按钮）。

命令：Dimedit。

（2）功能

修改标注的文字。

（3）操作过程

调用该命令后，命令行提示如下。

> 输入标注编辑类型［默认(H)/新建(N)/旋转(R)/倾斜(O)］＜默认＞：（输入选项）
> 选择对象：（选择需修改的标注对象）

各选项的含义如下。

● 默认：将所选尺寸退回到未编辑的状况。

- 新建：用新的尺寸数字代替所选的尺寸数字。
- 旋转：将所选的尺寸数字旋转指定的角度。
- 倾斜：将所选的延伸线倾斜指定的角度。

6.3 实训

【实训6-1】自定义一种标注样式，要求见表6-2。

表6-2 实训6-1要求

名　　称	例题标注	箭　　头	实心箭头
各线的颜色、线型、线宽	随块	箭头大小	3
基线间距	14	文字高度	8
延伸线超出尺寸线	10	文字从尺寸线偏移	3
起点偏移量	6	线性标注精度	保留1位小数

操作步骤：

① 选择"格式"→"标注样式"命令，打开"标注样式管理器"对话框。

② 选择"新建"按钮，弹出"创建新标注样式"对话框，在"新样式名"一栏填写"例题标注"，如图6-44所示。

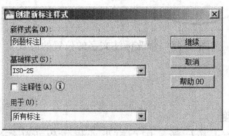

图6-44 "创建新标注样式"对话框

③ 单击"继续"按钮，弹出"新建标注样式"对话框，如图6-45所示。

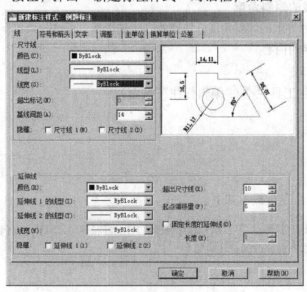

图6-45 "新建标注样式"对话框

154

④ 依次在"线"、"符号和箭头"、"文字"、"主单位"等选项卡内，按照要求进行设置即可。

【实训6-2】绘制如图6-46所示的压盖。

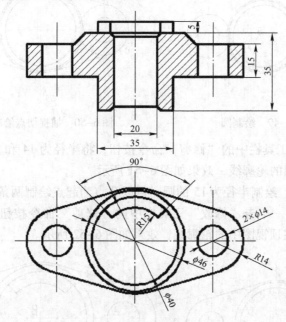

图6-46 实训6-2例图

操作步骤：

① 进行绘图设置。设置轴线、实体、标注、图表等图层，并进行相应线型、线宽的设置。

② 绘制辅助线。将"轴线"层设为当前层，单击"绘图"工具栏中的"直线"命令按钮，绘制两条相互垂直的中心线。然后单击"修改"工具栏中的"偏移"命令按钮，将垂直中心线向左、右各偏移36个图形单位，如图6-47所示。

③ 将"实体"层设为当前层。3条垂直中心线与水平中心线相交于A、B、C三点，单击"绘图"工具栏中的"圆"命令按钮，以B点为圆心，绘制3个半径分别为20、23和24的圆，如图6-48所示。

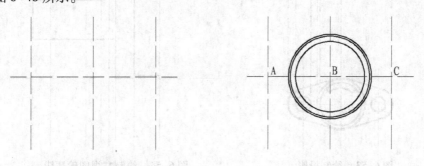

图6-47 绘制辅助线   图6-48 绘制圆

④ 以A点为圆心，绘制两个半径分别为7和14的圆。利用"修改"工具栏中的"镜像"或"复制"命令，复制出C点上了两个圆，效果如图6-49所示。

⑤ 设置"对象捕捉"中的"切点"功能，选择"绘图"工具栏中的"直线"命令按

钮，分别捕捉到半径为 14 和 24 两个圆的切点绘制直线，效果如图 6-50 所示。

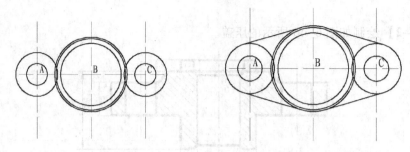

图 6-49　绘制圆　　　　　　　　图 6-50　捕捉切点绘制直线

⑥ 单击"修改"工具栏中的"修剪"命令按钮，将半径为 14 和 24 的圆的多余线段修剪掉，得到压盖顶视图的轮廓线，效果如图 6-51 所示。

⑦ 以 B 点为圆心，绘制半径为 15 的圆，再以 B 点为起点绘制两条直线，分别与 X 轴正方向成 45°和 135°的角。单击"修改"工具栏中的"修剪"命令按钮，分别选择直线和圆为剪切边，得到凸台在顶视图中的轮廓线，效果如图 6-52 所示。

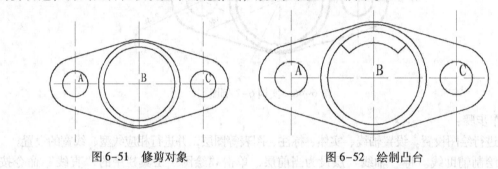

图 6-51　修剪对象　　　　　　　　图 6-52　绘制凸台

⑧ 将顶视图的中心线向上作复制，作为零件主视图的中心线，如图 6-53 所示。

⑨ 利用"直线"和"修剪"命令绘制左视图轮廓线，并进行修改，如图 6-54 所示。

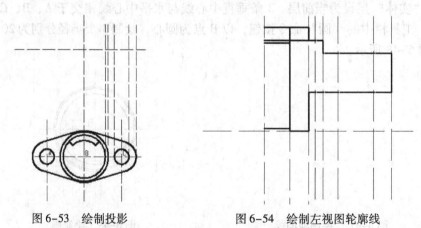

图 6-53　绘制投影　　　　　　　　图 6-54　绘制左视图轮廓线

⑩ 单击"修改"工具栏中的"倒角"命令按钮，设置倒角距离为 1.5，给轮廓线倒角，效果如图 6-55 所示。

⑪ 单击"绘图"工具栏中的"直线"命令按钮，绘制直线，效果如图 6-56 所示。

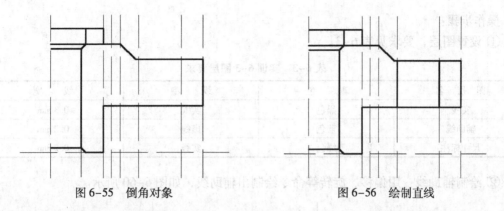

图 6-55　倒角对象　　　　　　　　　　　图 6-56　绘制直线

⑫ 单击"修改"工具栏中的"镜像"命令按钮,将绘制的轮廓线以中心线为对称轴绘制到左侧,效果如图 6-57 所示。

⑬ 单击"绘图"工具栏中的"图案填充"命令按钮,选择 ANSI31 作为剖面线形式进行填充,效果如图 6-58 所示。

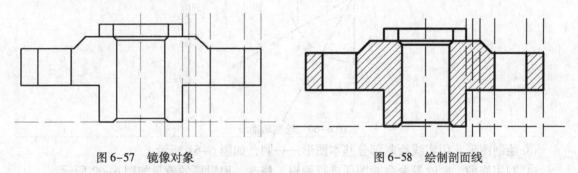

图 6-57　镜像对象　　　　　　　　　　　图 6-58　绘制剖面线

⑭ 在适当位置进行标注,效果如图 6-46 所示。

【实训 6-3】绘制如图 6-59 所示的图形,并进行尺寸标注。

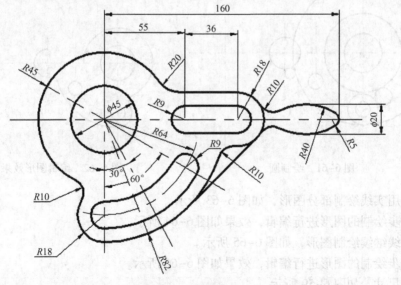

图 6-59　实训 6-3 图例

操作步骤：

① 设置图层，要求见表6-3。

表6-3　实训6-3图层要求

图 层 名	颜 色	线 型	线 宽
实线	黑色	实线	0.3 mm
辅助线	蓝色	虚线	0.2 mm
尺寸标注	绿色	实线	0.2 mm

② 绘制辅助线：用偏移、旋转等命令绘制出辅助线，如图6-60所示。

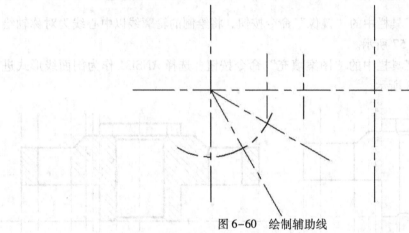

图6-60　绘制辅助线

③ 绘制图形：用实线绘制部分基本图形——圆，如图6-61所示。

④ 利用修剪、删除等命令对图形进行编辑、修改，编辑后的效果如图6-62所示

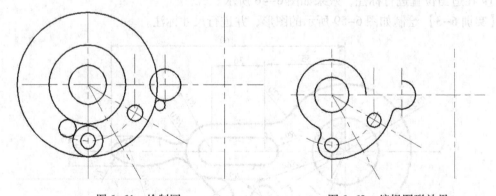

图6-61　绘制圆　　　　　　　　　图6-62　编辑图形效果

⑤ 继续用实线绘制部分图形，如图6-63所示。

⑥ 对上步绘制的图形进行编辑，效果如图6-64所示。

⑦ 用实线继续绘制图形，如图6-65所示。

⑧ 对上步绘制的图形进行编辑，效果如图6-66所示。

⑨ 标注尺寸，如图6-59所示。

158

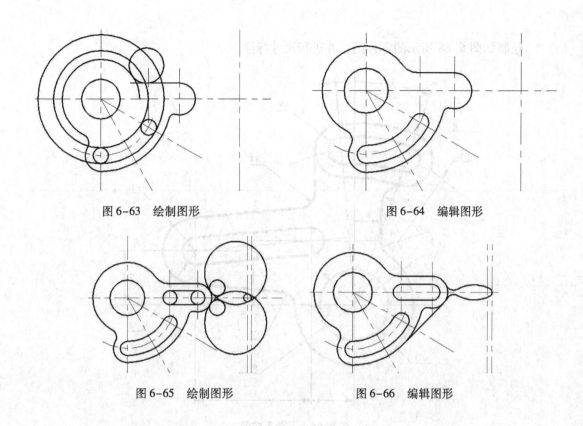

图 6-63 绘制图形　　　　　　图 6-64 编辑图形

图 6-65 绘制图形　　　　　　图 6-66 编辑图形

6.4 上机操作与思考题

1. 在文字样式中，文字的特性主要包括哪几个方面？
2. 如何设置尺寸单位的格式、精度及小数点标志？
3. 尺寸标注有哪些要素？尺寸标注有哪几种？各有何特点？
4. 绘制如图 6-67 所示的零件图，并进行尺寸标注。

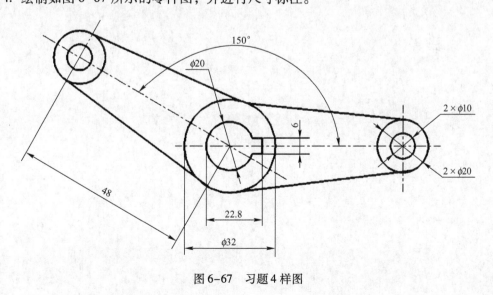

图 6-67 习题 4 样图

5. 绘制如图 6-68 所示的零件图，并进行尺寸标注。

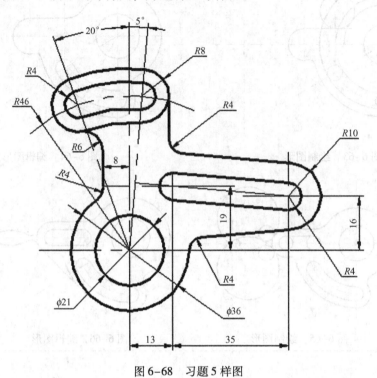

图 6-68   习题 5 样图

第7章　绘制三维图形

通过本章的学习，读者应理解三维坐标系的概念，掌握绘制各种线框模型图、曲面模型图、实体模型图的基本方法和步骤。

7.1　绘制三维图形的基础知识

前面介绍了 AutoCAD 的二维绘图功能，基本上可以完成平面图形的绘制。但是，二维平面图形是一种缺乏空间立体感的图形，相反，三维图形不仅具有较强的真实感效果，而且可以从任意角度对物体对象进行观察，获得各种不同的视觉效果。也就是说，在三维空间中观察实体，能得到一个较为接近真实形状和构造的感觉，此外，还能较为容易地从三维模型中得到想要的二维图形，这将节省许多绘图时间。

在二维绘图中已经讲过坐标系的基本概念和坐标输入法。相对二维绘图，三维坐标系中增加了独有的柱面坐标和球面坐标来表示形体的空间位置。

7.1.1　三维坐标系

1. 三维直角坐标

三维直角坐标即由点的三维坐标（X、Y、Z）构成。

（1）绝对坐标

输入格式：X 坐标，Y 坐标，Z 坐标。

（2）相对坐标

如果空间点相对于前一点的坐标在坐标轴上的偏移量分别为：ΔX、ΔY、ΔZ，则其输入格式：@ΔX，ΔY，ΔZ。

例如：5，6，2：表示空间点 X、Y、Z 的值分别是 5、6、2 处的 A 点，如图 7-1a 所示。

2. 柱面坐标

柱面坐标是在极坐标的基础上增加一个 Z 坐标。

（1）绝对坐标

输入格式：空间点在 XY 平面上的投影到原点的距离 < 投影点与原点的连线和 X 轴的夹角，Z 坐标值。

（2）相对坐标

输入格式：@XY 平面距离 < 与 X 轴的夹角，Z 坐标值。

例如：10 < 55，8：表示空间点在 XY 平面上的投影到原点的距离为 10 个单位，该投影与原点的连线和 X 轴的夹角为 55°，Z 坐标值为 8 个单位处的 B 点，如图 7-1b 所示。

3. 球面坐标

球面坐标是由空间点到坐标原点的距离（XYZ 距离）、空间点在 XY 平面上的投影与坐标原点的连线和 X 轴的夹角、空间点与坐标原点的连线和 XY 平面的夹角构成。

（1）绝对坐标

输入格式：XYZ距离＜空间点在XY平面上的投影与坐标原点的连线和X轴的夹角＜空间点与坐标原点的连线和XY平面的夹角。

（2）相对坐标

输入格式：@XYZ距离＜与X轴的夹角＜与XY平面的夹角。

例如：10＜55＜60：表示距坐标原点距离为10个单位，空间点在XY平面上的投影与坐标原点的连线和X轴的夹角为55°，空间点与坐标原点的连线和XY平面的夹角为60°处的C点，如图7-1c所示。

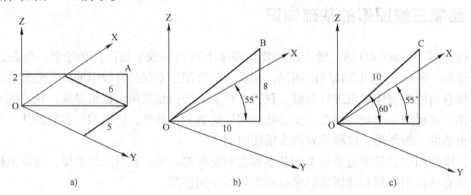

图7-1 直角坐标、柱面坐标和球面坐标的表示

a）直角坐标 b）柱面坐标 c）球面坐标

7.1.2 UCS（用户坐标系）

改变坐标原点和坐标轴的正向都会改变坐标系。建立用户坐标系的命令是UCS。

（1）调用命令方式

下拉菜单：工具→新建UCS。

工具栏："UCS"工具栏⊾（UCS按钮）。

命令：Ucs。

（2）功能

使用一点、两点或三点定义一个新的用户坐标系。

（3）操作过程

输入该命令后，命令行将出现如下提示，如图7-2所示。

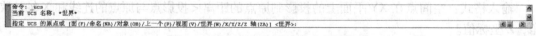

图7-2 输入UCS命令后命令行的提示

提示中各选项的含义如下。

① 指定UCS的原点：指定坐标系的原点来创建新的用户坐标系。新创建的用户坐标系以指定点为坐标原点，其X、Y、Z坐标轴的方向与原坐标系的坐标轴方向相同。用户也可以通过选择"工具"菜单下"新建UCS"子菜单的"原点"选项或单击"UCS"工具栏的⊾按钮来选择该项。

② 面：通过三维实体的面来确定一个新的用户坐标系。新坐标系的原点为距离拾取点最近

线的端点，XOY 面与该实体面重合，X 轴与实体面中最近的边对齐。用户也可以通过选择"工具"菜单下"新建 UCS"子菜单的"面"选项或单击"UCS"工具栏的 ▣ 按钮来选择该项。

③ 命名：指按名称保存并恢复通常使用的 UCS 方向。用户可以通过恢复已保存的 UCS，使它成为当前 UCS、把当前 UCS 按指定名称保存、从已保存的用户坐标系列表中删除指定的 UCS 或者列出用户定义坐标系的名称，并列出每个保存的 UCS 相对于当前 UCS 的原点以及 X、Y 和 Z 轴。

④ 对象：通过选择一个对象来确定新的坐标系，新坐标系的 Z 轴与所选对象的 Z 轴具有相同的正方向，新坐标系的原点及 X 轴的正方向则视不同的对象而定。

- 点：新坐标系的原点为该点，X 轴方向不定。
- 直线：新坐标系的原点为线上距离拾取点最近的直线端点，X 轴的选择要使得所选线在新坐标系的 XZ 平面上，并且线上另一个端点在新坐标系中的 Y 坐标为 0。
- 圆：新坐标系的原点为圆心，X 轴通过拾取点。
- 二维多段线：新坐标系的原点为多段线的起始点，X 轴位于起点到下一个顶点的连线上。
- 三维面：新坐标系的原点为三维面上的第一点，初始两点确定 X 轴方向，第一点与第 4 点确定 Y 轴方向。
- 尺寸标注：新坐标系的原点为文字的中点，X 轴与标注该尺寸文字时的坐标系的 X 轴方向相同。

对于射线、构造线、多线、面域、样条曲线、椭圆及椭圆弧、三维实体、三维多段线、三维多边形网络、多行文字标注、引线标注等不能执行此选项。

用户也可以通过选择"工具"菜单下"新建 UCS"子菜单的"对象"选项或单击"UCS"工具栏的 ▣ 按钮来选择该项。

⑤ 上一个：选择此项后，将恢复前一个用户坐标系，重复使用直到恢复到想要的用户坐标系。用户也可以通过单击"UCS"工具栏中的 ▣ 按钮来选择该项。

⑥ 视图：通过视图来确定新的用户坐标系，新坐标系的原点与原坐标系的原点相同，当前视图平面为新坐标系的 XY 平面。用户也可以通过选择"工具"菜单下"新建 UCS"子菜单的"视图"选项或单击"UCS"工具栏的 ▣ 按钮来选择该项。

⑦ 世界：此选项为默认选项，指将当前的用户坐标系设为世界坐标系。用户也可以通过选择"工具"菜单下"新建 UCS"子菜单的"世界"选项或单击"UCS"工具栏的 ▣ 按钮来选择该项。

⑧ X/Y/Z：通过绕 X/Y/Z 轴旋转来确定新的用户坐标系。用户也可以通过选择"工具"菜单下"新建 UCS"子菜单的"X"、"Y"、"Z"选项或单击"UCS"工具栏中的 ▣、▣、▣ 按钮来选择该项。

⑨ Z 轴：通过选择一个坐标原点和 Z 轴正方向上的一点来确定新的坐标系。用户也可以通过选择"工具"菜单下"新建 UCS"子菜单的"Z 轴矢量"选项或单击"UCS"工具栏的 ▣ 按钮来选择该项。

7.2　绘制三维模型图

AutoCAD 2010 可以创建多种形式的三维模型，归纳起来，主要有 3 种类型：线架模型、曲面模型和实体模型，每种模型都有自己的创建和编辑方法。图 7-3 显示了同一种物体的 3 种不同模型，其中图 7-3a 为线架模型，图 7-3b 为曲面模型，图 7-3c 为实体模型。

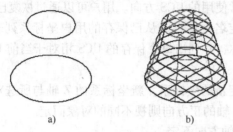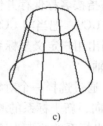

a)   b)   c)

图 7-3　三维模型示例
a）线架模型　b）曲面模型　c）实体模型

7.2.1　绘制线框模型图

三维线框模型就是用多边形线框表示三维对象，它仅由描述三维对象的点、直线和曲线构成，不含表面信息。用户可以通过输入点的三维坐标值，即（X、Y、Z）来绘制直线、多段线和样条曲线等来构造线框模型。

1. 三维直线

（1）调用命令方式

下拉菜单：绘图→直线。

工具栏："绘图"工具栏（"直线"按钮）。

命令：Line 或 L。

（2）功能

绘制一条或连续的二维、三维线段。

（3）操作过程

输入该命令后，命令行提示如下。

> 指定第一点：（输入第一点的坐标值或通过鼠标指定第一点的位置）
> 指定下一点或[放弃(U)]:（输入下一点的坐标值或通过鼠标指定下一点的位置）
> ……
> 指定下一点或[闭合(C)/放弃(U)]：　（按〈Enter〉键结束命令）

需要说明的是，输入点的坐标值应该是 X、Y、Z 的三维坐标值。

2. 三维多段线

（1）调用命令方式

下拉菜单：绘图→三维多段线。

命令：3Dpoly。

（2）功能

绘制三维多段线。

（3）操作过程

输入该命令后，命令行提示如下。

> 指定多段线的起点：（输入第一点的坐标值或通过鼠标指定第一点的位置）
>
> 指定直线的端点或[放弃(U)]：（输入三维多段线下一端点的坐标值或通过鼠标指定下一端点的位置）
>
> ……
>
> 指定直线的端点或[闭合(C)/放弃(U)]：（按〈Enter〉键结束命令）

需要说明的是，3Dpoly 命令只能以固定的宽度绘制三维多段线，而且不能像二维多段线命令一样绘制圆弧。如果用户想对三维多段线进行编辑，可以通过编辑命令 Pedit 来实现。在命令行输入"Pedit"，然后按〈Enter〉键后，命令行提示如下。

> 选择多段线或[多条(M)]：（选择要编辑的三维多段线然后按〈Enter〉键）
>
> 输入选项[闭合(C)/编辑顶点(E)/样条曲线(S)/非曲线化(D)/反转(R)/放弃(U)]：（各选项的功能同二维多段线编辑中的功能一样,不同的是三维多段线的编辑也只能拟合曲线,仍不能改变其宽度）

3. 三维样条曲线

（1）调用命令方式

下拉菜单：绘图→样条曲线。

工具栏："绘图"工具栏 ～ （"样条曲线"按钮）。

命令：Spline。

（2）功能

绘制经过一系列给定点的光滑曲线。

（3）操作过程

输入该命令后，命令行提示如下。

> 指定第一个点或[对象(O)]：（输入第一点的坐标值或单击指定第一点的位置）
>
> 指定下一点：（输入坐标值或通过鼠标指定下一个形值点的位置）
>
> 指定下一点或[闭合(C)/拟合公差(F)]<起点切向>：（输入坐标值或单击指定下一个形值点的位置）
>
> ……
>
> 指定起点切向：（指定起点的切线点）
>
> 指定端点切向：（指定终点的切向点）

4. 绘制三维构造线

三维构造线的绘制与二维构造线的绘制一样，只是其中各选项的含义不同。

（1）调用命令方式

下拉菜单：绘图→构造线。

工具栏："绘图"工具栏 ✗ （"构造线"按钮）。

命令：Xline。

（2）功能

绘制两端无限延长的直线作为绘图的辅助线。

（3）操作过程

输入该命令后，命令行提示如下。

各选项含义如下:

- 水平:绘制一条经过指定点且与当前 UCS 的 X 轴平行的三维构造线。
- 垂直:绘制一条经过指定点且与当前 UCS 的 Y 轴平行的三维构造线。
- 角度:在经过指定点且与当前 UCS 的 XOY 平面平行的平面上,绘制一条经过指定点且与当前 UCS 的 X 轴正方向或指定直线在当前 UCS 的 XOY 平面的投影成给定夹角的三维构造线。
- 二等分:绘制一条平分某一个角度且经过该角顶点的三维构造线。
- 偏移:绘制一条与所选直线平行且相距一定距离的三维构造线。

5. 绘制三维射线

三维射线的绘制与二维射线的绘制一样,用户只需输入三维点即可。

(1) 调用命令方式

下拉菜单:绘图→射线。

命令:Ray。

(2) 功能

绘制二维或三维射线。

(3) 操作过程

输入该命令后,命令行提示如下。

线框模型具有二义性而且没有深度信息,加之不能表达清楚立体表面点的局部属性,因此不便于用作三维几何模型的通用表达式。

7.2.2 绘制表面模型图

三维表面模型使用一系列有连续顺序的棱边围成的封闭区域来定义立体的表面,再由表面的集合来定义实体。即在三维线框模型的基础上增加了面边信息和表面特征信息等内容,这样就能满足消隐、求交、明暗处理和数控加工的要求。

用户可以通过建立三维平面、曲面以及标准三维基本形体的表面来构造表面模型。

1. 绘制三维面

用户可以通过三维面命令来构造三维空间的任意平面,平面的顶点可以是不同的 X、Y、Z 坐标,但是个数不能超过 4 个。

(1) 调用命令方式

下拉菜单:绘图→建模→网格→三维面。

命令:3Dface。

（2）功能

在三维空间中创建三侧面或四侧面的曲面。

（3）操作过程

输入该命令后，命令行提示如下。

指定第一点或［不可见（I）］：（输入第一点坐标或输入"I"用以控制第一点与第二点连线不可见）

指定第二点或［不可见（I）］：（输入第二点坐标或输入"I"用以控制第二点与第三点连线不可见）

指定第三点或［不可见（I）］＜退出＞：（输入第三点坐标或输入"I"或直接按〈Enter〉键以退出操作）

指定第四点或［不可见（I）］＜创建三侧面＞：（输入第四点坐标或输入"I"或直接按〈Enter〉键以创建三边平面）

指定第三点或［不可见（I）］＜退出＞：（输入第三点坐标或输入"I"或直接按〈Enter〉键以退出操作）

指定第四点或［不可见（I）］＜创建三侧面＞：（输入第四点坐标或输入"I"或直接按〈Enter〉键以创建三边平面）

将一直提示用户输入第三点坐标和第四点坐标直至操作结束。其中输入的第四点总是与上一个第三点相连。

2. 绘制三维多边形网格

用户可以指定通过 M 行 N 列的各顶点来创建网格平面。

（1）调用命令方式

命令：3Dmesh。

（2）功能

创建自由形式的多边形网格。

（3）操作过程

输入该命令后，命令行提示如下。

输入 M 方向上的网格数量：（输入 M 方向的网格面的顶点数）

输入 N 方向上的网格数量：（输入 N 方向的网格面的顶点数）

指定顶点（0,0）的位置：（输入第一行、第一列的顶点）

......

指定顶点（0,N-1）的位置：（输入第一行、第 N 列的顶点）

指定顶点（1,0）的位置：（输入第二行、第一列的顶点）

......

指定顶点（1,1）的位置：（输入第二行、第 N 列的顶点）

......

指定顶点（M-1,N-1）的位置：（输入第 M 行、第 N 列的顶点）

需要说明的是，M 和 N 的最大取值为 256，且本命令生成的多边形网格可以用"Pedit"命令进行编辑。

3. 绘制任意拓扑多边形网格

用户也可以在绘图时先输入一些顶点，然后指定每个面由哪些顶点组成的方式来绘制多边形网格，这样就可以生成任意多个不相关的多边形网格表面。用户可以通过在命令行输入"Pface"的方法来调用该命令。调用该命令后，命令行提示如下。

指定顶点 1 的位置：(指定第一个顶点)

指定顶点 2 的位置或 < 定义面 > ：(指定第二个顶点)

……

指定顶点 M－1 的位置或 < 定义面 > ：(指定第 M－1 个顶点)

指定顶点 M 的位置或 < 定义面 > ：(指定第 M 个顶点)

指定顶点 M＋1 的位置或 < 定义面 > ：(按〈Enter〉键)

面 1,顶点 1：

输入顶点编号或[颜色(C)/图层(L)]：I (将顶点 I 分配给面 1 的第一个顶点)

面 1,顶点 2：

输入顶点编号或[颜色(C)/图层(L)] < 下一个面 > ：J (将顶点 J 分配给面 1 的第二个顶点)

……

面 1,顶点 n：

输入顶点编号或[颜色(C)/图层(L)] < 下一个面 > ：K (将顶点 K 分配给面 1 的第 N 个顶点)

面 1,顶点 n＋1：

输入顶点编号或[颜色(C)/图层(L)] < 下一个面 > ：(直接按〈Enter〉键开始输入第二个面的顶点分配)

面 2,顶点 1：

输入顶点编号或 [颜色(C)/图层(L)]：L   (将顶点 L 分配给面 2 的第一个顶点)

……

面 m,顶点 k＋1：

输入顶点编号或[颜色(C)/图层(L)]：   (按〈Enter〉键)

面 m＋1,顶点 1：

输入顶点编号或[颜色(C)/图层(L)]：(按〈Enter〉键绘制出 M 个任意拓扑多边形网格)

需要说明的是，在上述命令中的"颜色/图层"选项可以为当前和以后的面确定颜色和图层。

4. 切换边的可见性

(1) 调用命令方式

命令：Edge。

(2) 功能

更改三维面的边的可见性。

(3) 操作过程

输入该命令后，命令行提示如下。

指定要切换可见性的三维表面的边或[显示(D)]：(提示用户选择三维表面的边界)

各选项含义如下。

- 指定要切换可见性的三维表面的边：用于隐藏边界。
- 显示：用于指定选择隐藏边的显示方式。

5. 设置网格密度

用户可以通过曲线的转换创建近似于物体表面的三维网格。所以，在由曲线通过转换创建曲面的三维网格前，都要设置网格密度，网格划分得越细近似程度越高。用户可以通过在命令行输入"Surftab1"或"Surftab2"来保存创建曲面网格两个方向的网格密度。调用该命令后，命令行将提示：

输入 SURFTAB1 的新值＜默认值＞： （输入相应的数值即可）

6. 旋转曲面

将一轨迹曲线绕一轴旋转，即可生成一个用三维多边形网格表示的曲面，便可使用旋转曲面的命令。

（1）调用命令方式

下拉菜单：绘图→建模→网格→旋转网格。

命令：Revsurf。

（2）功能

通过绕轴旋转轮廓来创建网格。

（3）操作过程

输入该命令后，命令行提示如下。

选择要旋转的对象：
选择定义旋转轴的对象：
指定起点角度＜0＞：
指定包含角（＋＝逆时针，－＝顺时针）＜360＞：

需要说明的是，旋转对象和旋转轴需要事先绘制好。旋转对象可以是线、圆弧、圆、样条曲线等，旋转轴可以是直线或二维多段线、三维多段线等。当旋转轴为多段线时，旋转轴是两个端点的连线。如图 7-4 所示的是由圆弧为旋转对象，由直线为旋转轴，圆弧绕直线旋转 360°所形成的旋转曲面。

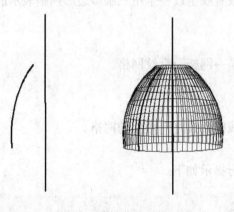

图 7-4 旋转曲面示例图

7. 平移曲面

通过产生一条轮廓曲线和一条方向矢量所确定的，用三维多边形网格表示的曲面，可以使用平移曲面的命令。

（1）调用命令方式

下拉菜单：绘图→建模→网格→平移网格。

命令：Tabsurf。

（2）功能

从沿直线路径扫掠的直线或曲线创建网格。

（3）操作过程

输入该命令后，命令行提示如下。

选择用作轮廓曲线的对象：（选择一条轮廓曲线）

选择用作方向矢量的对象：（选择一条方向矢量）

需要说明的是，轮廓曲线须事先绘制好，可以是线、圆弧、圆、样条曲线等。方向矢量必须是线或非闭合的二维多段线、三维多段线等。当方向矢量为多段线时，方向为两个端点的连线方向。如图 7-5 所示的是由圆弧为轮廓曲线的对象，由直线为方向矢量的对象所形成的平移曲面。

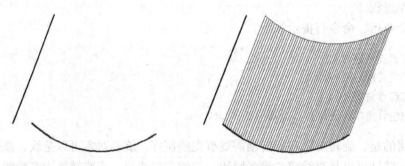

图 7-5　平移曲面示例图

8. 直纹曲面

通过两条指定的曲线或直线生成一个用三维多边形网格表示的曲面，可以使用直纹曲面的命令。

（1）调用命令方式

下拉菜单：绘图→建模→网格→直纹网格。

命令：Rulesurf。

（2）功能

创建用于表示两条直线或曲线之间曲面的网格。

（3）操作过程

输入该命令后，命令行提示如下。

选择第一条定义曲线：

选择第二条定义曲线：

需要说明的是，定义边界的线须事先绘制好，可以是线、圆弧、圆、样条曲线等。方向矢量必须是线或非闭合的二维多段线、三维多段线等。如果其中一条曲线是封闭曲线，另一条曲线也必须是封闭曲线或为一个点。如果曲线非封闭时，直纹曲面总是从曲线上距离拾取点近的一端画出。因此，用同样两条曲线绘制直纹曲面时，如果确定曲线时的拾取位置不同（例如两端点相反），则得到的曲面也不相同，如图 7-6 所示的是由样条曲线和多段线分别为定义的曲线所形成的直纹曲面。其中图 7-6a 为两条曲线，图 7-6b 为拾取点方向相同时形成的直纹曲面，图 7-6c 为拾取点方向不同时形成的直纹曲面。

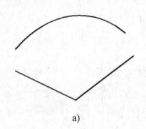 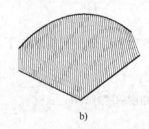 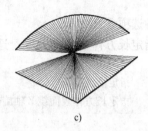

a)   b)   c)

图 7-6　直纹曲面示例图

a）两条曲线　b）拾取点方向相同的曲面　c）拾取点方向不同的曲面

9. 边界曲面

将 4 条首尾相连的边构成一个用三维多边形网格表示的曲面，可以使用边界曲面的命令。

（1）调用命令方式

下拉菜单：绘图→建模→网格→边界网格。

命令：Edgesurf。

（2）功能

在 4 条相邻的边或曲线之间创建网格。

（3）操作过程

调用 Edgesurf 命令后，命令行提示如下。

> 选择用作曲面边界的对象1：
> 选择用作曲面边界的对象2：
> 选择用作曲面边界的对象3：
> 选择用作曲面边界的对象4：

需要说明的是，各边界须事先绘制好，可以是线、圆弧、样条曲线等，且 4 条边必须首尾相连。示例如图 7-7 所示。

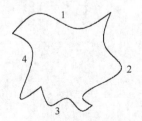 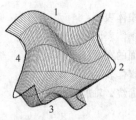

图 7-7　边界曲面示例图

10. 长方体表面

绘制长方体表面可以在命令行输入"AI_Box"，然后按〈Enter〉键。

调用 AI_Box 命令后，命令行提示如下。

> 指定角点给长方体：
> 指定长度给长方体：
> 指定长方体表面的宽度或[立方体(C)]：

各选项含义如下。

指定长方体表面的宽度：选择该项后，命令行提示如下。

> 指定高度给长方体：
> 指定长方体表面绕 Z 轴旋转的角度或[参照(R)]：

立方体（C）：用于创建立方体表面，选择该项后，命令行提示如下。

> 指定长方体表面绕 Z 轴旋转的角度或[参照(R)]：

长方体表面和正方体表面示例如图 7-8 所示。

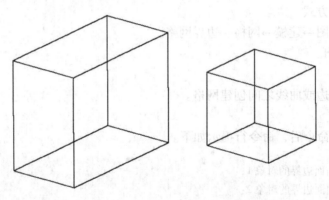

图 7-8　长方体表面和正方体表面示例图

11. 楔体表面

绘制楔体表面可以在命令行输入"AI_Wedge"，然后按〈Enter〉键。

调用 AI_Wedge 命令后，命令行提示如下。

> 指定角点给楔体表面：
> 指定长度给楔体表面：
> 指定楔体表面的宽度：
> 指定高度给楔体表面：
> 指定楔体表面绕 Z 轴旋转的角度：

楔体表面示例如图 7-9 所示。

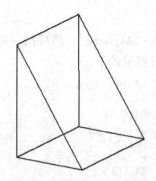

图 7-9　楔体表面示例图

12. 棱锥体

绘制棱锥面可以在命令行输入"AI_Pyramid",然后按〈Enter〉键。

调用 AI_Pyramid 命令后,命令行提示如下。

指定棱锥体底面的第一角点:
指定棱锥体底面的第二角点:
指定棱锥体底面的第三角点:
指定棱锥体底面的第四角点或[四面体(T)]:

各选项含义如下:

指定棱锥体底面的第四角点:选择该项后,命令行提示如下。

指定棱锥体的顶点或[棱(R)/顶面(T)]:

- 指定棱锥体的顶点:用于创建四棱锥体。
- 棱:用于创建人字形棱锥体。
- 顶面:用于创建四棱台表面。

选择"四面体"项后,命令行提示如下。

指定四面体表面的顶点或[顶面(T)]:

- 指定四面体表面的顶点:要求用户指定四面体的四个顶点位置来确定四面体。
- 顶面:要求用户指定四面体的三个点的位置来确定四面体。

棱锥体表面示例如图 7-10 所示。其中,图 7-10a 为四棱台,图 7-10b 为指定顶点的四面体,图 7-10c 为指定顶面的四面体。

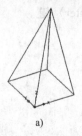

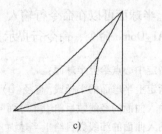

a)　　　　　　　　　　　　b)　　　　　　　　　　　　c)

图 7-10　棱锥体表面示例图

a) 四棱台表面　b) 指定顶点的四面体表面　c) 指定顶面的四面体表面

13. 圆锥面

绘制圆锥面可以在命令行输入"AI_Cone",然后按〈Enter〉键。

调用 AI_Cone 命令后,命令行提示如下。

> 指定圆锥面底面的中心点:
> 指定圆锥面底面的半径或[直径(D)]:
> 指定圆锥面顶面的半径或[直径(D)] <0>:
> 指定圆锥面的高度:
> 输入圆锥面曲面的线段数目<默认值>:

依次按要求输入各项内容,即可创建圆台面或圆锥面。圆锥体表面示例如图7-11所示,其中图7-11a 是圆锥面,图7-11b 是圆台面。

14. 球面

绘制球面可以在命令行输入"AI_Sphere",然后按〈Enter〉键。

调用 AI_Sphere 命令后,命令行提示如下。

> 指定中心点给球面:
> 指定球面的半径或[直径(D)]:
> 输入曲面的经线数目给球面<默认值>:
> 输入曲面的纬线数目给球面<默认值>:

依次按要求输入各项内容,即可创建球面。球体表面示例如图7-12所示。

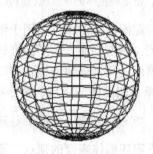

图 7-11 圆锥体表面示例图
a) 圆锥面 b) 圆台面

图 7-12 球体表面示例图

15. 上半球面

绘制上半球面可以在命令行输入"AI_Dome",然后按〈Enter〉键。

调用 AI_Dome 命令,命令行提示如下。

> 指定中心点给上半球面:
> 指定上半球面的半径或[直径(D)]:
> 输入曲面的经线数目给上半球面<默认值>:
> 输入曲面的纬线数目给上半球面<默认值8>:

依次按要求输入各项内容,即可创建上半球面。上半球面示例如图7-13所示。

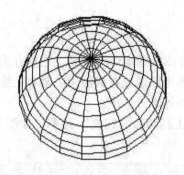
图 7-13　上半球面示例图

16.　下半球面

绘制下半球面可以在命令行输入"AI_Dish"，然后按〈Enter〉键。

调用 AI_Dish 命令后，命令行提示如下。

> 指定中心点给下半球面：
> 指定下半球面的半径或[直径(D)]：
> 输入曲面的经线数目给下半球面 <默认值>：
> 输入曲面的纬线数目给下半球面 <默认值>：

依次按要求输入各项内容，即可创建下半球面。下半球面示例如图 7-14 所示。

17.　圆环面

绘制下半球面可以在命令行输入"AI_Torus"，然后按〈Enter〉键。

调用 AI_Torus 命令后，命令行提示如下。

> 指定圆环面的中心点：
> 定圆环面的半径或[直径(D)]：
> 指定圆管的半径或[直径(D)]：
> 输入环绕圆管圆周的线段数目 <默认值>：
> 输入环绕圆环面圆周的线段数目 <默认值>：

依次按要求输入各项内容，即可创建圆环面。圆环面示例如图 7-15 所示。

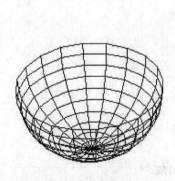
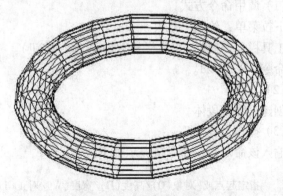

图 7-14　下半球面示例图　　　　　　　图 7-15　圆环面示例图

175

7.2.3 绘制实体模型

三维实体不同于7.2.3节介绍的基本形体表面，它具有质量特征，可以进行质量特征分析、各种编辑操作等。三维实体可以通过系统提供的基本三维实体创建对象来生成，也可以由二维平面图形通过旋转、拉伸等方式生成。

AutoCAD 提供了"建模"工具栏和"建模"菜单，如图 7-16 和图 7-17 所示，用于创建和编辑实体模型。

图 7-16 "建模"工具栏

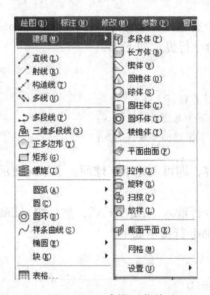

图 7-17 "建模"菜单

1. 多段体

"多段体"命令可以将现有直线、二维多线段、圆弧或圆转换为具有矩形轮廓的实体。多段体可以包含曲线线段，但是默认情况下轮廓始终为矩形。

（1）调用命令方式

下拉菜单：绘图→建模→多段体。

工具栏："建模"工具栏（"多段体"按钮）。

命令：Polysolid。

（2）功能

创建三维多段体。

（3）操作过程

输入该命令后，命令行提示如下。

指定起点或[对象(O)/高度(H)/宽度(W)/对正(J)] <对象>：

各选项含义如下。

- 指定起点：用于指定实体轮廓的起点。
- 对象：用于指定要转换为实体的对象，可以是直线、圆弧、二维多段线、圆。
- 高度：用于指定实体的高度。
- 宽度：用于指定实体的宽度。
- 对正：可以将实体的宽度和高度设置为左对正、右对正或居中。对正方式由轮廓的第一条线段的起始方向决定。

> 指定下一个点或[圆弧(A)/放弃(U)]：

各选项含义如下。

指定下一个点：用于指定实体轮廓的下一点。

圆弧：用于将弧线段添加到实体中。

放弃：用于删除最后添加到实体的弧线段。

> ……
> 指定下一个点或[圆弧(A)/放弃(U)]：

多段体示例如图 7-18 所示。

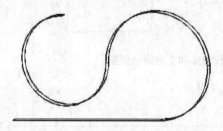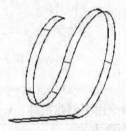

图 7-18　多段体示例图

2. 长方体

"长方体"命令用于创建长方体或立方体。

（1）调用命令方式

下拉菜单：绘图→建模→长方体。

工具栏："建模"工具栏 ▱（"长方体"按钮）。

命令：Box。

（2）功能

创建三维实体长方体。

（3）操作过程

输入该命令后，命令行提示如下。

> 指定长方体的角点或[中心点(CE)] <0,0,0 >：

各选项含义如下。

指定长方体的角点：通过指定对角线来确定立方体的大小。选择此项后，命令行提示如下。

其中，选择"指定角点"时，若两个角点位于不同高度，则自动指定两个点作为长方体的两个对角点创建长方体，若两个角点位于同一高度，则要求用户指定高度，然后以指定的两个点作为长方体底面的两个对角点，按照指定的高度创建长方体。选择"立方体"时，要求用户指定长度，然后按照指定的边长创建正方体。选择"长度"时，要求用户依次指定长度、宽度、高度来创建长方体。

中心点：指定长方体的中心点来确定长方体。选择此项后，命令行提示如下。

长方体示例如图7-19所示。

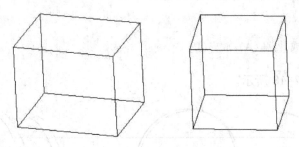

图7-19　长方体和立方体示例图

3. 楔体

"楔体"命令用于创建楔体。

（1）调用命令方式

下拉菜单：绘图→建模→楔体。

工具栏："建模"工具栏 ("楔体"按钮)。

命令：Wedge。

（2）功能

创建三维实体楔体。

（3）操作过程

输入该命令后，命令行提示如下。

各选项含义如下。

指定楔体的第一个角点：默认选项，若指定楔体的第一个角点后，命令行提示：

其中："指定角点"项用于指定另一个角点，若两角点位于同一高度，则要求用户继续指定高度，然后以指定的两个角点作为楔体底面的对角点，按指定高度创建楔体；若两角点

178

位于不同高度，则会根据指定点的位置自动创建楔体。"立方体"选项用于创建底面长度、宽度、高度相等的楔体。"长度"选项通过分别指定楔体的底面长度、宽度、高度来创建楔体。

中心点：通过确定楔体的中心点来确定楔体。

楔体示例如图 7-20 所示。

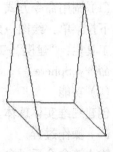

图 7-20　楔体示例图

4. 圆锥体

"圆锥体"命令用于创建底面为圆或椭圆的圆锥体。

（1）调用命令方式

下拉菜单：绘图→建模→圆锥体。

工具栏："建模"工具栏 △（"圆锥体"按钮）。

命令：Cone。

（2）功能

创建三维实体圆锥体。

（3）操作过程

输入该命令后，命令行提示如下。

> 指定底面的中心点或［三点(3P)/两点(2P)/相切、相切、半径(T)/椭圆(E)］：

各选项含义如下：

- 指定底面的中心点：该项是默认选项，用于确定底面的中心点。
- 三点：该选项用于通过指定三个点来定义圆锥体的底面周长和底面。
- 两点：该选项用于通过指定两个点来定义圆锥体的底面直径。
- 相切、相切、半径：该选项用于定义具有指定半径，且与两个对象相切的圆锥体底面。
- 椭圆：该选项用于指定圆锥体的椭圆底面。

> 指定底面半径或［直径(D)］：
> 指定高度或［两点(2P)/轴端点(A)/顶面半径(T)]＜默认值＞：

各选项含义如下：

指定高度：该选项是默认项，用于确定圆锥体的高度值。

两点：该选项用于通过指定圆锥体的高度为两个指定点之间的距离。

轴端点：该选项用于通过指定圆锥体轴的端点位置，轴端点是圆锥体的顶点，或圆台的顶面中心点（"顶面半径"选项），轴端点可以位于三维空间的任何位置，它定义了圆锥体的长度和方向。

顶面半径：该选项用于创建圆台时指定圆台的顶面半径。

需要说明的是，可以用"ISOLINES"命令指定对象上每个面的轮廓线数目，有效整数值范围为 0~2047。

圆锥体和圆台体示例如图 7-21 所示。

5. 球体

"球体"命令用于创建球体。

（1）调用命令方式

下拉菜单：绘图→建模→球体。

工具栏："建模"工具栏 （"球体"按钮）。

命令：Sphere。

（2）功能

创建三维实体球体。

（3）操作过程

输入该命令后，命令行提示如下。

图7-21　圆锥体和圆台体示例图

指定中心点或［三点(3P)/两点(2P)/相切、相切、半径(T)］:

各选项含义如下：

- 指定中心点：该选项是默认项，用于确定球体的中心点。
- 三点：该选项用于通过在三维空间的任意位置指定3个点来定义球体的圆周，3个指定点也可以定义圆周平面。
- 两点：该选项用于通过在三维空间的任意位置指定两个点来定义球体的圆周，第一个点的Z值定义圆周所在平面。
- 相切、相切、半径：该选项用于通过指定半径定义可与两个对象相切的球体。

指定半径或［直径(D)］＜默认值＞:

球体示例如图7-22所示。

6. 圆柱体

"圆柱体"命令用于创建圆柱体。

（1）调用命令方式

下拉菜单：绘图→建模→圆柱体。

工具栏："建模"工具栏 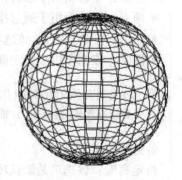（"圆柱体"按钮）。

命令：Cylinder。

（2）功能

创建三维实体圆柱体。

（3）操作过程

输入该命令后，命令行提示如下。

图7-22　球体示例图

指定底面的中心点或［三点(3P)/两点(2P)/相切、相切、半径(T)/椭圆(E)］:

各选项含义如下。

- 指定底面的中心点：该选项是默认项，用于确定圆柱体底面的中心点。
- 三点：该选项用于通过指定3个点来定义圆柱体的底面周长和底面。
- 两点：该选项用于通过指定两个点来定义圆柱体的底面直径。
- 相切、相切、半径：该选项用于定义具有指定半径，且与两个对象相切的圆柱体底面。

● 椭圆：该选项用于指定圆柱体的椭圆底面。

各选项含义如下：

指定高度：该选项是默认项，用于确定圆柱体的高度值。

两点：该选项用于指定圆柱体的高度为两个指定点之间的距离。

轴端点：该选项用于指定圆柱体轴的端点位置，轴端点是圆柱体的顶面中心点，可以位于三维空间的任何位置，它定义了圆柱体的长度和方向。

圆柱体示例如图 7-23 所示。

图 7-23　圆柱体示例图

7. 圆环体

"圆环体"命令用于创建圆环体。

（1）调用命令方式

下拉菜单：绘图→建模→圆环体。

工具栏："建模"工具栏◎（"圆环体"按钮）。

命令：Torus。

（2）功能

创建三维圆环体。

（3）操作过程

输入该命令后，命令行提示如下。

各选项含义如下。

● 指定中心点：默认选项，用于确定圆环体的中心点。

● 三点：该选项用于用指定的 3 个点定义圆环体的圆周，3 个指定点也可以定义圆周所在平面。

● 两点：该选项用于用指定的两个点定义圆环体的圆周，第一个点的 Z 值定义圆周所在平面。

● 相切、相切、半径：该选项用于使用指定半径定义可与两个对象相切的圆环体，指定的切点将投影到当前 UCS。

需要说明的是，当圆管半径小于圆环半径时，绘出的圆环体如图 7-24a 所示；当圆管半径大于圆环半径时，则圆环中心不再有中心孔，如图 7-24b 所示；当圆环半径为负值，圆管半径为正值时，则创建出的实体为橄榄球状，如图 7-24c 所示。

8. 螺旋

"螺旋"命令用于创建二维螺旋或三维螺旋。

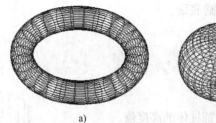
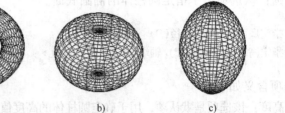

a)   b)   c)

图7-24　圆环体示例图

a）圆管半径小于圆环半径　b）圆管半径大于圆环半径　c）圆环半径为负值，圆管半径为正值

（1）调用命令方式

下拉菜单：绘图→螺旋。

工具栏："建模"工具栏![螺旋]（"螺旋"按钮）。

命令：Helix。

（2）功能

创建二维螺旋或三维弹簧。

（3）操作过程

输入该命令后，命令行提示如下。

> 圈数＝3(默认)扭曲＝逆时针(默认)
>
> 指定底面的中心点：
>
> 指定底面半径或[直径(D)]＜默认值＞：（指定底面半径、输入d指定直径或按〈Enter〉键指定默认的底面半径值）
>
> 指定顶面半径或[直径(D)]＜默认值＞：（指定顶面半径、输入d指定直径或按〈Enter〉键指定默认的顶面半径值）
>
> 指定螺旋高度或[轴端点(A)/圈数(T)/圈高(H)/扭曲(W)]＜默认值＞：（指定螺旋高度或输入选项）

各选项含义如下：

● 轴端点：该选项用于指定螺旋轴的端点位置。轴端点可以位于三维空间的任意位置，它定义了螺旋的长度和方向。

● 圈数：该选项用于指定螺旋的圈（旋转）数，螺旋的圈数不能超过500。

● 圈高：该选项用于指定螺旋内一个完整圈的高度。

● 扭曲：该选项用于指定以顺时针（CW）方向还是逆时针方向（CCW）绘制螺旋，默认值是逆时针。

螺旋示例如图7-25所示。

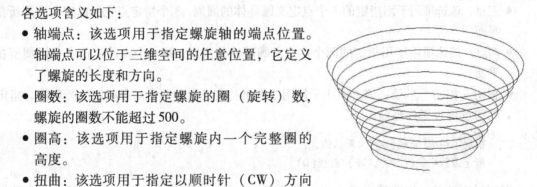

图7-25　螺旋示例图

7.3 绘制轴测图

轴测图是模拟三维立体的二维图形，所以在本质上，轴测图属于平面图形。由于轴测图创建比较简单，不需要三维作图知识，同时具有立体感强的特点，所以在工程中应用较广。下面介绍轴测图的绘制方法。

7.3.1 轴测图模式

轴测图应该在执行轴测投影模式后进行绘制。AutoCAD 提供了 ISOPLANE 空间，用于轴测图绘制，用户可以通过单击"工具"菜单下的"草图设置"命令，在"草图设置"对话框中选择"捕捉和栅格"选项卡，设置"捕捉类型和样式"选项组中的"等轴测捕捉"为当前模式。

图 7-26　等轴测
平面示例

设置成"等轴测"作图模式后，屏幕上的十字光标看上去处于等轴测平面上。等轴测平面有 3 个，即为左侧、右侧、上面，如图 7-26 所示。

有以下两种方式在不同的等轴测平面间转换。

方法一：在命令行输入"ISOPLANE"，然后按〈Enter〉键。

方法二：使用〈Ctrl + E〉或〈F5〉键来进行快速切换。

调用 Isoplane 命令后，命令行提示：

输入等轴测平面设置[左(L)／上(T)／右(R)]〈上〉：(选择等轴测平面)

利用〈Ctrl + E〉或〈F5〉键来进行快速切换时，3 个等轴测平面的光标显示如图 7-27 所示。

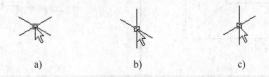

a)　　　　　　　　b)　　　　　　　　c)

图 7-27　3 个等轴测平面的光标显示示例
a) 上面　b) 左侧　c) 右侧

7.3.2 轴测图绘制

绘制处于等轴测平面上的图形时，应该使用正交模式绘制直线并使用圆和椭圆中的等轴测选项来绘制圆和椭圆，也可以通过指定极轴角度的方式绘制直线。

绘制圆和椭圆时，只有在等轴测模式下才会出现相应的等轴测选项。绘制等轴测圆、圆弧以及椭圆的命令都是"椭圆"。

7.3.3 轴测图注写文字

轴测图注写文字必须设置倾斜和旋转角度才能看上去处于等轴测面上，而且设置的角度应该是 30°和 – 30°。

在左等轴测面上设置文字的倾斜角度为 – 30°，旋转角度为 – 30°。

在右等轴测面上设置文字的倾斜角度为30°，旋转角度为30°。

在上等轴测面上设置文字的倾斜角度为 -30°，旋转角度为30°，或者倾斜角度为30°，旋转角度为 -30°。

7.3.4　轴测图标注尺寸

用户若要使轴测图上标注的尺寸位于轴测平面上，可以遵循以下操作：

① 设置专用的轴测图标注文字样式，分别倾斜30°和 -30°。

② 使用 Dimalign 或 Dimlinear 命令标注尺寸。

③ 使用 Dimedit 命令的 Oblique 选项改变尺寸标注的角度使尺寸位于等轴测平面上。设置角度时可以通过端点捕捉，也可以直接输入角度。

7.4　实训

【实训7-1】绘制如图7-28所示的图形。

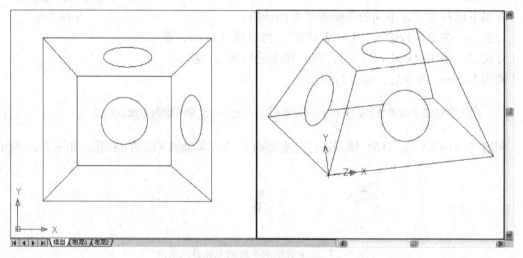

图 7-28　实训 7-1 例图

操作步骤：

① 通过调用"Elev"命令改变标高值来绘制不同标高上的实体，或者直接使用绘制棱台的命令来绘制四棱台。

② 通过分别建立适当的 UCS 坐标系来绘制棱台不同表面的圆。

【实训7-2】绘制如图7-29所示的图形。

操作步骤：

① 从"草图设置"对话框中设置"等轴测捕捉"为当前模式。

② 将等轴测平面调整成"等轴测平面 上"，调用直线命令，指定一点，并将光标移向长方体宽的方向，输入80，按〈Enter〉键；将光标移向长方体长的方向，输入100，按〈Enter〉键；按〈Ctrl + E〉键，"等轴测平面 右"将光标移动到表示长方体高度的方向，输入20，按〈Enter〉键，然后结束直线命令，如图7-30a所示。

184

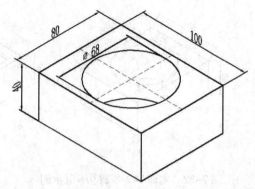

图 7-29 实训 7-2 例图

③ 分别以长方体长边上两点为基点和位移第二点，复制长方体宽边直线。同样方法可以将各边直线按图 7-30b 所示复制。

④ 绘制二条中心线，如图 7-30c 所示。

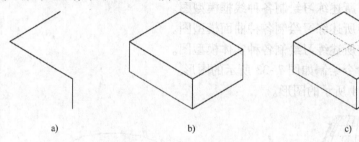

图 7-30 实训 7-2 步骤②~④示例

⑤ 调用"椭圆"命令后，选择"绘制等轴测圆"选项，以两条中心线交点为圆心，绘制半径为 34 的圆，如图 7-31a 所示。

⑥ 向下复制一个椭圆，以长方体的高为位移距离，如图 7-31b 所示。

⑦ 修剪底圆孔的不可见部分，如图 7-31c 所示。

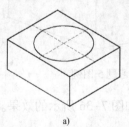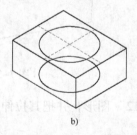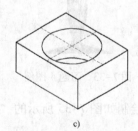

图 7-31 实训 7-2 步骤⑤~⑦示例

⑧ 新建一种文字样式，其倾斜角为 30°；同样再新建另外一种文字样式，其倾斜角为 -30°。

⑨ 采用"对齐"方式，选择倾斜角为 30°的文字样式，标注长方体的宽和圆直径，如图 7-32a 所示。

⑩ 采用"对齐"方式，选择倾斜角为 -30°的文字样式，标注长方体的长和高，如图 7-32b 所示。

⑪ 选择"标注"→"倾斜"命令，设置"倾斜"的标注编辑类型，选取尺寸"Φ68"，以长方体长的方向确定倾斜角度，用同样方法可以调整其他尺寸的方向，结果如图 7-32c 所示。

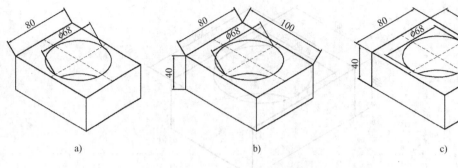

a)   b)   c)

图 7-32   实训 7-2 步骤⑨～⑪示例

7.5   上机操作与思考题

1. 按照 7.2.1 节所述练习绘制各种线框模型图。
2. 按照 7.2.3 节所述练习绘制各种曲面模型图。
3. 按照 7.2.4 节所述练习绘制各种实体模型图。
4. 用旋转网格命令绘制如图 7-33 所示的图形。
5. 绘制如图 7-34 所示的图形。

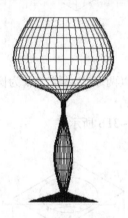

图 7-33   习题 4 图例

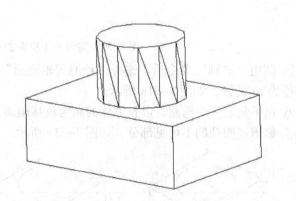

图 7-34   习题 5 图例

6. 绘制如图 7-35 所示的 "2012" 图形, 并把其拉伸成如图 7-36 所示的效果。

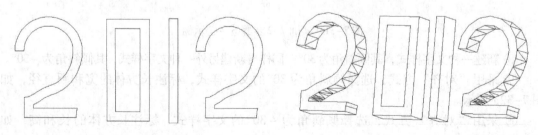

图 7-35   习题 6 图例   图 7-36   拉伸效果

第 8 章　显示和编辑三维图形

通过本章的学习，读者应掌握应用布尔运算和实体编辑命令绘制各类实体的方法，能根据要求动态观察三维实体。

8.1　三维显示

绘制三维图形时，为了便于从不同角度查看图形和对所绘制的图形进行修改，AutoCAD 提供了不同的视图方式和编辑工具。为了绘图方便，AutoCAD 提供了强大的三维立体显示功能。用户可以通过各种视角来观察所绘制的三维图形，随时查看绘图效果，以便及时进行调整和修改。

8.1.1　设置视点

视点是指用户在三维空间观察三维模型的位置。视点的 X、Y、Z 坐标确定了一个由原点发出的矢量，即观察方向。由视点沿矢量方向向原点看去所见到的图形即视图。在一个选定的视点上，用户可以添加新对象，编辑已有的对象或消隐。

1. 通过设置观察三维对象的视点来改变视图

（1）调用命令方式

下拉菜单：视图→三维视图→视点。

命令：Vpoint。

（2）功能

通过设置观察三维对象的视点来改变视图。

（3）操作过程

调用该命令后，命令行提示如下。

> 当前视图方向：VIEWDIR = 0.0000,0.0000,1.0000
> 指定视点或[旋转(R)]<显示坐标球和三轴架>：

执行此命令后，屏幕显示出坐标球和三轴架，如图 8-1 所示。

提示中各选项的含义如下。

● 指定视点：输入一个三维点来定义视图方向。

● 旋转：分别指定视点方向在 XOY 平面上的投影与 X 轴正向的夹角，以及视点方向与其在 XOY 平面上的投影之间的夹角来确定视点。

● 显示坐标球和三轴架：系统默认选项。用户可以直接用鼠标单击坐标球内一点来选定视点，三轴架代表 X、Y、Z 轴的方向。当用户相对于坐标球移动十字光标时，三轴架自动调整来显示 X、Y、Z 轴所对应的方向。坐标球中心点坐标为 (0,0,1) 相当于视点位于 Z 轴上；内环坐标为 (n, n, 0)，当十字光标位于内环以内时，相当于视点位于上半球体；外环坐标为 (0, 0, −1)，当十字光标位于内外环之间时，相当于视点位于下半球体。

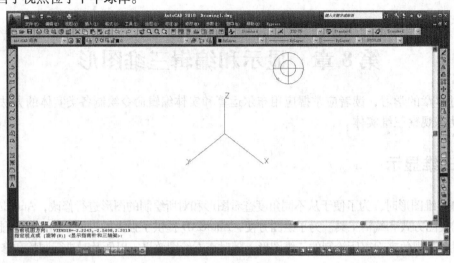

图 8-1 坐标球与三轴架

2. 在"视点预设"对话框中确定视点

用户也可以在"视点预设"对话框内通过设置视点方向在 XOY 平面上的投影与 X 轴正向的夹角和与 XOY 平面间的夹角来确定视点，如图 8-2 所示。

（1）调用命令方式

下拉菜单：视图→三维视图→视点预设。

命令：Ddvpoint。

（2）功能

通过设置视点方向在 XOY 平面上的投影与 X 轴正方向夹角和与 XOY 平面间夹角来设置视点。

（3）操作过程

调用该命令后，弹出如图 8-2 所示的"视点预置"对话框。用户可以单击直接在图中设置角度，也可以直接在角度框中输入角度值来设置。如果单击"设置为平面视图"按钮，则将视点设置为按当前 UCS 平面显示。

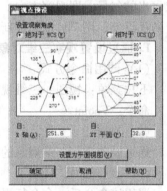

图 8-2 "视点预设"对话框

8.1.2 设置视口

视口是图形屏幕上用于绘制、显示图形的区域。通常情况下，用户总是把整个绘图区作为一个视口，但是在三维绘图时，常常要把绘图区分割成几个视口，每个视口相对独立，在每个视口中设置不同的视点，从而可以便于描述物体和对物体进行操作。多视口可在不同的视口中分别建立主视图、俯视图、左视图、右视图、仰视图、后视图和等轴测图（AutoCAD 提供有 4 种等轴测图：西南等轴测、东南等轴测、东北等轴测和西北等轴测，分别用于将视口设置成从 4 个方向观察的等轴测图）。无论在哪一个视口中绘制和编辑图形，其他视口中也会相应产生图形和编辑图形。

（1）调用命令方式

下拉菜单：视图→视口→新建视口。

工具栏："视口"工具栏▦（显示"视口"对话框按钮）。

命令：Vports。

（2）功能

创建平铺视口。

（3）操作过程

调用该命令后，弹出如图8-3所示的"视口"对话框。

该对话框中的"新建视口"选项卡用于创建视口。各选项含义如下。

- 新名称：用于输入新创建的视口名称。
- 标准视口：列表中列出用户可以使用的标准视口配置。
- 应用于：在该框中可以选择将新视口应用于整个屏幕或当前视口。
- 设置：在该框中可以设置二维或三维方式。
- 预览：显示用户选择的视口配置及每个视口的视图。
- 修改视图：在该下拉列表框中可以选择一个视图代替所选的视口原视图。

在"视口"对话框中的"新名称"文本框中输入新建视口的名称，然后在"标准视口"列表框中选择所需的视口，该视口的形式将显示在右边的"预览"框中，如图8-4所示。给每个视口分别设置一种视图或者一种等轴测图。

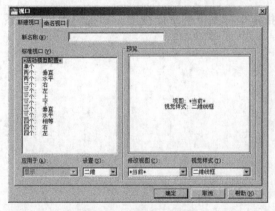

图8-3 "视口"对话框

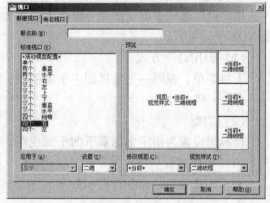

图8-4 新建"视口"示例

首先，在"设置"下拉列表框中选择"三维"选项，在"预览"框中会看到每个视口已自动分配了一种视图。若这种设置不是所希望的，可用下列方法重新设置：在需要重新设置视图的视口中单击，将该视口设置为当前视口（黑色边框，高亮显示），然后从"修改视图"下拉列表框中选择一项，该视口将被设置成所选择的视图或等轴测图，如图8-5所示。

若需要，可再选择另一视口，用相同的方法重新进行设置。修改完成后，单击"视口"对话框中的"确定"按钮，退出该对话框，完成平铺

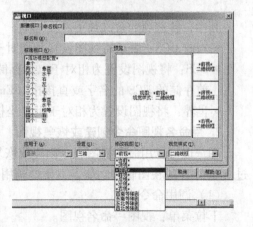

图8-5 修改视图示例

视口的创建。

在图 8-3 所示的"视口"对话框中选择"命名视口"选项卡或选择"视图"菜单下"视口"子菜单的"命名视口"命令,将弹出如图 8-6 所示的"命名视口"选项卡。在该选项卡的"命名视口"列表中列出当前所有命名的视口配置。选择命名视口后,AutoCAD将此视口配置作为当前视口配置,并在右边的预览框中显示出该视口的配置情况。

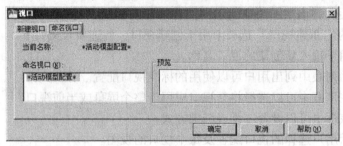

图 8-6 "命名视口"选项卡

8.1.3 平面视图

1. 通过平面视图命令设置平面视图

用户可以通过平面视图命令将视图设置为指定坐标系下的平面视图,即视图面与坐标系的 XOY 平面平行。

(1)调用命令方式

下拉菜单:视图→三维视图→平面视图。

命令:Plan。

(2)功能

将视图设置为指定坐标系下的平面视图。

(3)操作过程

调用该命令后,命令行提示如下。

输入选项[当前 UCS(C)/UCS(U)/世界(W)] < 当前 UCS >:

其中,各选项的含义如下。

- 当前 UCS:表示将视图设置为相对于当前 UCS 的平面视图。
- UCS:将视图设置为相对于以前存储的 UCS 的平面视图,执行该选项后,用户输入以前存储的 UCS 的名字或直接按〈Enter〉键列出所有的 UCS,以便选择。
- 世界:将视图设置为相对于世界坐标系的平面视图。

2. 用命名视图命令创建或恢复视图

用户也可以用命名视图命令创建或恢复视图。即用户可以创建多个视图并进行存储,通过 AutoCAD 的视图管理功能,方便地调用这些视图,加快绘图速度,提高工作效率。

(1)调用命令方式

下拉菜单:视图→命名视图。

工具栏:"视图"工具栏 ("命名视图"按钮)。

命令: View 或 Ddview。

(2) 功能

创建或恢复视图。

(3) 操作过程

调用该命令后, 弹出如图 8-7 所示的 "视图管理器" 对话框。

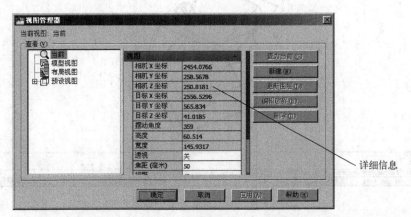

图 8-7 "视图管理器" 对话框

在图 8-7 所示的 "视图管理器" 对话框可用于创建、设置、更名、删除命名视图 (包括模型命名视图、相机视图)、布局视图和预设视图。单击一个视图可以显示该视图的特性。在其列表框中列出当前视图以及已经保存的视图。

8.1.4 三维动态显示

图形的动态显示和观察可以通过 AutoCAD 提供的一些命令来实现。

动态显示命令 "Dview" 是运用照相机的成像原理设置查看三维对象的视图。

(1) 调用命令方式

命令: Dview。

(2) 功能

设置查看三维对象的视图。

(3) 操作过程

调用该命令后, 命令行提示如下。

> 选择对象或 <使用 DVIEWBLOCK>:

选择对象或直接按〈Enter〉键后, 屏幕将出现一个房子的模型, 如图 8-8 所示。

此时, AutoCAD 设置一个辅助目标, 用户可以直接用房子的视图显示来代替目标进行操作。操作完成后, 该视图显示的视点方向自动直接应用到用户想要显示的目标。命令行提示:

> 输入选项 [相机 (CA)/目标 (TA)/距离 (D)/点 (PO)/平移 (PA)/缩放 (Z)/扭曲 (TW)/剪裁 (CL)/隐藏 (H)/关 (O)/放弃 (U)]:

各选项含义如下。

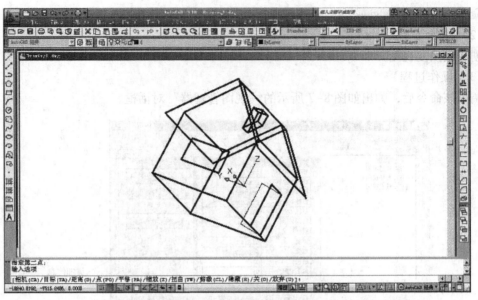

图 8-8　辅助目标显示示例图

相机：使照相机绕着目标旋转来确定视图显示。选择该选项后，命令行提示：

指定相机位置,输入与 XY 平面的角度,或[切换角度单位(T)]:

此时用户可以用鼠标选定一个点以确定相机位置，或者输入相机与 XY 平面的夹角（范围：-90°~90°）。当用户选择"切换角度单位（T）"时，命令行提示：

指定相机位置,输入在 XY 平面与 X 轴的角度,或[切换角度单位(T)]:

要求用户选定一个点以确定相机位置，或者输入相机在当前 UCS 的 XOY 平面内相对于 X 轴正方向的夹角。

目标：使目标绕着相机旋转以确定视图的显示。选择该选项后，命令行提示：

指定相机位置,输入与 XY 平面的角度,或[切换角度单位(T)] < -90.0000 >:

以上各项提示与"相机（CA）"的含义相同。

距离：用于设置目标点与相机之间的距离，距离越小，图形显示越大。选择该项后，屏幕上方将出现一个调整杆，如图 8-9 所示。用户可以直接输入相机到目标的距离或者在调整杆上指定一个距离即可。调整杆上的 nX 表示新距离是原距离的多少倍。

点：用户通过输入点的坐标来确定目标和相机的位置。选择该选项后，命令行提示：

指定目标点 < 缺省值 >:
指定相机点 < 缺省值 >:

当用户指定坐标点后，屏幕上出现一条以目标点为起点的可拉动直线，此直线用于帮助用户确定相机的坐标位置。用户输入相机坐标点后将重新生成反映当前新设置的视点的视图。

192

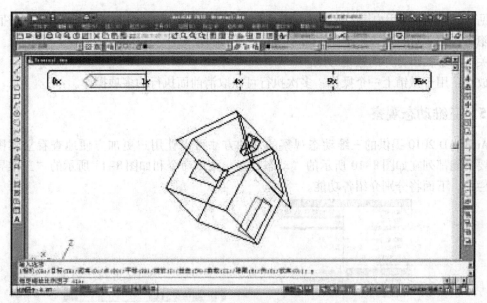

图 8-9　调整距离示例图

平移：用于平移视图，此操作对图形没有任何影响。选择该选项后，命令行提示：

> 指定位移基点：
> 指定第二点：

输入位移基点和第二点后，图形在新的位置显示。用户也可以直接在屏幕上拖动鼠标来平移图像。

缩放：用于对图形进行放大或缩小处理。如果在透视模式，则调整相机焦距，命令行提示：

> 指定镜头长度 < 缺省值 >：

当透视模式没有打开时，命令行提示：

> 指定缩放比例因子 < 1 >：

扭曲：用于将视图绕视线方向旋转，类似于转动相机看到的视图变化效果。选择该选项后，命令行提示：

> 指定视图扭曲角度 < 缺省值 >：

剪裁：用于用平面剪裁对象，剪裁平面垂直于相机到目标之间的连线，可以放置在任何地方。选择该选项后，命令行提示：

> 输入剪裁选项[后向（B）/前向（F）/关（O）] < 关 >：

其中，"向后"用于执行后剪裁，指剪裁平面后面的图形部分将成为不可见。要求用户输入剪裁平面到目标点之间的距离，输入正值时，剪裁平面位于相机到目标点之间；输入负值时，剪裁平面位于目标点之后。"向前"用于执行前剪裁，即剪裁平面前面的图形部分将成为不可见。同样也要求用户输入剪裁平面到目标点之间的距离。"关"选项用于关闭剪裁平面。

隐藏：用于对图形进行消隐，将不可见的线进行隐藏。

关：用于关闭打开的透视方式。

放弃：用于撤销上一个操作。多次执行可以取消前面执行的多项操作。

8.1.5 三维动态观察

AutoCAD 2010 提供的三维动态观察的几种方法可以让用户更加方便地查看立体图形。其主要功能都列在如图 8-10 所示的"动态观察"菜单命令和如图 8-11 所示的"三维导航"工具栏中。下面将分别介绍各功能。

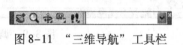

图 8-10 "动态观察"菜单 　　　　图 8-11 "三维导航"工具栏

1. 三维平移

（1）调用命令方式

工具栏："三维导航"工具栏 （"三维平移"按钮）。

命令：3Dpan。

（2）功能

用于实时平移视图。

（3）操作过程

调用该命令后，按住鼠标左键并拖动，可以移动图面查看其他的区域。要结束该功能时，按〈Esc〉键即可。此功能与前面介绍的"实时平移"功能相似，所不同的是，当视图为透视视图时，只能使用"三维平移"功能，而不能使用"实时平移"功能。

2. 三维缩放

（1）调用命令方式

工具栏："三维导航"工具栏 （"三维缩放"按钮）。

命令：3Dzoom。

（2）功能

用于实时缩放视图。

（3）操作过程

调用该命令后，在图面上按住鼠标左键并向上拖动时图形会放大，按住鼠标左键并向下拖动时图形会缩小。要结束该功能时，按〈Esc〉键即可。此功能与前面介绍的"实时缩放"功能相似，所不同的是，当视图为透视视图时，只能使用"三维缩放"功能，而不能使用"实时缩放"功能。

3. 受约束的动态观察

（1）调用命令方式

下拉菜单：视图→动态观察→受约束的动态观察。

工具栏:"三维导航"工具栏 （"受约束的动态观察"按钮）。

命令:3Dorbit。

（2）功能

沿 XY 平面或 Z 轴约束三维动态观察。

（3）操作过程

调用该命令后,视图的目标将保持静止,而相机的位置（或视点）将围绕目标移动。但是,从用户的视点看起来就像三维模型正在随着鼠标拖动而旋转。用户可以以此方式指定模型的任意视图。如果水平拖动光标,相机将平行于世界坐标系（WCS）的 XY 平面移动。如果垂直拖动光标,相机将沿 Z 轴移动。

4. 自由动态观察

（1）调用命令方式

下拉菜单:视图→动态观察→自由动态观察。

命令:3Dforbit。

（2）功能

允许用户沿任意方向进行动态观察。

（3）操作过程

调用该命令后,将激活三维动态观察器,如图 8-12 所示。

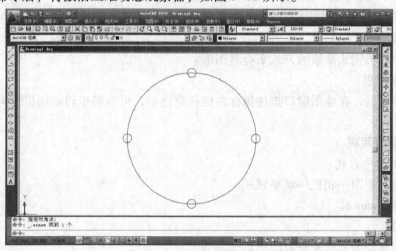

图 8-12　三维动态观察器

用户在绘图窗口按住鼠标左键并拖动,就可以将图形任意旋转。当拖动鼠标旋转图形时,有以下 4 种方式。

- 当光标在大圆内移动时,光标形状会变成一个两条相关的椭圆箭头符号,如果按住鼠标左键拖动,可以绕着图形对象自由移动。
- 当光标在大圆外移动时,光标形状会变成一个圆箭头,如果按住鼠标左键拖动,视图会绕着通过大圆中心且垂直于屏幕的轴移动。
- 当移动光标到大圆左侧或右侧的小圆时,光标形状会变成一个水平椭圆,如果按住鼠标左键拖动,视图会绕着通过大圆中央的垂直轴或 Y 轴移动。
- 当移动光标到大圆顶端或底端的小圆时,光标形状会变成一个垂直椭圆,如果按住鼠标标左键拖动，视图会绕着通过大圆中央的水平轴或 X 轴移动。

5. 三维连续观察

（1）调用命令方式

下拉菜单：视图→动态观察→连续动态观察。

命令：3Dcorbit。

（2）功能

连续地将三维对象旋转不同的角度进行观察。

（3）操作过程

调用该命令后，在绘图窗口按住鼠标左键任意拖动，再放开鼠标时，对象在指定的方向上继续进行它们的轨迹运动。光标移动的速度决定了对象的旋转速度，并可通过再次单击拖动来改变连续观察的方向。

三维连续观察与三维动态观察器的功能相似。但是三围连续观察可以自动、连续地旋转图形对象进行观察。

6. 三维旋转

（1）调用命令方式

下拉菜单：视图→相机→回旋。

工具栏："三维导航"工具栏（"回旋"按钮）。

命令：3Dswivel。

（2）功能

模拟转动相机镜头取景的方式来查看图形。

（3）操作过程

调用该命令后，在绘图窗口按住鼠标左键任意拖动，可以模拟转动相机镜头取景的方式来查看图形。

7. 三维调整距离

（1）调用命令方式

下拉菜单：视图→相机→调整视距。

命令：3Ddistance。

（2）功能

模拟相机移动的方式来查看图形。

（3）操作过程

调用该命令后，在绘图窗口按住鼠标左键任意拖动，可以模拟相机移动的方式，通过接近或远离图形对象的方式放大或缩小图形显示。

8. 漫游

（1）调用命令方式

下拉菜单：视图→漫游和飞行→漫游。

工具栏："三维导航"工具栏或"漫游和飞行"工具栏（"漫游"按钮）。

命令：3Dwalk。

（2）功能

模拟在三维图形中漫游。

（3）操作过程

调用该命令后，在当前视口中激活漫游模式。在键盘上，使用 4 个方向键或〈W〉（前）、〈A〉（左）、〈S〉（后）和〈D〉（右）键和鼠标来确定漫游的方向。若用户要指定视图的方向，则可以沿要进行观察的方向拖动鼠标。

9. 飞行

（1）调用命令方式

下拉菜单：视图→漫游和飞行→飞行。

工具栏："漫游和飞行"工具栏 ✥（"飞行"按钮）。

命令：3Dfly。

（2）功能

模拟在三维图形中飞行。

（3）操作过程

调用该命令后，在当前视口中激活飞行模式。可以离开 XY 平面，就像在模型中飞越或环绕模型飞行一样。在键盘上，使用 4 个方向键或〈W〉（前）、〈A〉（左）、〈S〉（后）、〈D〉（右）键和鼠标来确定飞行的方向。

8.2 着色、消隐与渲染

三维曲面对象或三维实体对象都可以进行着色和渲染，以对所绘制的三维形体进行颜色处理，从而获得三维形体更加真实的效果。

用户可以通过"视图"→"视觉样式"和"渲染"子菜单中的各选项，或者单击如图 8-13 所示的"视觉样式"工具栏和"渲染"工具栏中相应的按钮来调用着色或渲染命令。

图 8-13 "视觉样式"工具栏和"渲染"工具栏

8.2.1 视觉样式

AutoCAD 中的着色操作用于设置三维对象在绘图窗口中的显示模式。着色处理后，物体将一直保持着色状态，直到用户输入新的命令重新生成视图为止。

（1）调用命令方式

命令：Shademode。

（2）功能

设置三维对象在当前视口中的显示模式。

（3）操作过程

调用该命令后，命令行提示如下。

输入选项［二维线框（2）/三维线框（3）/三维隐藏（H）/真实（R）/概念（C）/其他（O）］＜当前着色模式＞：

选择不同选项后可设置为不同的着色模式。其中，各选项含义如下。

二维线框：将着色模式设置为"二维线框"模型。用户也可以通过以下方式调用该命令。

- 下拉菜单：视图→视觉样式→二维线框。
- 工具栏："视觉样式"工具栏 ⬚（"二维线框"按钮）。

当着色模式设置为"二维线框"模式时，将用直线和曲线代替物体边界来显示，光栅和链接目标以及线形等均可见。

三维线框：将着色模式设置为"三维线框"模型。用户也可以通过以下方式调用该命令。

- 下拉菜单：视图→视觉样式→三维线框。
- 工具栏："视觉样式"工具栏 ⊗（"三维线框"按钮）。

当着色模式设置为"三维线框"模式时，屏幕左下角的 UCS 图标将变成阴影三维 UCS 图标。同时，将用直线和曲线代替物体边界来显示，光栅和链接目标以及线形等均不可见。

三维隐藏：将着色模式设置为"消隐"模型。用户也可以通过以下方式调用该命令。

- 下拉菜单：视图→视觉样式→三维隐藏。
- 工具栏："视觉样式"工具栏 ⊘（"三维隐藏"按钮）。

当着色模式设置为"消隐"模式时，在用三维线框表现物体的同时消去掉隐藏线。

真实：将着色模式设置为"真实视觉样式"模型。用户也可以通过以下方式调用该命令。

- 下拉菜单：视图→视觉样式→真实。
- 工具栏："视觉样式"工具栏 ⬤（"真实样式"按钮）。

当着色模式设置为"真实视觉样式"模式时，在对物体进行体着色的同时，将对物体的边缘呈高亮显示。

概念：将着色模式设置为"概念视觉样式"模型。用户也可以通过以下方式调用该命令。

- 下拉菜单：视图→视觉样式→概念。
- 工具栏："视觉样式"工具栏 ⬤（"概念"按钮）。

当着色模式设置为"概念视觉样式"模式时，对物体的多边形面进行阴影着色的同时，将对物体的边缘进行平整。此命令可以增强物体的真实感和平滑度。

8.2.2 消隐

在绘图过程中，如果要删除单个物体中不可见的轮廓线，或者在有多个物体时，要删除被前面的物体遮挡的线段，用户可以通过消隐的命令实现。

（1）调用命令方式

下拉菜单：视图→消隐。

工具栏："渲染"工具栏 ⬛（"隐藏"按钮）。

命令：Hide。

（2）功能

创建二维图形的三维视图时，消除被其他对象遮盖的隐藏线。

（3）操作过程

调用该命令后，将自动完成消隐操作。当前设置的
着色模式不同，消隐的结果也不同。当前设置为"二
维线框"着色模式下的消隐操作不改变着色模式，而
当前设置为其他模式时，消隐操作的显示效果与"消
隐"着色模式下的显示效果相同，并将着色模式自动
设置为"消隐"着色模式。

消隐操作前后的对比效果如图 8-14 所示。

消隐前的效果　　　　　　消隐后的效果

图 8-14　消隐操作前后的对比效果图

8.2.3　渲染

在绘图过程中，如果想对三维实体对象进行比着色更高级的色彩处理，用户可以使用渲
染命令。在渲染之前可以创建光源、附着材质、产生阴影、设置透明等。

渲染主要是创建三维图形的真实着色图像。

（1）调用命令方式

下拉菜单：视图→渲染→渲染。

工具栏："渲染"工具栏 👁（"渲染"按钮）。

命令：Render。

（2）功能

基于三维场景来创建二维图像。它使用已设置的光源、已应用的材质和环境设置为场景
的几何图形着色。

（3）操作过程

调用该命令后，若当前图形中存在三维图形，将弹出如图 8-15 所示的"渲染"窗口，
在该窗口中显示当前图形中三维图形渲染后的效果和图像信息，否则，则显示如图 8-16 所
示的提示信息。

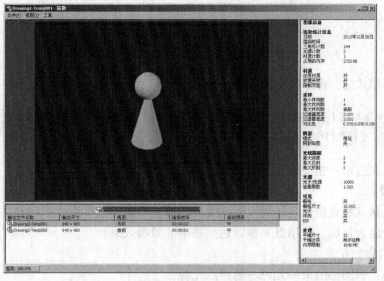

图 8-15　"渲染"窗口

图 8-16 没有三维图形时的提示信息

在渲染之前，用户可以设置光源、背景、雾化效果、材质等项。

8.2.4 光源

光源的设置对渲染的效果相当重要，主要的光源有点光源、平行光源、聚光灯等。使用光源设置还可以产生影像效果。

（1）调用命令方式

命令：Light。

（2）功能

创建并管理光源及光照效果。

（3）操作过程

一个文件首次调用"光源"命令时，弹出如图 8-17 所示的"光源 - 视口光源模式"对话框，用户可以选择"关闭默认光源"和"使默认光源保持打开状态"两种状态。当打开默认光源时，无法在视口中显示日光和来自点光源、聚光灯和平行光的光，建议用户选择"关闭默认光源"状态。

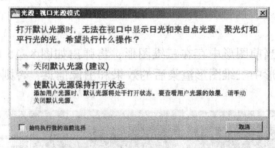

图 8-17 "光源 - 视口光源模式"对话框

选择光源模式后，命令行提示如下。

输入光源类型 [点光源（P）/聚光灯（S）/光域网（W）/目标点光源（T）/自由聚光灯（F）/自由光域（B）/平行光（D）] <点光源 >：

用户可以通过输入相应的字母选择光源类型，默认为点光源。

1. 点光源

点光源是从其所在位置向四周发射光线，其效果就像一般灯泡光照在对象上一样。点光源不以一个对象为目标。使用点光源以达到基本的照明效果。

（1）调用命令方式

下拉菜单：视图→渲染→光源→新建点光源。

工具栏："渲染"工具栏 ⚡（"新建点光源"按钮），"光源"工具栏 ⚡（"新建点光源"

按钮）。

命令：Pointlight。

调用"光源"命令后，选择"P"以选择"点光源"类型。

（2）功能

创建可从所在位置向所有方向发射光线的点光源。

（3）操作过程

当 Lightingunits 系统变量设置为 0 时，调用"点光源"命令后，命令行提示如下。

> 指定源位置 <0,0,0>:（输入坐标值或使用定点设备确定点光源所在的位置）
> 输入要更改的选项[名称(N)/强度(I)/状态(S)/阴影(W)/衰减(A)/颜色(C)/退出(X)] <退出>：

当 Lightingunits 系统变量设置为 1 或 2 时，调用"点光源"命令后，命令行提示如下。

> 指定源位置 <0,0,0>:（输入坐标值或使用定点设备确定点光源所在的位置）
> 输入要更改的选项［名称(N)/强度因子(I)/状态(S)/光度(P)/阴影(W)/衰减(A)/过滤颜色(C)/退出(X)］ <退出>：

各选项含义如下。

- 名称：用于设置新光源的名称。名称中可以使用大小写字母、数字、空格、连字符和下画线。最大长度为 256 个字符。
- 强度/强度因子：设置光源的强度或亮度。取值范围为 0.00 到系统支持的最大值。
- 状态：打开和关闭光源。如果图形中没有启用光源，则该设置没有影响。
- 光度：测量可见光源的照度。只有当 Lightingunits 系统变量设置为 1 或 2 时，光度才可用。在光度中，照度是指对光源沿特定方向发出的可感知能量的测量。光通量是指每单位立体角中的可感知能量。一盏灯的总光通量为沿所有方向发射的可感知的能量。亮度是指入射到每单位面积表面上的总光通量。可以通过强度、颜色进行光度控制。
- 阴影：使光源投射阴影。
- 衰减：对光源的衰减类型及衰减的界限进行设置。在进行"衰减类型"的选择时，选择"无"，表示设置无衰减。此时对象不论距离点光源是远还是近，明暗程度都一样。选择"线性反比"时，将衰减设置为与距离点光源的线性距离成反比。选择"平方反比"时，将衰减设置为与距离点光源的距离的平方成反比。
- 颜色/过滤颜色：用于控制光源的颜色。用户可通过输入"红"（R）、"绿"（G）、"蓝"（B）三种基本颜色的数值进行调色得到需要的颜色，也可以通过选项"I"（索引颜色）输入颜色名称或编号；"H"（HSL）设置色调、饱和度、亮度；"B"（配色系统）输入配色系统名称，进行颜色的设置。
- 退出：退出点光源命令。

从正面用点光源进行渲染的效果如图 8-18a 所示。

2. 聚光灯

聚光灯是从一点出发，按锥形关系向一个方向发射的光线。

（1）调用命令方式

下拉菜单：视图→渲染→光源→新建聚光灯。

工具栏："光源"工具栏 🔦（"新建聚光灯"按钮）。

命令：Spotlight。

调用"光源"命令后，选择"S"以选择"聚光灯"类型。

（2）功能

创建可发射定向圆锥形光柱的聚光灯。

（3）操作过程

当 Lightingunits 系统变量设置为 0 时，调用"聚光灯"命令后，命令行提示如下。

> 指定源位置 <0,0,0>：
> 指定目标位置 <0,0,-10>：
> 输入要更改的选项［名称（N）/强度（I）/状态（S）/聚光角（H）/照射角（F）/阴影（W）/衰减（A）/
> 颜色（C）/退出（X）］<退出>：

当 Lightingunits 系统变量设置为 1 或 2 时，调用"聚光灯"命令后，命令行提示如下。

> 指定源位置 <0,0,0>：
> 指定目标位置 <0,0,-10>：
> 输入要更改的选项［名称（N）/强度因子（I）/状态（S）/光度（P）/聚光角（H）/照射角（F）/阴影
> （W）/衰减（A）/过滤颜色（C）/退出（X）］：

各选项含义如下。

● 名称：用于设置新光源的名称。名称中可以使用大小写字母、数字、空格、连字符和下画线。最大长度为 256 个字符。

● 强度/强度因子：设置光源的强度或亮度。取值范围为 0.00 到系统支持的最大值。

● 状态：打开和关闭光源。如果图形中没有启用光源，则该设置没有影响。

● 光度：光度是指测量可见光源的照度。当 Lightingunits 系统变量设置为 1 或 2 时，光度可用。在光度中，照度是指对光源沿特定方向发出的可感知能量的测量。光通量是每单位立体角中可感知的能量。一盏灯的总光通量是在所有方向发出的可感知的能量。亮度是指入射到每单位面积表面上的总光通量。

● 聚光角：用于设置聚光灯最亮光锥的角度，也称为光束角。该值的范围是 0～160°或基于 Aunits 的等效值。

● 照射角：用于设置聚光灯最亮光线的锥角，也称为现场角。照射角的取值范围为 0～160°。默认值为 50°或基于 Aunits 的等效值。照射角角度必须大于或等于聚光角角度。

● 阴影：使光源投射阴影。

● 衰减：对光源的衰减类型及衰减的界限进行设置。在进行"衰减类型"的选择时，选择"无"，表示设置无衰减。此时对象不论距离点光源是远还是近，明暗程度都一样。选择"线性反比"时，将衰减设置为与距离点光源的线性距离成反比。选择"平方反比"时，将衰减设置为与距离点光源的距离的平方成反比。

● 颜色/过滤颜色：用于控制光源的颜色。用户可通过输入"红"（R）、"绿"（G）、"蓝"（B）三种基本颜色的数值进行调色得到需要的颜色，也可以通过选项"I"（索引颜色）输入颜色名称或编号；"H"（HSL）设置色调、饱和度、亮度；"B"

（配色系统）输入配色系统名称，进行颜色的设置。

● 退出：退出聚光灯命令。

在设置点光源时，由于光线是由光源所在的位置向四周照射，所以只需确定光源的位置即可确定光线的照射方向。而在确定聚光灯时，由于聚光灯是按锥形关系向一个方向发射的光线，除了需要定义聚光角和照射角外，还需通过定义光源的位置及目标点位置来定义方向。

用聚光灯进行渲染的效果如图 8-8b 所示。

3. 平行光

平行光的作用就像太阳光的照射效果。平行光是一种不发散的光线，其光源位于无限远的地方。平行光的强度并不随着距离的增加而衰减，对于每个照射的面，平行光的亮度都与其在光源处相同。统一照亮对象或照亮背景时，平行光十分有用。

（1）调用命令方式

下拉菜单：视图→渲染→光源→新建平行光。

工具栏："光源"工具栏 （"新建平行光"按钮）。

命令：Distantlight。

调用"光源"命令后，选择"D"以选择"平行光"类型。

（2）功能

创建平行光。

（3）操作过程

当 Lightingunits 系统变量设置为 0 时，调用"平行光"命令后，命令行提示如下。

> 指定光源来向 <0,0,0> 或 [矢量(V)]：
> 指定光源去向 <1,1,1>：
> 输入要更改的选项 [名称(N)/强度(I)/状态(S)/阴影(W)/颜色(C)/退出(X)] <退出>：

当 Lightingunits 系统变量设置为 1 或 2 时，调用"平行光"命令后，命令行提示如下。

> 指定光源来向 <0,0,0> 或 [矢量(V)]：
> 指定光源去向 <1,1,1>：
> 输入要更改的选项 [名称(N)/强度因子(I)/状态(S)/光度(P)/阴影(W)/过滤颜色(C)/退出
> (X)] <退出>：

各选项含义同点光源对应选项的含义相同。

用平行光进行渲染的效果如图 8-18c 所示。

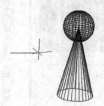

a)   b)   c)

图 8-18　不同光源的渲染效果

a）点光源进行渲染的效果　b）聚光灯进行渲染的效果　c）平行光进行渲染的效果

8.2.5 材质

对于三维实体，用户可以将真实的图像材质附着在对象上，以得到更加逼真的渲染效果。

（1）调用命令方式

下拉菜单：视图→渲染→材质或工具→选项板→材质。

工具栏："渲染"工具栏 （"材质"按钮）。

命令：Materials 或 Rmat。

（2）功能

提供控件和设置的不同面板，用于创建、修改和应用材质。

（3）操作过程

调用"材质"命令后，弹出"材质"选项板，如图 8-19 所示。通过该选项板可以将真实的图像材质附着在三维对象上，以得到更加逼真的渲染效果。在进行材质选择前应添加不同的材质供选择，用户可通过不同材质库添加材质。

用户可以通过以下方式打开材质库。

下拉菜单：工具→选项板→工具选项板。

命令：ToolPalettesClose。

调用该命令后，弹出如图 8-20 所示的工具选项板。

工具选项板左侧列出了各类材质库，通过鼠标单击不同的表面按钮，显示不同的材质库。用户还可以单击该选项板左下角，将弹出全部材质库类型，如图 8-21 所示。

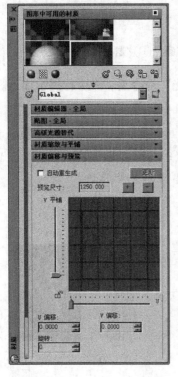

图 8-19 "材质"选项板　　　图 8-20 工具选项板　　　图 8-21 全部材质库类型

204

图 8-22 是将长方体与圆柱体组合分别应用了混凝土及木材材质渲染后的效果。

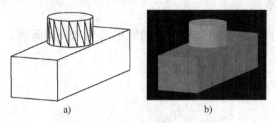

a)   b)

图 8-22   运用材质渲染的效果

a) 绘制的组合图形   b) 渲染后的效果

8.3   三维编辑

在三维图形的绘制中，有许多专用于三维物体的编辑命令。通过如三维旋转、三维阵列等命令的使用，使得三维绘图更加方便、简洁。

8.3.1   旋转三维实体

（1）调用命令方式

下拉菜单：修改→三维操作→三维旋转。

工具栏："建模"工具栏 ⊚（"三维旋转"按钮）。

命令：3d rotate。

（2）功能

将选择的三维对象绕三维空间中指定的轴进行旋转。

（3）操作过程

调用该命令后，命令行提示如下。

> UCS 当前的正角方向：   ANGDIR＝逆时针   ANGBASE＝0
>
> 选择对象：（选择要旋转的三维对象）
>
> ……
>
> 选择对象：（按〈Enter〉键结束选择对象并显示如图 8-23 的旋转夹点工具）
>
> 指定基点：
>
> 拾取旋转轴：（单击轴句柄以选择旋转轴）
>
> 指定角的起点：（输入旋转值或指定角起点和角终点）
>
> 指定角的端点：

如图 8-24 所示的是圆锥体旋转三维旋转前后的变化。

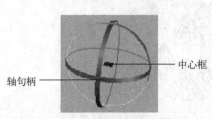

图 8-23   旋转夹点工具   图 8-24   组合体三维旋转前后示例图

8.3.2 阵列三维实体

三维阵列命令用于在三维空间创建对象的矩形阵列和环形阵列。

（1）调用命令方式

下拉菜单：修改→三维操作→三维阵列。

命令：3Darray。

（2）功能

将选择的三维对象按照指定方式进行三维阵列。

（3）操作过程

调用该命令后，命令行提示：

选择对象：（选择要阵列的三维对象）
……
选择对象：（按〈Enter〉键结束选择对象）
输入阵列类型［矩形（R）/环形（P）］＜默认值＞：

提示中各选项的含义如下。

- 矩形：在行（X轴）、列（Y轴）和层（Z轴）矩阵中复制对象。一个阵列应具备至少两个行、列或层。选择该项后，命令行提示如下。

输入行数(－－－)＜1＞：
输入列数(｜｜｜)＜1＞：
输入层数(…)＜1＞：
指定行间距(－－－)：
指定列间距(｜｜｜)：
指定层间距(…)：

- 环形：绕旋转轴复制对象。选择该项后，命令行提示如下。

输入阵列中的项目数目：
指定要填充的角度(＋ =逆时针，－ =顺时针)＜360＞：
旋转阵列对象？［是(Y)/否(N)］＜Y＞：
指定阵列的中心点：
指定旋转轴上的第二点：

如图8-25所示的是圆锥体进行三行四列两层的三维阵列后的效果。

图8-25 三维阵列示例图

8.3.3 镜像三维实体

三维镜像命令用来沿指定的镜像平面创建三维镜像。

(1) 调用命令方式

下拉菜单：修改→三维操作→三维镜像。

命令：mirror3d。

(2) 功能

将选择的三维对象相对三维空间平面进行镜像。

(3) 操作过程

调用该命令后，命令行提示如下。

> 选择对象：(选择要镜像的三维对象)
> ……
> 选择对象：(按〈Enter〉键结束选择对象)
> 指定镜像平面(三点)的第一个点或[对象(O)/最近的(L)/Z 轴(Z)/视图(V)/XY 平面(XY)/
> YZ 平面(YZ)/ZX 平面(ZX)/三点(3)] <三点>：

提示中各选项的含义如下。

对象：将选定平面对象的平面作为镜像平面。选择该项后，命令行提示如下。

> 选择圆、圆弧或二维多段线线段：
> 是否删除源对象？[是(Y)/否(N)] <否>：

最近的：相对于最后定义的镜像平面，对选定的对象进行镜像处理。选择该项后，命令行提示如下。

> 是否删除源对象？[是(Y)/否(N)] <否>：

Z 轴：根据平面上的一个点和平面法线上的一个点定义镜像平面。选择该项后，命令行提示如下。

> 在镜像平面上指定点：
> 在镜像平面的 Z 轴(法向)上指定点：
> 是否删除源对象？[是(Y)/否(N)] <否>：

视图：将镜像平面与当前视窗中通过指定点的视图平面对齐。选择该项后，命令行提示如下。

> 在视图平面上指定点 <0,0,0>：
> 是否删除源对象？[是(Y)/否(N)] <否>：

XY 平面/YZ 平面/ZX 平面：将镜像平面与一个通过指定点的标准平面（XY、YZ 或 ZX）对齐。选择该项后，命令行提示如下。

> 指定 XY/YZ/ZX 平面上的点 <0,0,0>：
> 是否删除源对象？[是(Y)/否(N)] <否>：

三点：通过 3 个点定义镜像平面。选择该项后，命令行提示如下。

在镜像平面上指定第一点：
在镜像平面上指定第二点：
在镜像平面上指定第三点：
是否删除源对象？［是（Y）/否（N）］＜否＞：

图 8-26 所示的是圆锥体以对象圆弧为镜像平面进行镜像效果前后对比的示例图。其中图 8-26a 为镜像前的效果，图 8-26b 为镜像后的效果，图 8-26c 为镜像消隐后的效果。

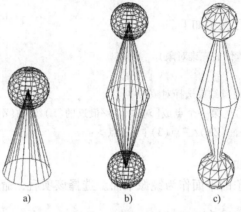

图 8-26　三维镜像示例图
a）镜像前　b）镜像后　c）镜像消隐后

8.3.4　对齐

若用户要将选择的对象按照指定的条件改变位置和方向，可以使用对齐方式。

（1）调用命令方式

下拉菜单：修改→三维操作→对齐。

命令：Align。

（2）功能

将选择的对象按照指定的条件改变位置和方向。

（3）操作过程

调用该命令后，命令行提示如下。

选择对象：（选择要对齐的三维对象）
……
选择对象：（按〈Enter〉键结束选择对象）
指定第一个源点：
指定第一个目标点：
指定第二个源点：
指定第二个目标点：
指定第三个源点或 ＜继续＞：
指定第三个目标点：

208

允许用户最多选择三对源点和目标点来移动所选对象。当用户只选一对源点和目标点移动所选对象时，所选对象将发生位置平移，且源点与目标点重合。当用户选择两对源点和目标点移动所选对象时，第一对将决定所选对象的位置，第二对将决定所选对象的旋转角度。当用户选择三对源点和目标点移动所选对象时，用户可以在三维空间对齐对象，此时第一对源点与目标点重合，第二个源点移至第一个目标点与第二个目标点之间的连线上，第三对源点和目标点将决定所选对象的旋转。

8.3.5　倒角

如果要切去实体的外角或填充实体的内角，可以使用倒角命令。

（1）调用命令方式

下拉菜单：修改→倒角。

工具栏："修改"工具栏◢（"倒角"按钮）。

命令：Chamfer。

（2）功能

切去实体的外角或填充实体的内角。

（3）操作过程

调用该命令后，命令行提示如下。

（"修剪"模式）当前倒角距离 1 = 0.0000,距离 2 = 0.0000

选择第一条直线或[多段线（P）/距离（D）/角度（A）/修剪（T）/方式（M）/多个（U）]:（选择三维实体上需要倒角的边）

基面选择 …

输入曲面选择选项[下一个（N）/当前（OK）]〈当前〉:

指定基面的倒角距离〈默认值〉:（指定第一个倒角距离）

指定其他曲面的倒角距离〈默认值〉:（指定第二个倒角距离）

选择边或[环（L）]:（用户若直接选择边,直接按〈Enter〉键后即可完成对所选边的倒角;若选择"环（L）",则要选择一个边回路）

如图 8-27 所示的是立方体进行倒角后的效果。

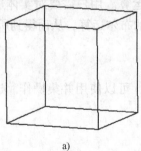 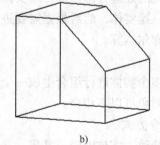

a)　　　　　　　　　　　　　　　　b)

图 8-27　立方体倒角示例图

a）倒角前　b）倒角后

8.3.6　倒圆角

如果要对三维实体的边倒圆角，可以使用圆角命令。

（1）调用命令方式

下拉菜单：修改→圆角。

工具栏："修改"工具栏 （"圆角"按钮）。

命令：Fillet。

（2）功能

对三维实体的边进行倒圆角。

（3）操作过程

调用该命令后，命令行提示如下。

当前设置：模式 = 修剪，半径 = 0.0000

选择第一个对象或[多段线(P)/半径(R)/修剪(T)/多个(U)]:(选取实体上的一条要倒圆角的边)

指定圆角半径 <0.0000 >:

选择边或[链(C)/半径(R)]:(用户若直接选择边，直接按〈Enter〉键后即可完成对所选边的倒圆角;若选择"链"，则要选择一组首尾相切的边;若选择"半径"，则要指定一个新的倒圆角半径)

如图 8-28 所示的是立方体进行倒圆角后的效果。

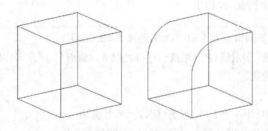

图 8-28　立方体倒圆角示例图

8.3.7　三维实体布尔运算

在实体造型中，经常会遇到对实体进行组合、截取、挖孔的情况，为此 AutoCAD 提供一种针对这种情况的处理方法，即三维实体的布尔运算。用户需要对实体进行上述操作时，可以先单独绘制三维实体，然后根据需要进行相应的布尔运算，从而得到所需的实体。下面将详细介绍各种布尔运算。

1. 并集

若用户要将多个实体进行组合生成一个新实体，可以使用并集操作。进行并集操作时，参与并集操作的对象可以不相交。

（1）调用命令方式

下拉菜单：修改→实体编辑→并集。

工具栏："建模"工具栏 （"并集"按钮）。

命令：Union。

（2）功能

将多个实体进行组合创建一个新实体，但在并集操作后，AutoCAD 将删除所有参加并集操作的实体。

（3）操作过程

调用该命令后，命令行提示如下。

> 选择对象:（选择参与求并操作的对象）
> 选择对象:（继续选择参与求并操作的对象）
> ……
> 选择对象:（按〈Enter〉键结束选择对象）

并集操作前后对比如图 8-29 所示。

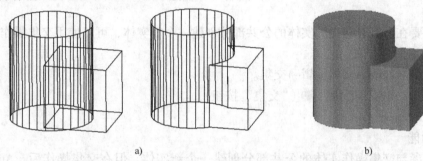

a)   b)

图 8-29　圆柱体和立方体并集操作前后对比示例图

a）并集前　b）并集后

2. 差集

若用户想从一组实体中挖掉另外一组实体，从而创建一个新实体，可以使用差集操作。

（1）调用命令方式

下拉菜单：修改→实体编辑→差集。

工具栏："建模"工具栏 ⬤（"差集"按钮）。

命令：Subtract。

（2）功能

从一组实体中挖到另一组实体，创建一个新实体。但在求差操作后，AutoCAD 将删除所有差集操作的实体。

（3）操作过程

调用该命令后，命令行提示如下。

> 选择要从中减去的实体或面域...
> 选择对象:（选择地一组实体）
> ……
> 选择对象:（按〈Enter〉键结束选择对象）
> 选择要删除的实体或面域...
> 选择对象:（选择第二组实体）
> ……
> 选择对象:（按〈Enter〉键结束选择对象）

差集操作前后对比如图 8-30 所示。

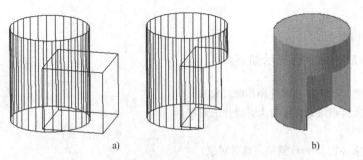

图 8-30 圆柱体和立方体差集操作前后对比示例图

a) 差集前　b) 差集后

3. 交集

若用户要在所有有交集的实体的公共部分创建一个新实体，可以使用交集操作。

（1）调用命令方式

下拉菜单：修改→实体编辑→交集。

工具栏："建模"工具栏 ⬤⬤（"交集"按钮）。

命令：Intersect。

（2）功能

在所有参与交集操作实体的公共部分创建一个新实体。但在交集操作后，AutoCAD 将删除所有参加交集操作的实体。

（3）操作过程

调用该命令后，命令行提示如下。

> 选择对象：（选择参与求交操作的实体）
>
> ……
>
> 选择对象：（按〈Enter〉键结束选择对象）

交集操作前后对比如图 8-31 所示。

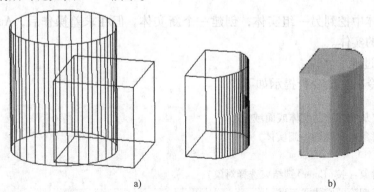

图 8-31 圆柱体和立方体交集操作前后对比示例图

a) 交集前　b) 交集后

8.3.8 基本三维实体操作

三维实体的基本操作包括剖切实体、生成截面、干涉查询等。

1. 剖切

用平面将三维实体剖开，用户可以根据需要选择任意一部分或都保留。

（1）调用命令方式

下拉菜单：修改→三维操作→剖切。

命令：Slice。

（2）功能

用平面将三维实体剖开分为两个部分，用户可以根据需要保留其中某一半或全部。

（3）操作过程

调用该命令后，命令行提示如下。

> 选择对象：（选择要剖切的实体）
>
> ……
>
> 选择对象：（按〈Enter〉键结束选择对象）
>
> 指定切面上的第一个点，依照 [对象(O)/Z 轴(Z)/视图(V)/XY 平面(XY)/YZ 平面(YZ)/ZX 平面(ZX)/三点(3)] ＜三点＞：

提示中各选项含义如下。

- 对象：指定对象所在平面作为剖切平面。
- Z 轴：通过定义剖切面上的一点及剖切面的法线方向来定义剖切面。
- 视图：指定与当前视图平面平行的平面作为剖切面。
- XY 平面/YZ 平面/ZX 平面：指定与当前 UCS 的 XOY 平面/YOZ 平面/ZOX 平面平行的平面作为剖切面。
- 三点：通过指定不共线的 3 点来定义剖切面。

指定剖切面后，命令行继续提示：

> 在要保留的一侧指定点或 [保留两侧(B)]：（确定保留情况）

剖切前后对比如图 8-32 所示。

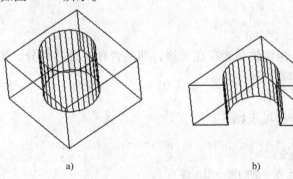

a)　　　　　　　　　　　　b)

图 8-32　剖切前后对比示例图

a）剖切前　b）剖切后

2. 截面

用指定的平面对实体进行剖切得到一个截面，该截面可以作为一个面域对象。

（1）调用命令方式

命令：Section。

213

（2）功能

用指定的平面对实体进行剖切得到一个截面，该操作后原实体不发生任何变化，所生成的截面为一个面域对象。

（3）操作过程

调用该命令后，命令行提示如下。

选择对象：(选择实体)
……
选择对象：(按〈Enter〉键结束选择对象)
指定截面上的第一个点，依照[对象(O)/Z轴(Z)/视图(V)/XY平面(XY)/YZ平面(YZ)/ZX平面(ZX)/三点(3)]＜三点＞：(同剖切实体)

剖切得到的截面如图 8-33 所示。

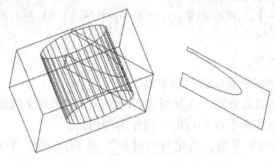

图 8-33　剖切得到的截面示例图

3. 干涉查询

若用户要查看一组实体与另外一组实体是否存在公共部分，可以使用干涉命令。

（1）调用命令方式

下拉菜单：修改→三维操作→干涉检查。

命令：Interfere。

（2）功能

查看一组实体与另一组实体是否存在干涉，即是否存在公共部分。如果存在公共部分，可以选择在公共部分创建新实体。

（3）操作过程

调用该命令后，命令行提示如下。

选择实体的第一集合：
选择对象：(选择干涉查询的第一组实体)
……
选择对象：(按〈Enter〉键结束选择对象)
选择实体的第二集合：
选择对象：(选择干涉查询的第二组实体)
……
选择对象：(按〈Enter〉键结束选择对象)

若两组实体无干涉，则命令行提示如下。

> 实体不干涉。

若两组实体存在干涉，则命令行提示如下。

> 干涉实体数（第一组）：i
> 　　　　　　　　（第二组）：j
> 干涉对数：　　　　　　k
> 是否创建干涉实体？[是(Y)/否(N)]＜否＞:

8.4 实训

【实训8-1】绘制如图8-34所示的图形。

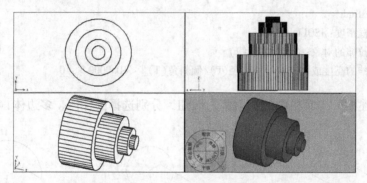

图8-34　实训8-1图例

操作步骤：

① 通过选择"格式"→"厚度"命令给实体设置一定的厚度，然后绘制第一个圆柱体。

② 通过"elev"命令设置不同的标高并设置不同的厚度值，绘制第二、第三、第四个圆柱体。

③ 通过"视图"→"视口"→"四个视口"命令，使每个视口显示不同的视图效果。通过消隐、着色或渲染等方法，增强实体视觉效果。

【实训8-2】绘制如图8-35所示的扳手图。

操作步骤：

① 单击"绘图"工具栏中的"多段线"按钮，绘制如图8-36所示的图形。

图8-35　实训8-2图例

> 命令:pline
> 指定起点:100,0
> 当前线宽为 0.0000
> 指定下一个点或[圆弧(A)/半宽(H)/长度(L)/放弃(U)/宽度(W)]:@0,10

指定下一点或[圆弧(A)/闭合(C)/半宽(H)/长度(L)/放弃(U)/宽度(W)]:@10<150
指定下一点或[圆弧(A)/闭合(C)/半宽(H)/长度(L)/放弃(U)/宽度(W)]:@58<210
指定下一点或[圆弧(A)/闭合(C)/半宽(H)/长度(L)/放弃(U)/宽度(W)]:@8.5,-12
指定下一点或[圆弧(A)/闭合(C)/半宽(H)/长度(L)/放弃(U)/宽度(W)]:c

② 单击"建模"工具栏中的"圆柱体"按钮，绘制圆柱体，如图8-37所示。

命令:cylinder
指定底面的中心点或[三点(3P)/两点(2P)/相切、相切、半径(T)/椭圆(E)]:(捕捉多段线尖点)
指定底面半径或[直径(D)]:20
指定高度或[两点(2P)/轴端点(A)]:10

③ 单击"建模"工具栏中的"拉伸"按钮。

命令:extrude
当前线框密度:ISOLINES=4
选择要拉伸的对象:(选择多段线)
指定拉伸的高度或[方向(D)/路径(P)/倾斜角(T)]<10.0000>:10

④ 单击"建模"工具栏中的"差集"按钮，分别选择圆柱体、多边体，效果如图8-38所示。

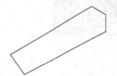 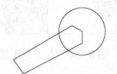

图8-36　绘制多段线　　　　　图8-37　绘制圆柱体　　　　图8-38　差集操作

⑤ 单击"修改"工具栏中的"复制对象"按钮，将图8-38所示的实体复制一份。

⑥ 单击"修改"工具栏中的"旋转"按钮，将复制得到的图形旋转180°，效果如图8-39所示。

⑦ 单击"建模"工具栏中的"长方体"按钮，绘制如图8-40所示长方体。

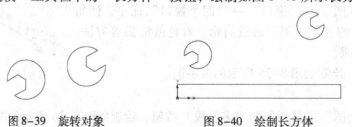

图8-39　旋转对象　　　　　　　图8-40　绘制长方体

命令:box
指定第一个角点或[中心(C)]:0,0,0
指定其他角点或[立方体(C)/长度(L)]:@240,20
指定高度或[两点(2P)]<10.0000>:6

⑧ 单击"修改"工具栏中的"移动"按钮，将两实体底面圆心分别移动到长方体两短边的中点上，效果如图8-41所示。

⑨ 单击"建模"工具栏中的"并集"按钮，选择长方体和两实体，进行合并。

⑩ 单击"视图"工具栏中的"西南等轴测视图"，改变视点。

⑪ 单击"渲染"工具栏中的"消隐"按钮，效果如图8-42所示。

⑫ 单击"渲染"工具栏中的"渲染"按钮，效果如图8-43所示。

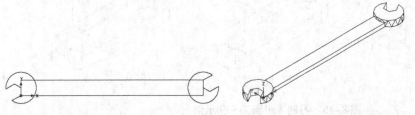

图8-41 移动对象　　　　图8-42 消隐后效果　　　　图8-43 渲染后效果

8.5 上机操作及思考题

1. 按照8.1节所述，练习三维图形的各种显示方法。

2. 按照8.2节所述，练习三维图形的着色、消隐、渲染的使用方法。

3. 按照8.3节所述，练习三维图形的三维旋转、三维阵列、三维镜像、对齐、倒角、圆角的编辑方法。

4. 绘制如图8-44所示的图形。

提示：

① 设置视图为东南等轴测视图方式。

② 选择"矩形"命令设置圆角半径为40，分别以点(0,0)和点(260,80)两点为矩形的两个角点绘制矩形，如移动UCS坐标至矩形边的中点，如图8-45a所示。

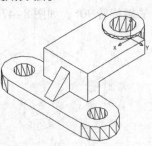

图8-44 习题4图例

③ 分别以点(40,40)和点(220,40)为圆心，绘制两个半径为18的圆，如图8-45b所示。

④ 选择菜单"绘图"→"面域"命令，将所绘制的矩形和圆设为面域。

⑤ 用差集命令使矩形面域减去两个圆形面域。

⑥ 将差集后的面域向上拉伸28个图形单位，如图8-45c所示。

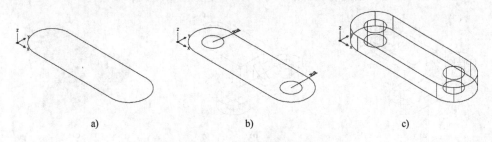

a)　　　　　　　　　　b)　　　　　　　　　　c)

图8-45 习题4 步骤②~⑥示例

⑦ 移动 UCS 坐标至矩形中点，再将坐标系绕 Z 轴旋转 −90°，如图 8-46a 所示。

⑧ 以（0，−54，0）为角点，绘制一个长、宽、高分别为 28、108、58 的长方体，如图 8-46b 所示。

⑨ 移动 UCS 坐标至矩形边的中点，再将坐标系绕 Y 轴旋转 −90°，如图 8-46c 所示。

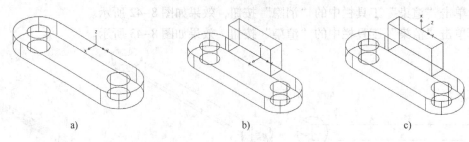

a)   b)   c)

图 8-46   习题 4 步骤⑦ ~ ⑨示例

⑩ 以（0，−54，0）为角点，绘制一个长、宽、高分别为 − 30、108、114 的长方体，如图 8-47a 所示。

⑪ 移动 UCS 坐标至矩形边的中点，以（0，− 15，0）为角点，绘制一个长、宽、高分别为 58、30、− 16 的楔体，如图 8-47b 所示。

⑫ 将绘制的所有图形求并集。移动 UCS 坐标至第二个长方体一边的中点，再将坐标系绕 Y 轴旋转 90°，如图 8-47c 所示。

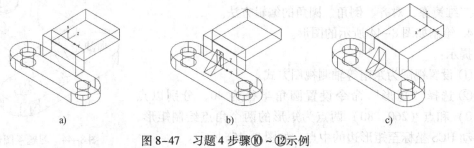

a)   b)   c)

图 8-47   习题 4 步骤⑩ ~ ⑫示例

⑬ 以（0，0，0）为底面中心点，绘制两个半径分别为 54 和 34，高度为 50 的圆柱体，如图 8-48a 所示。

⑭ 将组合体和大圆柱体进行求并集的操作。

⑮ 用新实体减去小圆柱体，进行求差集的操作，如图 8-48b 所示。

⑯ 对绘制的实体进行消隐，渲染，如图 8-48c 所示，增强效果。

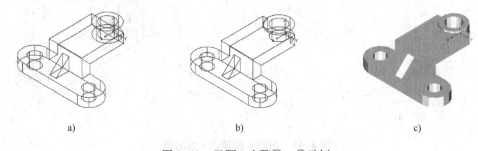

a)   b)   c)

图 8-48   习题 4 步骤⑬ ~ ⑯示例

5. 绘制如图 8-49 所示的图形。

① 绘制同心圆，半径分别为 100、80、70，如图 8-50a 所示。

② 绘制齿形多段线，如图 8-50b 所示。

③ 用删除、修剪、阵列等命令队多段线进行修改，完成齿形轮廓的编辑，如图 8-50c 所示。

④ 改变视图为西南等轴侧视图。将齿轮轮廓定义成一个面域。

⑤ 将齿轮轮廓拉伸 40 个图形单位的高度，变成齿轮柱，如图 8-51a 所示。

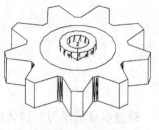

图 8-49 习题 5 图样

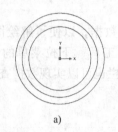 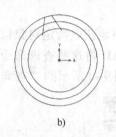 

a)　　　　　　　　　　b)　　　　　　　　　　c)

图 8-50 习题 5 步骤①~③示例

⑥ 移动 UCS 坐标至齿轮柱上表面中心，绘制以 (0, 0, 0) 为底面中心点，底面半径为 55，高度为 -20 的圆柱体。用齿轮柱减去圆柱体，进行求差集的操作，如图 8-51b 所示。

⑦ 移动 UCS 坐标至齿轮柱下表面中心，对实体进行三维镜像，将镜像平面与通过点 (0, 0, 0) 的标准平面 XY 平面对齐，如图 8-51c 所示。

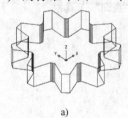 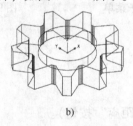 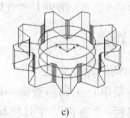

a)　　　　　　　　　　b)　　　　　　　　　　c)

图 8-51 习题 5 步骤⑤~⑦示例

⑧ 将两个部分进行求并集的操作。

⑨ 绘制两个半径合适的同心圆柱体，并利用差集操作，从大的圆柱体中减去小的圆柱体，如图 8-52a 所示。

⑩ 进行求并集的操作，然后进行消隐，如图 8-51 所示；渲染如图 8-52b 所示，增强效果。

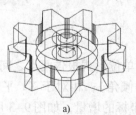 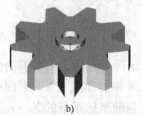

a)　　　　　　　　　　b)

图 8-52 习题 5 步骤⑨~⑩示例

第9章 查询信息

通过本章的学习，读者应该了解 AutoCAD 中各项查询功能的意义，掌握各项信息的查询方法。

9.1 测量

在 AutoCAD 中，用户可以很方便地获取特定对象以及绘图数据，以便了解绘图是否正确以及当前的绘图环境数据。AutoCAD 将这些查询命令放在"工具"下拉菜单的"查询"子菜单中，如图 9-1 所示。利用如图 9-2 所示的"查询"工具栏也可以实现数据查询。

图 9-1 "查询"子菜单

图 9-2 "查询"工具栏

9.1.1 距离

（1）调用命令方式

下拉菜单：工具→查询→距离。

工具栏："查询"工具栏 （"距离"按钮）。

命令：Dist。

（2）功能

测量两点之间的距离值和有关角度。

（3）操作过程

调用该命令后，AutoCAD 命令行提示如下。

> 指定第一点：
>
> 指定第二点：

按照提示依次指定两个点后，以当前的绘图单位形式报告两点之间的实际三维距离；两点连线与当前坐标系 X 轴的角度（XY 平面中的倾角）；相对于 XY 平面的角度（与 XY 平面的夹角）以及两点当前坐标系下的 X、Y、Z 坐标的增量，如图 9-3 所示，查询 1、4 两点之间的距离，调用命令后，依次选择 1、4 两点，则命令行显示该两点间距离的有关信息。

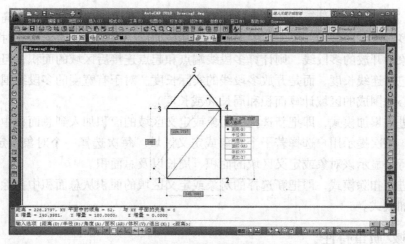

图 9-3　查询距离示例

9.1.2　面积和周长

（1）调用命令方式

下拉菜单：工具→查询→面积。

命令：Area。

（2）功能

计算对象和定义区域的面积和周长。

（3）操作过程

调用该命令后，命令行提示如下。

> 指定第一个角点或[对象(O)/加(A)/减(S)]：

用户可以指定第一个角点或选择一个项目，各项含义如下。

- 指定第一个角点：默认项。用户通过指定多个点的位置来定义一个多边形，计算出用户定义的多边形区域的面积和周长。仍以图9-3中的长方形为例，调用命令后，依次选择1、2、3、4四个角点，命令行显示该长方形的面积和周长信息，如图9-4所示。

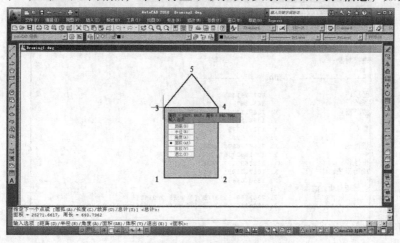

图 9-4　查询面积示例

- 对象：该选项用于计算所选对象的面积和周长。该选项可以计算出圆、椭圆、样条曲线、多段线、区域和三维实体的面积。选择该项后，提示选择对象，此时，如果选择的对象为开放的多段线，则计算多段线端点和起点连接后区域的面积，但显示的长度值不包括连线长度，而是开放多段线的实际长度。对于有宽度的多段线围成的区域按其中心线围成的区域计算面积和周长（或长度）。

- 加：进入累加模式，即把新选择的对象或定义区域的面积加入到总面积中去。选择该项后，依次提示用户选择若干个对象或定义区域。每次选择一个对象或定义区域后，命令行将显示该对象或定义区域的面积、周长以及总面积。

- 减：进入扣除模式，即把新选择的对象或定义区域的面积从总面积中扣除。操作方法同累加模式。

9.1.3　面域/质量特性

（1）调用命令方式

下拉菜单：工具→查询→面域/质量特性。

工具栏："查询"工具栏 （"面域/质量特性"按钮）。

命令：Massprop。

（2）功能

查询实体或面域的特性参数。

（3）操作过程

调用该命令后，命令行提示如下。

选择对象：

选择一个或多个三维实体或面域后，按〈Enter〉键，自动切换到文字窗口，窗口中显示出所选实体或面域的各种信息。

当选择的对象为面域时，显示信息的内容如图9-5所示。

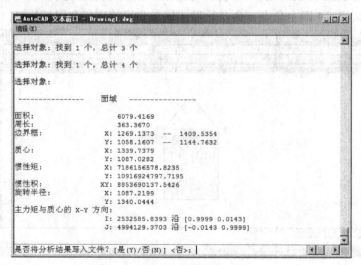

图9-5　面域特性参数

222

显示信息后，命令行提示如下。

是否将分析结果写入文件？［是(Y)/否(N)］＜否＞：

若选择默认项"否"，则不将分析结果写入文件，结束查询命令，关闭命令窗口后返回到绘图窗口。若选择"是"，则弹出如图9-6所示的"创建质量与面积特性文件"对话框，此时用户可以将分析结果写入到指定的文件中。

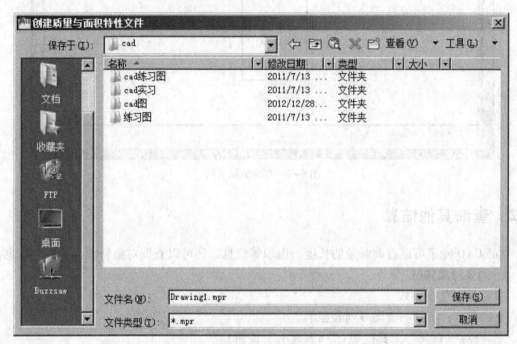

图9-6 "创建质量与面积特性文件"对话框

9.1.4 查询点坐标

（1）调用命令方式

下拉菜单：工具→查询→点坐标。

工具栏："查询"工具栏 （"定位点"按钮）。

命令：Id。

（2）功能

查询某个位置点的坐标值。

（3）操作过程

调用该命令后，命令行提示如下。

指定点：

选择一个点，则命令行将显示该点的 X、Y、Z 坐标值。

如图9-7所示为查询图中"5"点坐标的显示结果。

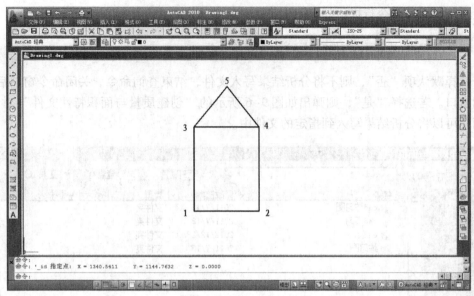

图 9-7　查询坐标示例

9.2　查询其他信息

AutoCAD 除了可以查询对象的长度、面积等信息，还可以查询对象特征、状态等信息。

1. 列表对象特征

（1）调用命令方式

下拉菜单：工具→查询→列表显示。

工具栏："查询"工具栏 （"列表显示"按钮）。

命令：List。

（2）功能

显示所选择的对象数据库中的各种信息。

（3）操作过程

调用该命令后，命令行提示如下。

选择对象：

选择要查询的一个或多个对象后，按〈Enter〉键将自动切换到文字窗口，窗口中显示所选对象的类型、所在图层、模型空间或图纸空间等信息。若对象的各种通用特性没有随层设置，则还显示对象的线型、颜色、线宽等信息。另外，根据所选对象的不同，将列出不同的信息。如图 9-8 所示为图 9-7 中三角形的信息。

2. 显示状态

（1）调用命令方式

下拉菜单：工具→查询→状态。

命令：Status。

（2）功能

224

显示当前图样的统计数据、模式以及内容。

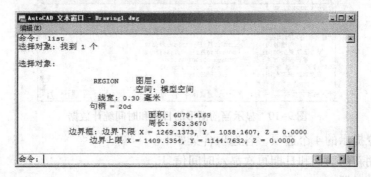

图 9-8　三角形的列表显示信息

（3）操作过程

调用该命令后，切换到文字窗口，并显示出当前文件的状态，如图 9-9 所示。

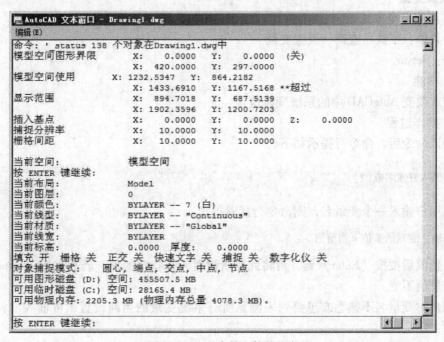

图 9-9　显示当前文件的状态

3. 显示时间

（1）调用命令方式

下拉菜单：工具→查询→时间。

命令：Time。

（2）功能

显示当前图形的日期和时间统计数据。

（3）操作过程

调用该命令后，切换到文字窗口，并显示出当前图形的日期和时间统计数据，如图 9-10 所示。

图 9-10　显示当前图形的日期和时间统计数据

最后是命令提示的 4 个选项，各选项含义如下。

显示：使用新的时间和日期再次显示时间信息。

开：打开计时器。

关：关闭计时器。

重置：用于复位计时器。

4. 设置变量

（1）调用命令方式

下拉菜单：工具→查询→设置变量。

命令：Setvar。

（2）功能

列表或改变 AutoCAD 中的系统变量值。

（3）操作过程

调用该命令后，命令行提示如下。

输入变量名或［？］：

如果用户输入一个变量名，则命令行接着提示：

输入变量的新值＜当前值＞：

输入新值后按按〈Enter〉键，可将此变量设置为新指定的值，若直接按〈Enter〉键可保持该变量值不变。

若用户对变量名不熟悉或想要列表浏览所有系统变量的当前设置，可输入"？"，则命令行提示：

输入要列表的变量＜＊＞：

按〈Enter〉键则在文字窗口显示所有变量的值，如图 9-11 所示。

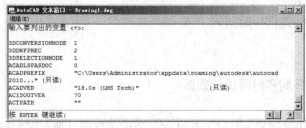

图 9-11　显示变量值

要列出某个或某些系统变量的值，命令行提示：

输入变量名或[？]：?　（输入问号，列表浏览所有系统变量的当前设置）
输入要列表的变量 < * >：A*（输入"A*"，列表显示所有以 A 开头的系统变量的当前设置）

5. 数据库列表

（1）调用命令方式

命令：Dblist。

（2）功能

显示图形中所有对象的数据。

（3）操作过程

调用该命令后，依次列出当前图形所有对象总的有
关数据。由于数据量很大，将采用分页的形式显示。若
要终止命令，则按〈Esc〉键。

6. 图形属性

（1）调用命令方式

下拉菜单：文件→图形特性。

命令：Dwgprops。

（2）功能

显示和设置图形的属性信息。

（3）操作过程

调用该命令后，将弹出如图 9-12 所示的"图形属
性"对话框。该对话框中显示关于此图形的一些只读
性的常规信息和统计信息，如图形的类型、位置、大
小、文件创建的日期以及最后修改的日期等。同时，还

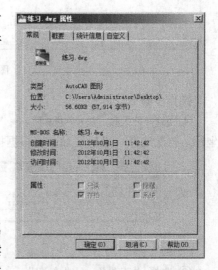

图 9-12 "图形属性"对话框

可在对话框中设置此图形的概要特性和定制特性，如图形标题、主题、作者等。这些特性和
信息可以在 AutoCAD 设计中心和 Windows 资源管理器中访问到，从而利用它们的查找工具
检索该图形。

该对话框包含 4 个选项卡："常规"、"概要"、"统计信息"和"自定义"。若该文件保
存在网络上，还有"网络安全"选项卡，在其中显示权限、审核及所有权信息，并提供压
缩选择项。各选项卡介绍如下。

常规：显示关于所有打开图形的常规信息。

概要：用户可设置和显示关于所打开图形的标题、主题等信息。

统计信息：显示的信息与基本选项卡中信息基本相同。

自定义：提供 10 个供用户命名的定制字段。

9.3　实训

【实训 9-1】试使用 AutoCAD 的查询功能，确定图 9-13 中 A、B 点的坐标及距离。

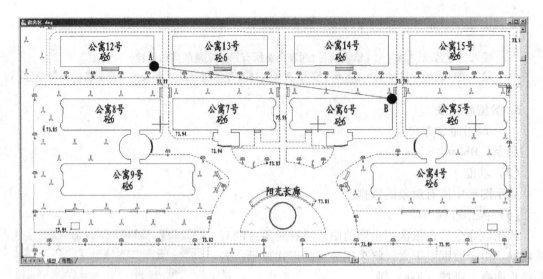

图 9-13　实训 9-1 图例

操作步骤：

① 选择"工具"→"查询"→"坐标"命令，根据提示选择 A 点，则命令行出现 A 点坐标。再次选择"坐标"命令，根据提示选择 B 点，命令行出现 B 点坐标，如图 9-14 所示。

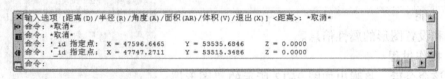

图 9-14　坐标查询

② 选择"工具"→"查询"→"距离"命令，根据提示依次选择 A 点、B 点，命令行出现 A、B 两点间的距离、增量等信息，如图 9-15 所示。

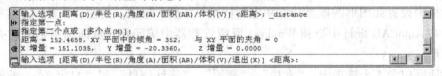

图 9-15　坐标距离

9.4　上机操作及思考题

1. AutoCAD 提供的功能可以查询哪些图形信息？

2. 分别绘制圆、直线等图形，通过"查询"工具栏上的各按钮，进行距离、面积、点坐标的查询。

3. 对一幅 AutoCAD 图形进行时间查询、变量查询和图形属性查询。

第 10 章　AutoCAD 设计中心

通过本章的学习，读者应掌握使用 AutoCAD 设计中心定位和组织图形数据或加载其他文档内容，如块、图层、外部参照和已命名自定义对象到自己的图形中的方法。

10.1　启动 AutoCAD 设计中心

AutoCAD 设计中心（简称 ADC）可以看成一个设计管理系统。它可以管理和再利用已经绘图的设计对象、几何图形和设计标准，省时省力。利用设计中心，用户不但可以浏览到自己的设计，还可以浏览到他人的设计图形。

（1）调用命令方式

下拉菜单：工具→信息板→设计中心。

工具栏："标准"工具栏▦（"设计中心"按钮）。

命令：adcenter。

（2）功能

打开设计中心选项板。

（3）操作过程

调用该命令后，AutoCAD 将弹出如图 10-1 所示的"设计中心"选项板。

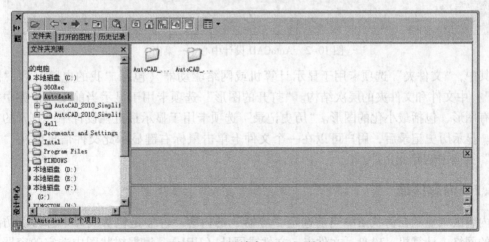

图 10-1　"设计中心"选项板

默认情况下，"设计中心"选项板左边的资源管理器采用"树状视图"显示方式，右边为"内容区域"，用户可以在树状图中浏览内容的源，而在内容区显示内容。用户可以在内容区中将项目添加到图形或工具选项板中，还可通过拖动其边框的分隔条来改变其大小。用户也可通过单击"设计中心"选项板上方的"树状图切换"▦按钮改变显示方式。

10.2 AutoCAD 设计中心窗口说明

AutoCAD 设计中心窗口是由工具栏和若干窗口组成。下面分别介绍各部分功能。

设计中心顶部的工具栏按钮可以显示和访问选项。单击 文件夹 或 打开的图形 选项卡时,将显示"树状图"(左侧窗格)和"内容区域"(右侧窗格)两个窗格,从中可以管理图形内容。

10.2.1 树状图

树状图显示用户计算机和网络驱动器上的文件与文件夹的层次结构、打开图形的列表、自定义内容以及上次访问过的位置的历史记录。选择树状图中的项目以便在内容区域中显示其内容。图 10-2 所示为单击"单面"按钮 时 AutoCAD 设计中心显示的内容。

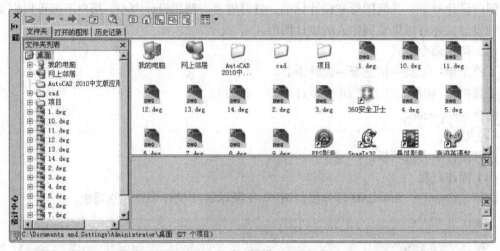

图 10-2 AutoCAD 设计中心——桌面

其中,"文件夹"选项卡用于显示计算机或网络驱动器(包括"我的电脑"和"网上邻居")中文件和文件夹的层次结构。"打开的图形"选项卡用于显示当前工作任务中打开的所有图形,包括最小化的图形。"历史记录"选项卡用于显示最近在设计中心打开的文件列表。显示历史记录后,用户可以在一个文件上单击鼠标右键显示此文件信息或从"历史记录"列表中删除此文件。

10.2.2 内容区域

内容区域显示在树状图中当前选定"容器"的内容。容器是包含设计中心可以访问的信息的网络、计算机、磁盘、文件夹、文件或网址(URL)。根据树状图中选定的容器,内容区域通常显示以下内容:含有图形或其他文件的文件夹、图形、图形中包含的命名对象(包括块、外部参照、布局、图层、标注样式、表格样式、多重引线样式和文字样式)、表示块或填充图案的图像或图标、基于 Web 的内容、由第三方开发的自定义内容等。

在内容区域中,用户通过拖动、双击或单击鼠标右键从弹出的快捷菜单中选择"插入为块"、"附着为外部参照"或"复制",可以在图形中插入块、填充图案或附着外部参照。用户还可以通过拖动或单击鼠标右键利用快捷菜单向图形中添加其他内容(例如图层、标注样式和布局），可以从设计中心将块和填充图案拖动到工具选项板中。

设计中心窗口上方的 ![buttons] 中各按钮的功能介绍如下。

![button]——加载：打开"加载"对话框，如图 10-3 所示。用户可以浏览本地和网络驱动器或 Web 上的文件，然后选择内容，单击"打开"按钮，将其加载到内容区域。

图 10-3 "加载"对话框

![button]——上一页：返回到历史记录列表中最近一次的位置。

![button]——下一页：返回到历史记录列表中下一次的位置。

![button]——上一级：显示当前容器的上一级容器的内容。

![button]——搜索：打开"搜索"对话框，如图 10-4 所示。用户可以从中指定搜索条件以便在图形中查找图形、块和非图形对象。

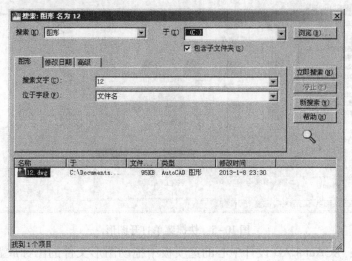

图 10-4 "搜索"对话框

![button]——收藏夹：在内容区域中显示"收藏夹"文件夹的内容。"收藏夹"文件夹包含经常访问项目的快捷方式。若要在"收藏夹"中添加项目，用户则可以在内容区域或树状

231

图中的项目上单击右键，然后在弹出的快捷菜单中选择"添加到收藏夹"命令。若要删除"收藏夹"中的项目，用户则可以使用快捷菜单中的"组织收藏夹"选项，然后使用快捷菜单中的"刷新"选项。

⌂——主页：将设计中心返回到默认文件夹。安装时，默认文件夹被设置为"…\Sample\DesignCenter"。用户可以使用树状图中的快捷菜单更改默认文件夹。

⎘——树状图切换：显示和隐藏树状视图。如果内容区域需要更多的空间，可隐藏树状图。树状图隐藏后，用户可以使用内容区域浏览容器并加载内容。在树状图中使用"历史记录"列表时，"树状图切换"按钮不可用。

⎙——预览：显示和隐藏内容区域窗格中选定项目的预览。如果选定项目没有保存的预览图像，"预览"区域将为空。

⎙——说明：显示和隐藏内容区域窗格中选定项目的文字说明。如果同时显示预览图像，文字说明将位于预览图像下面。如果选定项目没有保存的说明，"说明"区域将为空。

⊞▾——视图：为加载到内容区域中的内容提供不同的显示格式。可以从"视图"列表中选择一种视图，或者重复单击"视图"按钮在各种显示格式之间循环切换。默认视图根据内容区域中当前加载的内容类型的不同而有所不同。

10.3 使用 AutoCAD 设计中心打开图形

用户可通过 AutoCAD 设计中心打开一个图形文件，只要将该文件拖动到 AutoCAD 的一个空图形区中即可。具体方法有以下两种。

第一种方法：在 AutoCAD 设计中心的选项板中单击鼠标右键，从快捷菜单中选择"在应用程序窗口中打开"命令，如图 10-5 所示。

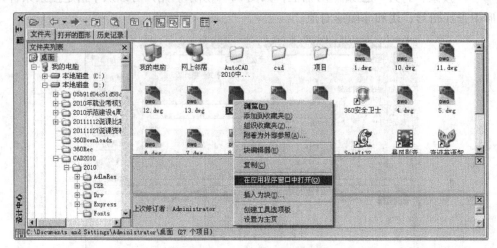

图 10-5 快捷菜单打开图形

第二种方法：从 AutoCAD 设计中心的选项板中拖动图形文件的图标放置到 AutoCAD 的绘图区域，松开鼠标后按照系统提示确定插入点、缩放比例、旋转角度，即可将所选图形插入至绘图区。例如，将存放在桌面的名为"15"的图形文件通过该方法放置到 AutoCAD 绘图区后，命令行提示如下。

232

命令：INSERT 输入块名或［?］< 15 > : "C:\Documents and Settings\Administrator\桌面\15. dwg"
单位：英寸　转换：　1.00000
指定插入点或［基点(B)/比例(S)/X/Y/Z/旋转(R)］:100,100　（在坐标为 100,100 的点插入图形）
输入 X 比例因子,指定对角点,或［角点(C)/XYZ(XYZ)］< 1 > :　（使用默认比例 1 进行 X 轴
方向的比例缩放）
输入 Y 比例因子或 < 使用 X 比例因子 > :　（默认使用 X 比例因子）
指定旋转角度 < 0.00 > :　（默认值不旋转）

10.4　使用 AutoCAD 设计中心向图形添加内容

通过 AutoCAD 设计中心，用户可以从选项板或查找结果列表中直接添加内容到打开的图形文件中，或者将内容复制到粘贴板上，然后将内容粘贴到图形中。在添加内容时采用哪种方法取决于所要添加内容的类型。

10.4.1　插入块

块定义可以插入到图形当中。当用户将块插入到图形当中时，块定义同时也拷贝到图形数据库中。AutoCAD 设计中心提供以下两种插入块到图形中的方法。

1. 按缺省缩放比例和旋转角度插入

利用此方法插入块时，块将进行自动缩放，即 AutoCAD 比较图形和插入块的单位，根据二者之间的比例插入块。当插入块时，AutoCAD 根据在"单位"对话框中设置的"插入时的缩放单位"对其进行换算。

操作步骤：

① 从选项板或"搜索"对话框中选择要插入的块，并将其拖动到打开的图形文件中。

② 在要插入的位置松开定点设备定位块。此块对象以默认的比例和旋转角度插入到图形当中。

需要注意的是，这种方法插入块或图形到图形中，块中的尺寸标注值不再是真实值。

2. 按指定坐标、缩放比例和旋转角度插入

这种方法就是使用"插入块"对话框来定义要插入块的各种参数。

操作步骤：

① 从选项板或"搜索"对话框中选择要插入的块并单击鼠标右键。

② 从弹出的快捷菜单中选择"插入块"命令，打开"插入"对话框，如图 10-6 所示。

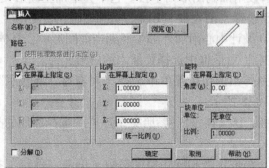

图 10-6　"插入"对话框

③ 在"插入"对话框中，输入插入点坐标、缩放比例、旋转角度等值。

④ 要分解对象，可在对话框中的"分解"复选框中打上"√"。

⑤ 单击"确定"按钮，则被选择的块以设定的参数插入到图形中。

10.4.2 附着光栅图像

利用 AutoCAD 设计中心，用户可以将光栅图像如航空照片、卫星拍摄的照片、数字图片等附加到图形中。光栅图像与根据指定坐标、缩放比例和旋转角度所附加的外部参照相似。

操作步骤：

① 将用户想要附加到图形当中的光栅图像文件的图标从选项板拖动到 AutoCAD 的绘图区。

② 输入插入点的位置、插入的比例因子和旋转角度。

用户也可以单击鼠标右键，从弹出的快捷菜单中选择"附着图像"命令，打开"附着图像"对话框，如图 10-7 所示。在该对话框中设置插入点坐标、缩放比例和旋转角度，则被选择的图像将以设定的参数插入到图形中。

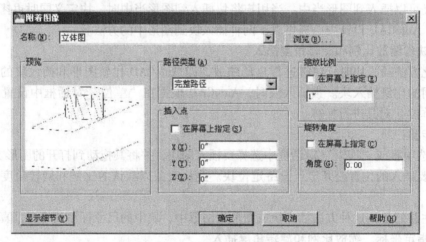

图 10-7 "附着图像"对话框

10.4.3 附着外部参照

与块参照类似，外部参照在 AutoCAD 中作为单个的对象显示，也可以根据指定的坐标、缩放比例、旋转角度等参数附加到图形当中去。它不会增加主图形文件的大小，嵌套的外部参照能否被读入，取决于选择"附着型"还是"覆盖型"。

用户要使用 AutoCAD 设计中心附加外部参照到当前图形中，具体操作步骤如下：

① 从选项板或"搜索"对话框中选择要插入的图形文件。

② 单击鼠标右键，从弹出的快捷菜单中选择"附着为外部参照"命令，打开"附着外部参照"对话框，如图 10-8 所示。

③ 在"附着外部参照"对话框的"参照类型"栏中选择参照的类型，有"附着型"和"覆盖型"两种。

④ 设置插入点坐标、缩放比例和旋转角度参数，单击"确定"按钮，即将外部参照附加到图形中。

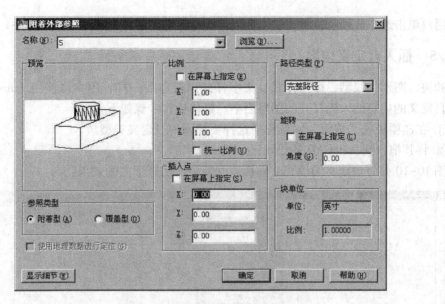

图 10-8 "附着外部参照"对话框

10.4.4 在图形之间复制块

用户可以使用 AutoCAD 设计中心浏览和加载想要复制的块。用户将块复制到 Windows 的剪贴板中,然后粘贴到用户打开的图形文件中。具体操作步骤如下。

① 在选项板或"搜索"对话框中选择要复制的块。

② 单击鼠标右键,从弹出的快捷菜单中选择"复制"命令,如图 10-9 所示。

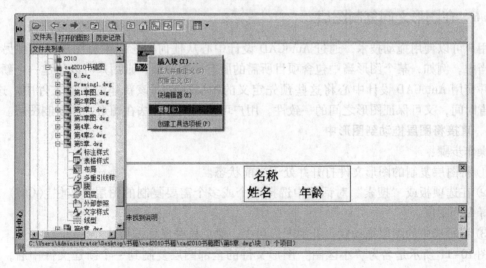

图 10-9 "复制"块

③ 在 AutoCAD 绘图区,从"编辑"菜单中选择"粘贴"或直接按〈Ctrl + V〉组合键将复制块到图形中,此时命令行提示如下。

命令: pasteclip 指定插入点或 [基点(B)/比例(S)/X/Y/Z/旋转(R)]:

用户单击绘图区任意位置或输入插入点坐标，即可将块插入到当前图形中。

10.4.5 插入自定义内容

和块、图形、线型、标注样式、文字样式以及布局一样，用户可使用 AutoCAD 设计中心将自定义的内容插入到打开的图形当中。具体操作步骤如下：

① 在选项板或"搜索"对话框中选择要插入的自定义类型。

② 将其拖入到 AutoCAD 的绘图区。

图 10-10 是将自定义的填充文件插入到绘图区的矩形内的效果。

图 10-10 插入自定义内容

10.4.6 在图形之间复制图层

用户可以使用拖动技术，通过 AutoCAD 设计中心从任何图形当中将图层复制到另一个图形当中。例如，某个图形当中包含项目所需的所有标准图层，则用户可以创建一个新的文件，并使用 AutoCAD 设计中心将这些预先定义的图层拖动到该新建的图形文件中。这样，既节省时间，又可保证图形之间的一致性。用户可使用两种方法在图形之间复制图层。

1. 直接将图层拖动到图形中

操作步骤：

① 将图层复制的图形文件打开并处于当前状态。

② 在选项板或"搜索"对话框中选择一个或多个需要复制的图层，按住〈Ctrl〉键即可选择多个图层。

③ 将所选中的图层拖动到打开的图形当中，然后松开鼠标即可。

图 10-11 所示是名为"小区图"图形文件的全部图层复制到一个新建文件中后，新建文件的图层效果。

2. 使用复制和粘贴方法

操作步骤：

① 将图层复制的图形文件打开并处于当前状态。

② 在选项板或"搜索"对话框中选择一个或多个用户想要复制的图层。

③ 单击鼠标右键，从弹出的快捷菜单中选择"复制"命令，如图 10-12 所示。

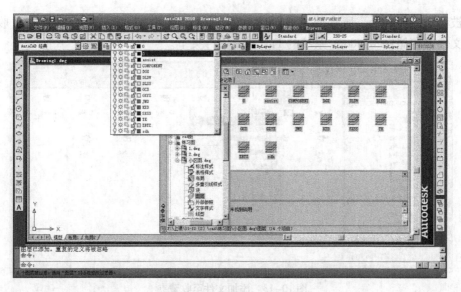

图 10-11　拖动复制图层

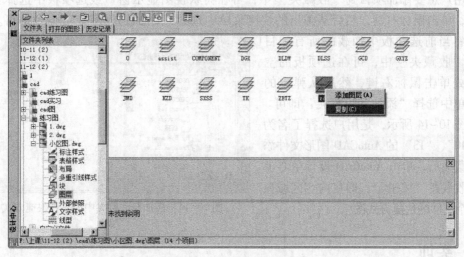

图 10-12　快捷菜单复制图层

④ 确认要粘贴到的图形处于当前激活状态，在 AutoCAD 绘图区单击鼠标右键，从快捷菜单中选择"粘贴"命令或按〈Ctrl + V〉组合键，即可将所选择的图层粘贴到图形当中。

需要注意的是，所选择的图层被复制到打开的图形当中，在该图形中，复制的图层名字不变。所以，用户在图形之间复制图层时，应该在复制图层之间确认图形中是否存在同名的图层。

10.5　在收藏夹中添加内容

对于一些用户要常常使用的内容，AutoCAD 为便于用户多次查找，提供了收藏夹功能，使文件和块等内容的查找更加容易。

选择一个图形文件、文件夹或其他类型的内容，从右键快捷菜单中选择"添加到收藏夹"（如图 10-13 所示），则一个连接到该项目的快捷方式添加到"收藏夹"中，而源文件并没有被移动。实际上，所有使用 AutoCAD 设计中心创建的快捷方式都存储在"收藏夹"中，该文件夹存储在 Windows 系统的 Favorites 文件夹下。

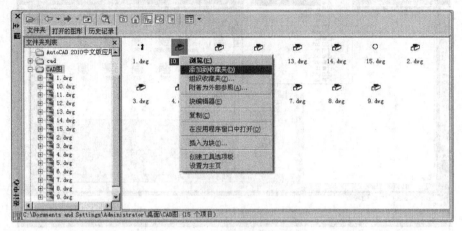

图 10-13　添加文件至收藏夹

　　若用户想要添加项目到"收藏夹"中，可在树状视图显示窗口或选项板中选择要添加的对象，单击鼠标右键，然后从弹出的快捷菜单中选择"添加到收藏夹"命令即可。如果用户要将当前选项板中加载的所有项目添加到"收藏夹"中，可在选项板的空白背景处单击鼠标右键，然后从弹出的快捷菜单中选择"添加到收藏夹"即可。

　　如图 10-14 所示，是用户选择了名为"5"、"10"、"13"的 AutoCAD 图形文件添加至收藏夹后，单击 AutoCAD 设计中心上方的"收藏夹"按钮，即在内容区域显示其 3 个文件的快捷方式图标。

图 10-14　添加至收藏夹中的文件快捷方式

10.6　实训

　　【实训 10-1】新建一个图形文件，搜索系统中名为"零件图"的 AutoCAD 图形文件，将其图形中名为"open30"的块旋转 -90°，X、Y 方向均放大 2 倍插入到当前图形中坐标为"100，100"的点上。

　　操作步骤：

　　① 新建 AutoCAD 图形文件。

　　② 打开 AutoCAD 设计中心，单击"搜索"按钮，弹出如图 10-15 所示的"搜索"对话框，在该对话框中选择要搜索的内容为"图形"，搜索的范围为 C 盘，图形文件的名称为"零件图"，然后单击"立即搜索"按钮。经过搜索，在"搜索"对话框下方显示出被搜索文件的信息。

　　③ 双击该图形文件名，或单击鼠标右键，在弹出的快捷菜单中选择"加载到内容区中"命令，则在 AutoCAD 设计中心内容区域显示出该图形文件包含的内容，如图 10-16 所示。

238

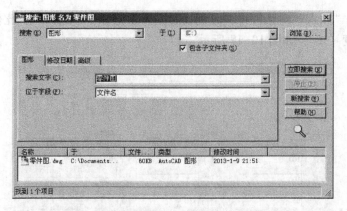

图 10-15 搜索名为"零件图"的图形文件

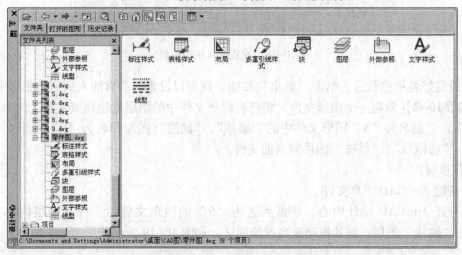

图 10-16 加载图形文件内容

④ 双击"块"文件，显示该图形文件中包含的所有块，在名称为"open30"处单击鼠标右键，在弹出的快捷菜单上选择"插入块"命令，如图 10-17 所示。

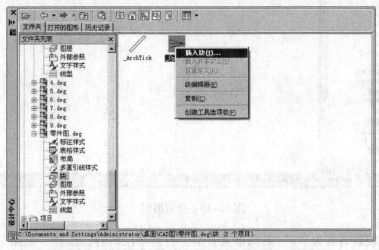

图 10-17 选择"插入块"命令

⑤ 在弹出的"插入"对话框中，分别设置插入点坐标：100，100；比例：X方向2，Y方向2；旋转角度 -90°，如图 10-18 所示。

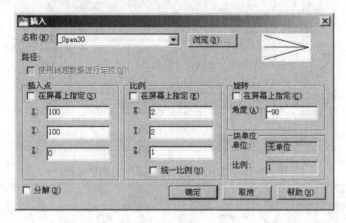

图 10-18　设置插入块的参数

⑥ 设置好各项参数后，单击"确定"按钮，块将以设置的参数插入到当前图形中。

【实训10-2】新建一个图形文件，将已有图形文件中的图层复制到该新建文件中。具体要求如下：复制名为"5"图形文件中的"墙体"、"轴线"图层和名为"9"图形文件中的"道路"、"通讯线"、"植被"图层到当前文件。

操作步骤：

① 新建 AutoCAD 图形文件。

② 打开 AutoCAD 设计中心，搜索到名为"5"的图形文件后，打开图层内容，选择"墙体"、"轴线"图层，将其拖动至当前绘图区，如图 10-19 所示。

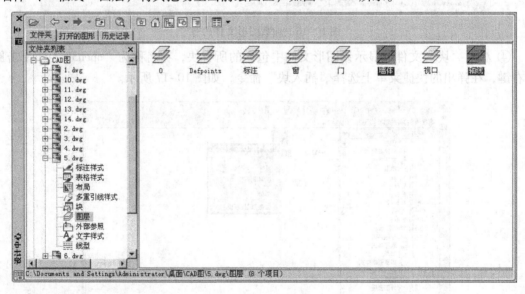

图 10-19　搜索图层

③ 同法，搜索到名为"9"的图形文件后，打开图层内容，选择"道路"、"通讯线"、"植被"图层，将其拖动至当前绘图区，如图 10-20 所示。

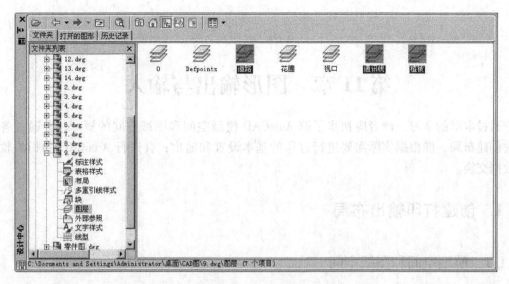

图 10-20 搜索图层

④ 如图 10-21 所示为复制了各图层后，新建文件现有的图层情况。

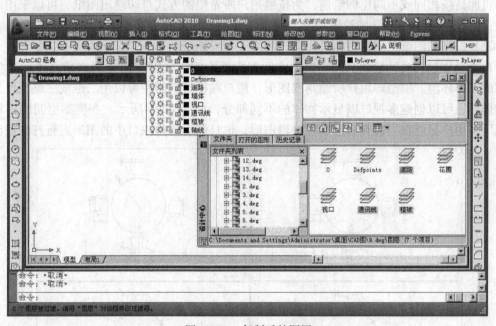

图 10-21 复制后的图层

10.7 上机操作及思考题

1. AutoCAD 设计中心的功能有哪些？
2. 如何使用 AutoCAD 设计中心向图形中添加光栅图像和外部参考？
3. 如何使用 AutoCAD 设计中心插入自定义内容？
4. 试通过 AutoCAD 设计中心将常用的图形收藏在"收藏夹"中。

第 11 章　图形输出与输入

通过本章的学习，读者应初步了解 AutoCAD 模型空间和图纸空间的概念；会通过各种方法创建布局，能根据实际需要进行打印的基本设置和输出；会进行 AutoCAD 和相关软件的数据交换。

11.1　创建打印输出布局

11.1.1　模型空间和图纸空间

用 AutoCAD 绘制好图形后，可以打印输出。在工程制图中，图纸上通常包括图形和一些其他的附加信息（如图纸边框、标题栏等）。打印的图纸经常包含一个以上的图形，且各图形可能是按相同或不同比例绘制，为按照用户所希望的方式打印输出图纸，可以采用两种方法：一是利用 AutoCAD 的绘图功能、编辑功能和图层功能获得要打印的图形；二是利用 AutoCAD 提供的图纸空间，根据打印输出的需要布置图纸。

AutoCAD 包含两种绘图空间：模型空间和图纸空间。模型空间是用户建立图形对象时所在的工作环境。模型即用户所绘制的图形，用户在模型空间中可以用二维或三维视图来表示物体，也可以创建多视口以显示物体的不同部分，如图 11-1 所示。在模型空间的多视口情况下，用户只能在当前视口绘制和编辑图形，也只能对当前视口中的图形进行打印输出。

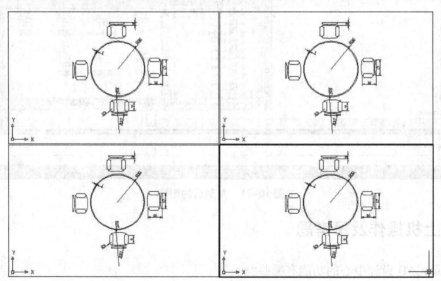

图 11-1　模型空间下的多视口

图纸空间是 AutoCAD 提供给用户进行规划图形打印布局的一个工作环境。用户在图纸空间中同样可以用二维或三维视图来表示物体，也可以创建多视口以显示物体的不同部分，

242

在图纸空间下坐标系的图标显示为三角板形状，如图 11-2 所示，图中显示的白色矩形轮廓框是在当前输出设备配置下的图纸大小，白色矩形轮廓框内的虚线表示了图纸可打印区域的边界。图纸空间下的视口被作为图形对象来看待，用户可以用编辑命令对其进行编辑。用户可以在同一绘图页面中绘制图形，也可以进行不同视图的放置，并且可以对当前绘图页面中所有视口中的图形同时进行打印输出。

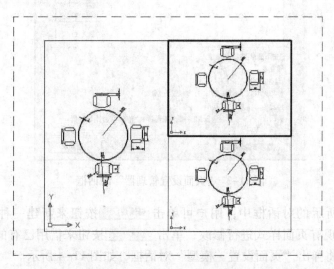

图 11-2　图纸空间下的多视口

用户可以在模型空间或图纸空间下工作，也可以随时在模型空间和图纸空间之间进行切换。切换可通过绘图区下方的切换标签来实现，单击"模型"标签进入模型空间，单击"布局"标签，进入图纸空间。用户还可以通过设置系统变量 Tilemode 的值进行模型空间与图纸空间的切换，当设置为 1 时进入模型空间，当设置为 0 时进入图纸空间。

11.1.2　创建布局

默认情况下，AutoCAD 将用户引导进入模型空间。若要在图纸空间环境中工作，用户需要创建布局。用户可以创建多个布局来显示不同的视图，每个视图可包含不同的绘图样式。布局视图中的图形就是绘图结果见到的图形。

1. 使用"页面设置管理器"对话框

（1）调用命令方式

下拉菜单：文件→页面设置管理器。

工具栏："布局"工具栏 ⬚（"页面设置管理器"按钮）。

命令：PageSetup。

（2）功能

为当前布局或图纸指定页面设置，也可以新建并命名新的页面设置、修改现有页面设置，或从其他图纸中输入页面设置。

（3）操作过程

输入该命令后，将弹出如图 11-3 所示的"页面设置管理器"对话框。

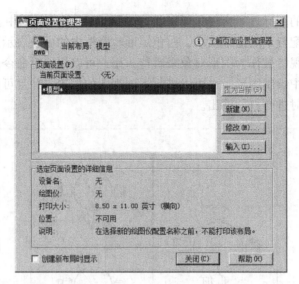

图 11-3 "页面设置管理器"对话框

在如图 11-3 所示的对话框中，用户可单击 新建(N)... 按钮来新建一种页面样式；单击 修改(M)... 按钮来对现有页面样式进行修改；单击 输入(I)... 按钮来借用已有的页面样式。如单击 修改(M)... 按钮，将弹出"页面设置-模型"对话框，如图 11-4 所示。

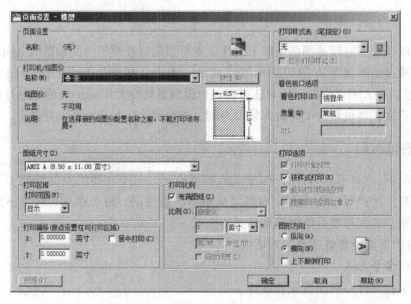

图 11-4 "页面设置-模型"对话框

在"页面设置-模型"对话框中，用户可通过"打印机/绘图仪"设置区选择输出设备的名称；在"图纸尺寸"设置区选择图纸的大小；在"打印区域"设置区选择打印图形的范围；在"打印样式表"设置区选择已有的打印样式；在"图形方向"设置区选择图形相对于图纸的打印方向。

2. 使用新建布局

除了 AutoCAD 提供的"布局1"和"布局2"两个默认的图纸空间布局外，用户还可以定义新布局。

(1) 调用命令方式

下拉菜单：插入→布局→新建布局。

工具栏："布局"工具栏▥（"新建布局"按钮）。

命令行：Layout。

(2) 功能

创建新的图纸空间布局。

(3) 操作过程

输入该命令后，命令行提示如下。

> 输入布局选项[复制(C)/删除(D)/新建(N)/样板(T)/重命名(R)/另存为(SA)/设置(S)/?]
> <设置>:new
> 输入新布局名<布局3>：

在该提示下，用户可输入新布局的名称，此时默认为"布局3"，用户可以使用默认名称，也可以使用其他名称。用这种方法创建布局时，并不立即要求对其进行页面设置，当用户首次打开该布局时，将弹出图11-3所示的"页面设置管理器"对话框，供用户对其进行打印设置。

如果用户是通过"Layout"命令进行新布局创建的，需先选择"N"，新建布局。也可选择其他选项，各选项含义如下。

- 复制：从已有的一个布局中复制出新的布局。
- 删除：删除一个已有布局。
- 新建：创建一个新的布局。
- 样板：根据样板文件（dwt）或图形文件（dwg）中已有的布局来创建新的布局，指定的样板文件或图形文件中的布局将插入到当前图形中。
- 重命名：重命名一个布局。
- 另存为：保存布局。
- 设置：设置当前布局。
- ?：显示当前图形中所有的布局。

3. 使用布局样板

AutoCAD 提供了多个表示不同标准图纸的样板文件（dwt），这些标准包括：ANSI、GB、ISO、DIN、JIS。其中，"GB"是遵循中国国家标准的布局样板。

(1) 调用命令方式

下拉菜单：插入→布局→来自样板的布局。

工具栏："布局"工具栏▥（"来自样板的布局"按钮）。

命令行：Layout，再输入"T"按〈Enter〉键。

(2) 功能

创建来自样板的图纸空间布局。

(3) 操作过程

输入该命令后，将弹出如图11-5所示的"从文件选择样板"对话框。

图 11-5 "从文件选择样板"的对话框

用户可在该对话框中选择需要的布局样板，所选样板将在"预览"窗口内显示。选好样板后，单击"打开"按钮，将弹出"插入布局"对话框，在该对话框中选择一个布局名，再单击"确定"按钮。

4. 使用布局向导

AutoCAD 提供的布局向导，可以引导用户一步一步地创建布局并进行页面设置。

（1）调用命令方式

下拉菜单：插入→布局→创建布局向导。

下拉菜单：工具→向导→创建布局。

命令行：Layoutwizard。

（2）功能

使用向导创建布局。

（3）操作过程

输入该命令后，弹出如图 11-6 所示的"创建布局 – 开始"对话框。在该对话框中，用户可为创建的布局命名，输入新布局名称后，单击"下一步"按钮，弹出如图 11-7 所示的"创建布局 – 打印机"对话框。

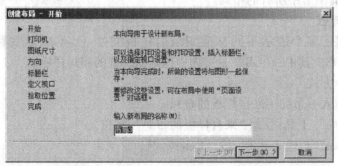

图 11-6 "创建布局 – 开始"对话框

用户为新布局选择配置的打印设备后，单击"下一步"按钮，弹出如图 11-8 所示的"创建布局 – 图纸尺寸"对话框。用户可以设置打印图纸的尺寸和图形单位。图纸尺寸可从下拉列表中选择，图形单位可以是毫米、英寸或像素。选择好后，单击"下一步"按钮，弹出如图 11-9 所示的"创建布局-方向"对话框。

图 11-7　"创建布局-打印机"对话框

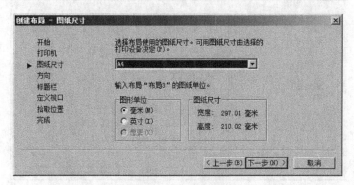

图 11-8　"创建布局-图纸尺寸"对话框

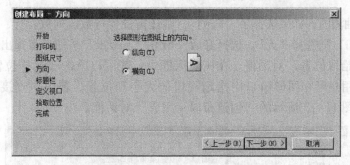

图 11-9　"创建布局-方向"对话框

在该对话框中有"横向"和"纵向"两个单选按钮，供用户选择打印的方向。选择好后，单击"下一步"按钮，弹出如图 11-10 所示的"创建布局-标题栏"对话框。在该对话框中，用户可以选择在布局中使用的标题栏样式。向导列出了将显示出所选标题栏样式的预览图像。若不想使用任何标题栏，则选择"无"。在对话框的"类型"选项中，用户还需选择标题栏的引用方式是以"块"的方式还是以"外部参照"的方式插入。选择好后，单击"下一步"按钮，将弹出如图 11-11 所示的"创建布局-定义视口"对话框。

在该对话框中，用户可以在布局中添加浮动视口，确定浮动视口的类型和浮动视口的比例等。如果选择了"标准三维工程视图"，则还需设置行、列间距，该视口显示主视图、俯视

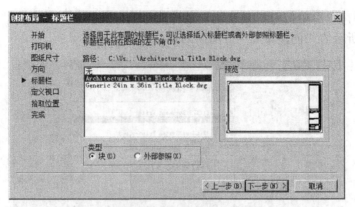

图 11-10 "创建布局 – 标题栏"对话框

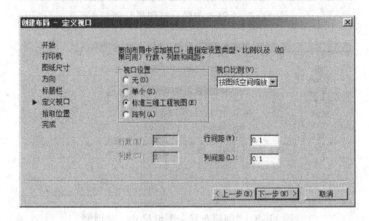

图 11-11 "创建布局 – 定义视口"对话框

图、侧视图以及轴测图;如果选择了"阵列",则还需设置行数、列数、行、列间距;如不想添加任何浮动视口,则选择"无"。选择好后,单击"下一步"按钮,将弹出如图 11-12 所示的"创建布局 – 拾取位置"对话框。在该对话框中,若用户单击"选择位置"按钮,将切换到绘图窗口,用户可在图形窗口中指定视口的大小和位置。若用户直接选择"下一步"按钮,则弹出如图 11-13 所示的"创建布局 – 完成"对话框。

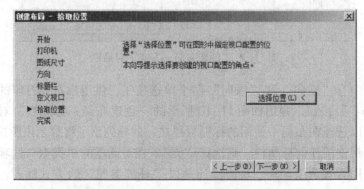

图 11-12 "创建布局 – 拾取位置"对话框

单击"完成"按钮,将根据指定的视口快速创建布局。

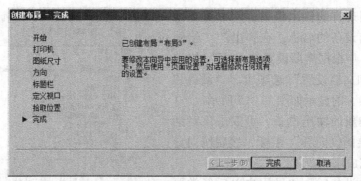

图 11-13 "创建布局 - 完成"对话框

11.2 打印设置

图形输出设备有很多，常见的有打印机和绘图仪两大类。打印机常指小规格的打印机，绘图仪主要指平板、滚筒等笔式绘图设备。但就目前技术发展而言，打印机与绘图仪都趋向激光、喷墨输出，两者已无明显区别。

11.2.1 打印机设置

用户可通过"绘图仪管理器"来添加和配置打印机或绘图仪。

（1）调用命令方式

下拉菜单：文件→绘图仪管理器。

下拉菜单：工具→选项→打印和发布→添加或配置绘图仪。

命令行：Plottermanager。

（2）功能

调用 AutoCAD 打印机管理器。

（3）操作过程

输入该命令后，将弹出如图 11-14 所示的"Plotters（绘图仪）"对话框。

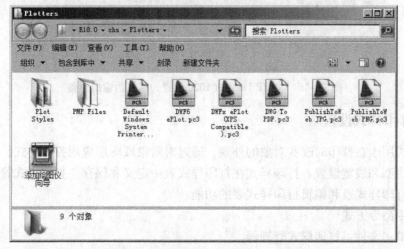

图 11-14 "Plotters（绘图仪）"对话框

如果要使用现有的输出设备，用户可双击该对话框中输出设备的名称，在弹出的"绘图仪配置编辑器"中根据需要设置"常规"、"端口"和"设备和文档设置"选项卡。"设备和文档设置"选项卡的显示如图11–15所示。

如果要添加新的输出设备，可双击该对话框中的"添加绘图仪向导"图标，然后按向导提示一步一步完成添加。

配置好输出设备后，如果用户以后经常要使用该配置，可在系统配置中将该输出设备设置成默认的输出设备。方法：单击"选项"对话框中的"打印和发布"选项卡，在默认的打印输出设备下拉列表框中选择要默认的输出设备即可。如图11–16所示是将HP LaserJet 1020设置为默认的输出设备。

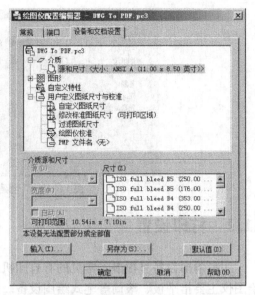

图11–15　"设备和文档设置"选项卡

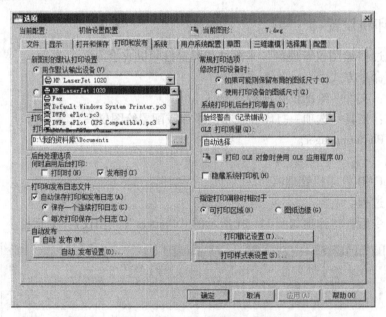

图11–16　将HP LaserJet 1020设置为默认的输出设备

11.2.2　打印样式设置

打印样式用于在打印时改变对象的外观，通过对对象或图层应用打印样式，可以改变它们的颜色、线型和线宽设置。打印样式在打印样式表中定义和保存。打印样式管理器为用户提供了创建打印样式表和编辑打印样式表的功能。

（1）调用命令方式

下拉菜单：文件→打印样式管理器。

命令行：Stylesmanager。

（2）功能

以向导方式创建或编辑打印样式表。

（3）操作过程

输入该命令后，将弹出如图 11-17 所示的"Plot Styles"窗口。在该窗口中，用户可以创建或编辑打印样式表。

图 11-17 "Plot Styles"窗口

1）创建打印样式表

双击"Plot Styles"窗口中的"添加打印样式表向导"按钮，弹出如图 11-18 所示的"添加打印样式表"对话框。单击"下一步"按钮，弹出如图 11-19 所示的"添加打印样式表 - 开始"对话框。

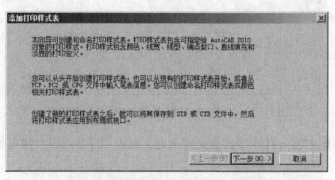

图 11-18 "添加打印样式表"对话框

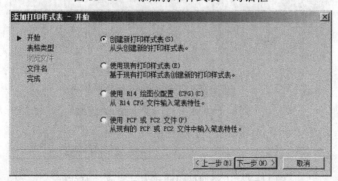

图 11-19 "添加打印样式表 - 开始"对话框

用户可通过该对话框确定创建打印样式的方式，以选择"创建新打印样式表"为例，单击"下一步"，弹出如图 11-20 所示的"添加打印样式表 - 选择打印样式表"对话框。该对话框中，"颜色相关打印样式表"单选按钮表示将创建 255 个打印样式，其信息将保存在打印样式表文件中；"命名打印样式表"单选按钮表示将创建一个打印样式表，该表中包含一个名为"普通"的打印样式，用户可在"打印样式编辑器"中再添加新的打印样式。以选择"颜色相关打印样式表"单选按钮为例，单击"下一步"，弹出如图 11-21 所示的"添加打印样式表 - 文件名"对话框。

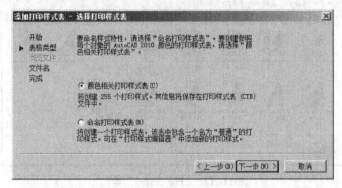

图 11-20　"添加打印样式表 - 选择打印样式表"对话框

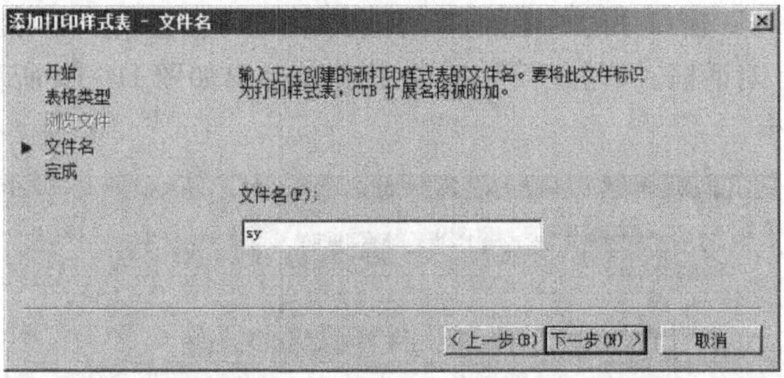

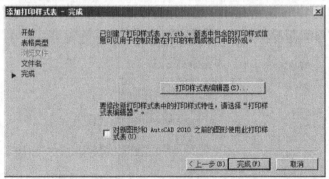

图 11-21　"添加打印样式表 - 文件名"对话框

用户在该对话框中输入打印样式表文件名后，单击"下一步"，弹出如图 11-22 所示的"添加打印样式表 - 完成"对话框。

图 11-22　"添加打印样式表 - 完成"对话框

此时，用户可以单击 打印样式表编辑器(S)... 按钮来编辑打印样式。单击"完成"按钮，AutoCAD 将结束添加打印样式的操作，并在打印样式管理器窗口添加新打印样式的图标。

2）编辑打印样式表

双击"Plot Styles"窗口中的打印样式表的图标，弹出"打印样式表编辑器"对话框。如图 11-23 所示的是双击前面添加的"sy"打印样式表图标后弹出的对话框。

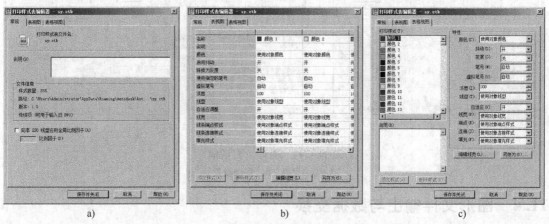

图 11-23 "打印样式表编辑器"对话框

a)"常规"选项卡 b)"表视图"选项卡 c)"表格视图"选项卡

其中，"常规"选项卡显示了打印样式表的基本信息。用户可以通过"说明"文本框输入打印样式表的说明信息。"表视图"选项卡和"表格视图"选项卡列出了打印样式表中的全部打印样式及它们的设置。用户可通过这两个选项卡修改打印样式的颜色、线型、线宽、对象端点样式、对象填充样式和淡显等打印定义。如果打印样式较少，则利用"表视图"选项卡设置较为方便。若打印样式较多，则用"表格视图"选项卡设置更为方便。

11.3 打印图形

完成 11.2 节中的各项打印设置后，用户就可以进行图形打印了。但在打印图形之前，用户还需要进行相应的打印设置和打印机设置，这些工作是在"打印"对话框中进行的。

（1）调用命令方式

下拉菜单：文件→打印。

工具栏："标准"工具栏 ⊕（"打印"按钮）。

命令行：Plot。

（2）功能

将文件输出到打印设备或文件中。

（3）操作过程

输入该命令后，将弹出如图 11-24a 所示的"打印"对话框。单击右下角的 ⊙ 按钮，可以显示详细设置，如图 11-24b 所示。

在该对话框中，用户可以进行页面设置、打印设备的选择、打印范围、打印比例等的设置。设置好后，可通过单击 预览(P)... 按钮，查看打印的效果。

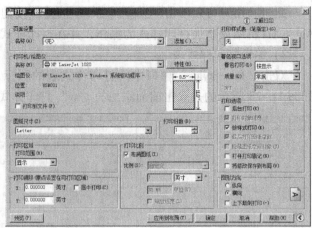

a)   b)

图 11-24 "打印"对话框

a) 简单设置   b) 详细设置

11.4　图形文件输出与数据交换

为了提高软件的通用性，更好地发挥各自的优势，AutoCAD 提供了与其他多种程序的接口。AutoCAD 的图形格式一般可通过单击 AutoCAD "文件"菜单下的"输出"子菜单，从而输出为其他的文件格式，以便进一步处理。

11.4.1　AutoCAD 与 3ds Max 间的交互

AutoCAD 具有强大的绘图编辑和建模功能，而 3ds Max 又擅长特效处理和动画制作，所以可结合这两种软件的优势，在 AutoCAD 中作图，在 3ds Max 中做后期处理。

1. 从 AutoCAD 输出到 3ds Max 格式

（1）调用命令方式

下拉菜单：文件→输出

（2）功能

将 AutoCAD 图形保存为 3ds Max 格式。

（3）操作过程

输入该命令后，在弹出的"输出数据"对话框中，选择保存文件的路径、输入文件名，在文件类型中选择"3D Stdio（*.3ds）"即可。

2. 从 3ds Max 中调用 AutoCAD 图形

打开 3ds Max 程序，选择"文件"→"输入"命令，在弹出的"输入文件"对话框中选择已保存文件的路径、输入文件名，在文件类型中选择"AutoCAD（*.dwg）"。

3. 从 3ds Max 输出到 AutoCAD 格式

选择 3ds Max "文件"→"输出"命令，在弹出的"输出文件"对话框中选择输出文件的路径、输出文件名，在文件类型中选择"AutoCAD（*.dwg）"。

11.4.2　AutoCAD 与 Photoshop 间的交互

Photoshop 擅长光影、色彩的处理，所以也可将 AutoCAD 图形输出到 Photoshop 中进行进一步地处理。

1. 从 AutoCAD 输出到 Photoshop 格式

将 AutoCAD 图形保存为 Photoshop 格式的方法与输出为 3ds Max 格式相似,只是在输出文件类型中选择"位图(*.bmp)"。

2. 从 AutoCAD 中调用 Photoshop 图形

在 AutoCAD 中调用 Photoshop 图形的方法:

选择"插入"→"光栅图像参照"命令,在弹出的"选择参照文件"对话框中选择要调用的图像,如图 11-25 所示。

选择图像后,单击"打开"按钮,在弹出的"附着图像"对话框中设置图像的插入点、缩放比例和旋转角度,如图 11-26 所示。即可将 *.bmp、*.jpg、*.gif 等格式的图像插入到 AutoCAD 绘图区。

图 11-25　在 AutoCAD 中调用图形

图 11-26　将"扫描.jpg"插入到 AutoCAD 中

11.5　图形输入

AutoCAD 2010 除了可以打开 AutoCAD 图形文件、图形样板文件、图形标准文件和 DXF 文件外,还可以将其他格式的文件插入至 AutoCAD 中。

（1）调用命令方式

命令：Import。

（2）功能

将其他格式的文件插入到 AutoCAD 中。

（3）操作过程

调用该命令后，AutoCAD 将弹出如图 11-27 所示的"输入文件"对话框。

图 11-27 "输入文件"对话框

在该对话框中，用户可在"文件类型"下拉列表中选择的文件类型有图元文件（∗.wmf）、ACIS 文件（∗.sat）、3D Studio 文件（∗.3ds）、MicroStation DGN 文件（∗.dgn）及所有 DGN 文件。

用户选择要输入的其他格式文件后，单击对话框中的"打开"按钮，即可将选择的其他格式的文件插入到 AutoCAD 中。

用户也可以使用 Wmfin、Acisin、3Dsin 命令或选择"插入"下拉菜单中的对应选项的图元文件、ACIS 文件、3D Studio 等文件插入到 AutoCAD 中。

11.6 实训

【实训 11-1】试从模型空间输出图形。

操作步骤：

① 添加配置打印机。选择"文件"→"绘图仪管理器"命令，弹出"Plotters"对话框，如图 11-28 所示。双击"添加绘图仪向导"。选择"系统打印机"单选按钮，按照向导逐步完成添加，如图 11-29 所示。

从当前操作系统能识别的系统绘图仪列表中选择要添加的打印设备，如图 11-30 所示。

② 打开"选项"对话框，选择"打印和发布"选项卡，将添加的设备选为"用作默认输出设备"，如图 11-31 所示。

③ 选择"文件"→"页面设置管理器"命令，弹出"页面设置 - 模型"对话框，如图 11-32 所示。在该对话框中选择打印设备，对输出图纸的尺寸和图纸单位、输出图形的方向、打印区域、打印比例等内容进行合理设置，完成布局设置。打印前可通过"打印预览"功能，查看输出效果。

256

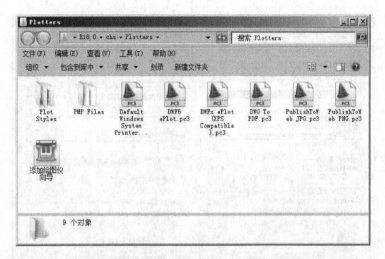

图 11-28 "Plotters" 对话框

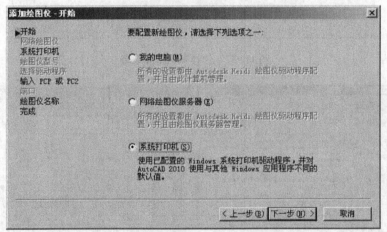

图 11-29 选择 "系统打印机" 单选按钮

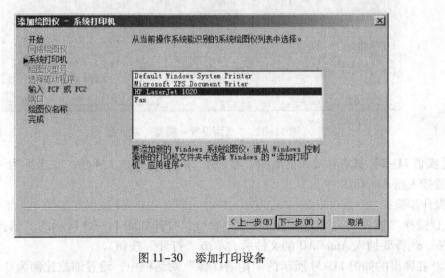

图 11-30 添加打印设备

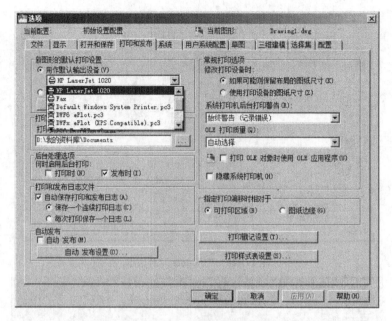

图 11-31　选择默认打印设备

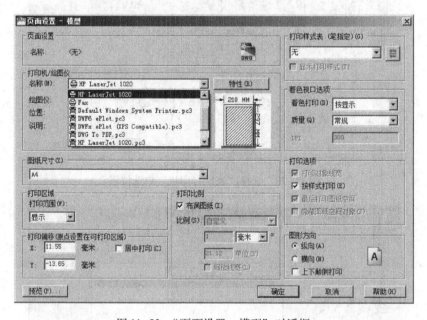

图 11-32　"页面设置-模型"对话框

【实训 11-2】试将存放在桌面的"零件图 . jpg"文件放大 4 倍，在坐标为（100，100）的位置插入到 AutoCAD 中。

操作步骤：

① 选择"插入"→"光栅图像参照"命令，打开如图 11-33 所示的"选择参照文件"对话框。选择要插入 AutoCAD 的文件后，单击"打开"按钮。

② 在弹出的如图 11-34 所示的"附着图像"对话框中，设置缩放比例为"4"，指定插入点的坐标，单击"确定"按钮，则图片即可按要求插入到 AutoCAD 中。

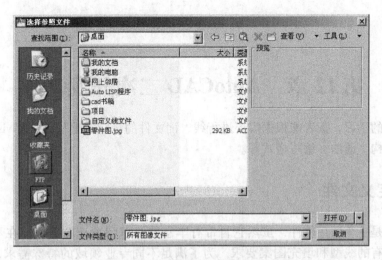

图 11-33 "选择参照文件"对话框

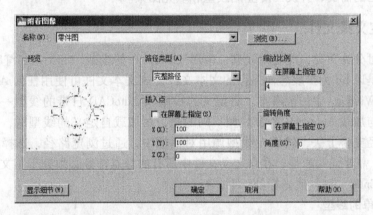

图 11-34 "附着图像"对话框

11.7 上机操作与思考题

1. 为什么要引入模型空间和图纸空间？
2. "布局"是什么？如何创建布局？如何设置布局？
3. 上机操作：练习图形输出。设置好图形输出设备，然后输出图形。
4. AutoCAD 2010 与 3ds Max 之间如何进行数据交换？

第 12 章　AutoCAD 二次开发基础

通过本章的学习，读者能根据需要进行线、面文件的自定义编写，了解 visual LISP 程序语句的基本结构、语法、编写格式等。

12.1　自定义文件

AutoCAD 是一个通用软件，虽然它自带有丰富的线型和填充图案，但在不同的应用领域，却有其特有的线型和填充图案要求。为了满足不同专业领域的特殊需求，AutoCAD 允许用户根据自己的需要，开发出专业的线型和填充图案。

12.1.1　自定义线文件

普通线型可分为 3 类，即简单线型、带形 (Shape) 的线型、带文本字符串的线型。

线型文件是以 lin 为扩展名而保存的文本文件，该文本文件可使用任何 ASCII 文本编辑器来编辑，如 Windows 中的记事本。自定义的线型和 AutoCAD 自带的线型一样可加载、设置线型特性。与加载 AutoCAD 自带线型不同的是，在加载自定义的线型时，要先将保存该线型文件的路径支持上去，然后在线型调用对话框中，通过浏览路径，选择确认自定义的 .lin 文件即可。需要强调的是，在自定义文件中所有的标点符号必须处于英文状态下，且在保存前要按〈Enter〉键，使光标处于下一行。

1. 定义简单的线型

这类线型是由重复使用的虚线、空格、点组成，如：点画线的线型为— · — · —。简单线型的定义格式为：

```
*线型名,线型描述↙
A,实线长,虚线长,点↙
```

其中，线型描述项可省略。

定义像点画线这样的简单线型步骤：

① 在记事本中编写代码。如编写点画线 — · — · — 线型的代码：

```
*点画线
A,3,-2,0,-2
```

对该代码解释如下：

第一行中"*"号为标示符，标志一种线型定义的开始。"点画线"为线型名。线型名之后是用字符对线型形状的粗略图示描绘，表示点画线的形状。（描绘是示意性的，不对实际线型的形状产生影响，可以省略）。第二行必须以"A"开头，表示对齐类型。正数"3"表示绘制 3 个单位的短画线，负数"-2"表示 2 个单位的空格，数字"0"表示点。

说明：关于线型名，可以使用汉字或英文字母作为线型名称。限于 AutoCAD 工具栏中线型框显示的宽度，线型名一般不要超过 10 个汉字。每个线型最多可以有 12 个线段长度定义，但这些定义必须在一行中，并且总长度不能超过 80 个字符。

② 保存线型文件。线型文件应保存为扩展名为 lin 的文件。

2. 定义带字符串的线型

带字符串的线型是在简单线型中插入字符串而成，如"——— 煤气 ——— 煤气 ———"是由简单线型"—— —— ——"与字符串"煤气"组成的。

带字符串的线型的编写格式：

　*线型名,线型描述
　A,实线长,["所插入的字符串",字体名称,缩放比例,旋转角度,X 方向偏移量,Y 方向偏移量],
　虚线长

定义像带字符串的线型步骤：

在记事本中编写代码。编写线型——— 煤气 ——— 煤气 ———的代码：

　*煤气线
　A,10,["煤气",standard,x = 0.2,y = − 0.3], − 3.5

对该代码解释如下：

第一行中"*"号为标示符，标志一种线型定义的开始。"煤气线"为线型名。线型名后可以作简单线型说明，也可省略。第二行以"A"开头，表示对齐类型。正数"10"表示绘 10 个单位的短画线，方括号中为字符描述，字符串内容为"煤气"，字体名称为"standard"，X 方向偏移量为 0.2，Y 方向偏移量为 − 0.3，负数" − 3.5"表示 3.5 个单位的空格。

说明：其中，线型描述可省略，字符串描述中的"缩放比例，旋转角度，X 方向偏移量，Y 方向偏移量"根据需要都可省略或省略中间的某一项。如省略，则默认缩放比例 = 1，旋转角度 = 0，X 方向偏移量 = 0，Y 方向偏移量 = 0，但"所插入的字符串"和"字体名称"两项都不可省略。

3. 定义带形（Shape）的线型

带形的线型是由简单线型和形组成。如城墙"——┌┐——┌┐——"是由简单线型"—— —— ——"和形"┌┐"组成。在简单线型的定义中，插入形单元，则组成带形定义的线型。

定义带形的线型可分为如下两部分操作。

首先，定义形。形文件的编写格式：

　*该形在形文件中的编号,字符串个数,形名
　形代码,0

其中，形代码由一些矢量长度、方向代码和特殊代码组成。简单的形定义字节在一个定义字节（一个 specbyte 字段）中包含矢量长度和方向的编码。每个矢量的长度和方向代码是一个 3 字符的字符串。第一个字符必须为 0，用于指示紧随其后的两个字符为十六进制值；第二个字符指定矢量的长度，有效的十六进制值的范围是从 1（1 个单位长度）到 F（15 个单位长度）；第三个字符指定矢量的方向。图 12-1 显示了矢量方向代码。

第二，定义城墙中的城垛┌┐的形文件，其操作步骤如下所示。

① 在记事本中编写代码。编写的城垛形文件的代码：

    *1,4,城垛
    014,010,01c,0

对该代码解释如下：

第一行中 * 号为标示符，"1"表示该形定义在整个形文件中的编号为 1；"4"表示字符串个数是 4 个；城垛是该形的名字。第二行中"014，010，01c"表示矢量长度和方向，如图 12-2 所示；0 表示矢量定义的结束。

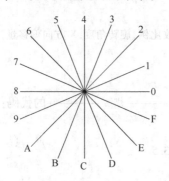

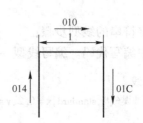

图 12-1　矢量方向代码　　　　图 12-2　矢量长度和方向代码示例

② 保存形定义。形定义应保存为扩展名为 shp 格式。

③ 编译形。形在插入前必须经过编译，即将形的 shp 格式编译成 shx 格式。编译的方法是在命令行输入"compile"命令后按〈Enter〉键，在随后弹出的对话框中选择要编译的形，如果形代码编写正确，则命令行会出现"编译成功"的信息，如图 12-3 所示。

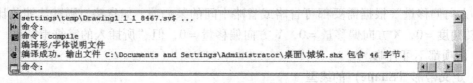

图 12-3　编译形示例

④ 加载形。编译形成功后，可查看一下具体的形图案，即加载形。形加载的方法是在命令行输入"load"命令后按〈Enter〉键，在随后弹出的对话框中选择要加载的形。然后在命令行输入"shape"命令后按〈Enter〉键，然后再根据提示输入形名、指定插入点、高度、旋转角度，即可将形插入到当前绘图区。

⑤ 编写带形的线型。编写带形的线型即是在简单的线型中插入形，插入形格式：

    [形名,形文件名.shx,形变]

其中，"形变"是可选项，它包括：

* S = ##缩放比例。
* R = ##相对旋转角度。
* A = ##绝对旋转角度。
* X = ## X 方向的偏移量。
* Y = ## Y 方向的偏移量。

编写城墙的代码：

*城墙

A,6,[城垛,城垛.shx],-1

⑥ 保存线型。将带形的线型保存为扩展名为 lin 的格式，方法与简单线型保存方法相同。

自定义的线型定义完后，即可像 AutoCAD 自带的线型一样加载应用。但加载之前，必须把保存该线型文件的文件夹支持上去。操作步骤如下所示。

① 支持该线型文件的文件夹。打开"选项"对话框，选择"文件"选项卡，在"文件"选项卡中打开第一项"支持文件搜索路径"，观察该线型文件的文件夹是否在支持范围内，如果没有，可单击对话框右边的 添加(D)... 按钮，输入文件夹路径，或单击 浏览(B)... 按钮查找文件夹路径，确定即可。如图 12-4 所示。

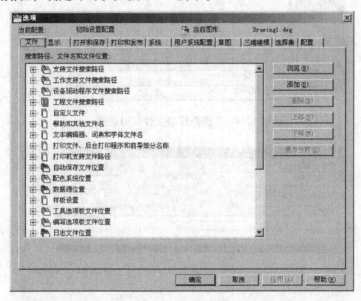

图 12-4　支持文件路径

② 打开"线型管理器"对话框，单击右上方的 加载(L)... 按钮，在随后弹出的"加载或重载线型"对话框中单击 文件(F)... 按钮，如图 12-5 所示。

图 12-5　"加载或重载线型"对话框

在弹出的"选择线型文件"对话框中，选择所要加载的文件，如图 12-6 所示。然后又回到"加载或重载线型"对话框中，在该对话框中显示了文件路径和可用的线型，选择要用的线型，单击"确定"按钮，即回到"线型管理器"对话框中，在该对话框中选择要使用的线型，单击　当前(C)　按钮，如图 12-7 所示，单击"确定"按钮，即可将该线型置为当前线型。

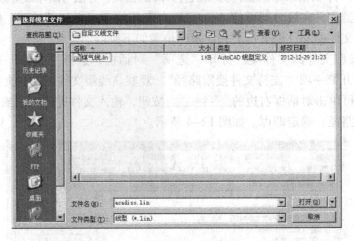

图 12-6 "选择线型文件"对话框

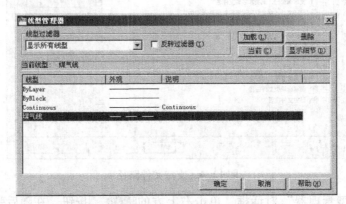

图 12-7 将某一种线型置为当前操作示例

12.1.2 自定义面文件

面文件是一些表示相同图案的组合，一般用于图案的填充。面文件是以 pat 为扩展名保存的文本文件，该文本文件也可使用任何 ASCII 文本编辑器来编辑，如 Windows 中的记事本。自定义的面文件和 AutoCAD 自带的填充图案一样可加载、设置。与加载 AutoCAD 自带的填充图案不同的是，在加载自定义的填充图案时，也要先将保存该面文件的路径支持上去，然后在调用对话框中，通过浏览路径，选择确认自定义的 .pat 文件即可。

自定义的填充图案（如图 12-8 所示）都具有相同的格式，即包括一个带有名称（以星号开头，最多包含 31 个字符）和可选的图案描述的标题行。定义面文件的格式：

　　*图案名,图案描述
　　角度,X 坐标,Y 坐标,X 方向的偏移量,Y 方向的偏移量,实线长,虚线长

各项含义如下。

- 角度：填充线的方向，取值为 0°～360°。
- X 坐标：填充线所经过的 X 坐标，所参考的线一般 X 坐标为 0。
- Y 坐标：填充线所经过的 Y 坐标，所参考的线一般 Y 坐标为 0。
- X 方向的偏移量：相邻两条填充线延伸方向的偏移。
- Y 方向的偏移量：与相邻两条填充线延伸方向的位移垂直的偏移。
- 实线长：填充线延伸方向的实线长。
- 虚线长：填充线延伸方向的虚线长。

定义填充图案的步骤：

① 在记事本中编写代码。编写的草地代码：

    ＊草地
    90,0,0,10,10,2,－18
    90,1,0,10,10,2,－18

图 12-9 是草地图式的代码解释示意图。

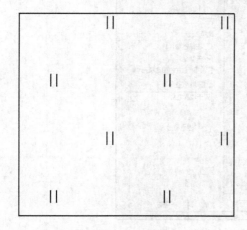

图 12-8　草地图案

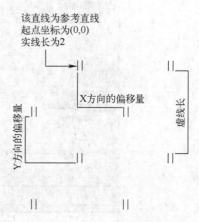

图 12-9　草地图式的代码解释示意图

对该代码解释如下：

第一行中"＊"号为标示符，标志一种填充图案定义的开始。"草地"为线型名。第二行表示填充图案的第一笔，"90"表示该填充线的方向是 90°；"0，0"表示该填充线的起点坐标是（0，0）；"10，10"表示相邻两条填充线在 X 方向和 Y 方向的偏移量分别为 10；"2"表示该填充线的长度为 2 个单位长度；"－18"表示该填充线在同一方向上间距（空格）为 18 个单位长度。第三行表示填充图案的第二笔，具体内容同第二行。

② 保存自定义填充图案文件，该文件的扩展名为 pat 格式。

填充图案在定义时应遵循以下规则：

- 图案定义中的每一行最多可以包含 80 个字符。可以包含字母、数字和以下特殊字符：下划线（＿）、连字号（－）和美元符号（＄）。但是，图案定义必须以字母或数字开头，而不能以特殊字符开头。
- AutoCAD 将忽略分号右侧的空行和文字。
- 每条图案直线都被认为是直线族的第一个成员，是通过应用两个方向上的偏移增量生成无数平行线来创建的。

- 增量 x 的值表示直线族成员之间在直线方向上的位移。它仅适用于虚线。
- 增量 y 的值表示直线族成员之间的间距，也就是到直线的垂直距离。
- 直线被认为是无限延伸的，虚线图案叠加于直线之上。

面文件定义好后，就可以加载使用了。加载面文件前也要像加载自定义的线型一样，将其所在的文件夹支持上去。然后选择"绘图"→"图案填充"命令，在随后弹出的"图案填充和渐变色"对话框中的图案类型中选择"自定义"，然后在自定义图案中选择一种需要的图案，如图 12-10 所示。其他操作与填充 AutoCAD 自带的图案一样。

图 12-10　自定义面文件的加载示例

12.2　设计 AutoLISP 程序

如果用户想强化 AutoCAD 原有的命令或想创造更有用的 AutoCAD 新命令时，可尝试编写 AutoLISP 程序来实现。AutoLISP 内嵌于 AutoCAD 软件内，它易学易用，对程序设计者可以不要求有程序设计的基础。AutoLISP 是 AutoCAD 的最佳排挡，可以说，因为有了 AutoLISP，AutoCAD 才可在各行各业得到广泛应用。Visual LISP 为 AutoLISP 提供了一个集成的开发环境，使得在 AutoLISP 程序设计中，编写、修改和调试程序变得更加容易。并且 Visual LISP 为 AutoLISP 增加了许多新函数，还增加了 AutoLISP 应用程序的工程管理和程序包编译功能，大大提高了 AutoLISP 的效率和保密性。AutoLISP 具有语法简单，功能函数强大，编写环境不挑剔，横跨 AutoCAD 各作业平台，直译式程序（即写即测，即测即用）等特点。

12.2.1　AutoLISP 的语法结构

AutoLISP 重要的语法结构包括以下规则。

规则1：AutoLISP 以括号组成表达式，左右括号一定要配对，内部的字符串双引号也要对称配对。如在 AutoCAD 的命令行输入"（＋5 2 47）"↙ 返回 54；输入"（abs -45）"↙ 返回 45；输入"（getreal "请输入一个实数"）"↙ 返回请输入一个实数。如输入"（＊45 3）"↙ 则返回（_＞，表示少了一个括号；输入"（setq b（/45 9"↙ 返回（（_＞，表示少了两个括号。如图 12-11 所示。

规则2：表达式格式——（函数名 操作数1 操作数2 操作数3）。

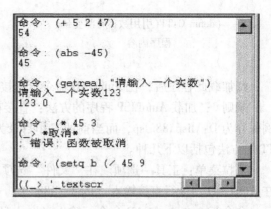

图 12-11 AutoLISP 语法结构示例

其中，函数包括"功能函数"和"自定义的函数"。功能函数包括练习中的 ＋、＊、abs、getreal，更多功能函数请参考本书 12.2 的讲述。自定义的函数是程序设计者自行定义的函数或子程序。

操作数包括：

1）整数。如 4、-12。

2）实数。如 1.2、-25.45。

3）字符串。如"asdf"、"请输入一个实数"。

4）列表。如（x y z）、（"a" 45 1.3）。

5）文件代码。如（open（"练习.txt" "w"））等。

规则3：表达式中的操作数可以是另一个表达式或子程序，即表达式可嵌套。

规则4：多重括号的表达式的运算顺序是由内向外由左向右。如要将数学表达式"12＋34×5－89"表达成 AutoLISP 下的表达式，则应该是（－（＋（＊34 5）12）89）。此书写技巧是"二分法，加括号，操作符前提"。如上式，先计算 34×5，将其表达成（＊34 5）；再计算 12＋34×5，将其表达成（＋（＊34 5）12）；再计算 12＋34×5－89,将其表达成（－（＋（＊34 5）12）89）。

规则5：以文件格式存在的 AutoLISP 程序，其扩展名必须为 Lsp。

规则6：AutoLISP 编写环境只要是一般的文本编辑软件可编辑 ASCII 文件都可。如：记事本、Wordpad、Visual LISP 等。

规则7：可用功能函数 defun 来定义新的命令或新的功能函数。其格式：

```
（defun 函数名（引用数 /局部变量）
      程序内容
）
```

其中，引用数 /局部变量可省略。

规则8：新定义的功能函数若名称为 C：函数名，则此函数可作为 AutoCAD 的新命令使用。

如有程序：

267

```
(defun C:TT(引用数/局部变量)
        程序内容
)
```

则加载此程序后，在 AutoCAD 命令行直接输入"TT"就可调用自定义的命令"TT"。

规则 9：加载 AutoLISP 程序的方法：直接在命令行输入（load "Lsp 主文件名"）。如上例保存为 D:\lisp\88. lsp，而当前的工作目录为 C:\AutoCAD\sqjuan。则加载 AutoLISP 程序 TT 的方法包括以下几种。

下拉菜单：工具→选项。在"文件"选项卡中的"支持文件搜索路径"到 D:\lisp 然后在 AutoCAD 命令行直接输入（load "88"）。

命令行：在 AutoCAD 命令行输入（load "D:\lisp\88"）

加载成功后，命令行将出现提示："C:TT"，然后直接输入"TT"，则即可执行新命令 TT。如图 12-12 所示。

图 12-12　加载 AutoLISP 程序的方法示例

规则 10：为了增加程序的可读性，可为程序加注释，在 AutoLISP 语言中所有";"后的内容均为注释内容，程序不加以处理。

规则 11：使用 setq 功能函数为变量设置值。如（setq　a　34）表示将 34 赋给变量 a，即 a = 34。

规则 12：在 AutoCAD 中要查看某一个变量的值，则可在命令行输入"!变量名"即可，如上图，要查看变量 a 的值，则在命令行输入"!a"，则返回 34。

规则 13：在（defun C：函数名（引用数/局部变量））程序中，如变量在/的左边，则该变量为"全局变量"，否则为"局部变量"。全局变量与局部变量的区别有以下几点。

全局变量：此程序执行完后，变量的值仍存在。

局部变量：此程序执行完后，变量的值已消失。

默认的都是全局变量，如上例中的变量 a、b。

12.2.2　AutoLISP 的功能函数

AutoLISP 常用功能函数包括数学运算功能函数、逻辑运算功能函数、转换运算功能函数、列表处理功能函数、字符串、字符、文件处理函数、等待输入功能函数、几何运算功能函数、对象处理功能函数、选择集、符号表处理功能函数、查询、控制功能函数、判断、循环相关功能函数、显示、打印控制功能函数、符号、元素、表达式处理功能函数和 LISP 程序加载函数等。

1. 数学运算功能函数

数字运算功能函数书写格式和返回值见表 12-1。

表 12-1　数学运算功能函数书写格式和返回值

书写格式	返回值	书写格式	返回值
（ + 　数值　数值…）	累计实数或整数数值	（EXP　数值）	数值的指数
（ – 　数值　数值…）	差值	（EXTP　底数　指数）	底数的指数
（ * 　数值　数值…）	所有数值乘积	（FIX　数值）	将数值转换为整数值
（／　数值　数值…）	第一个数值除以第二个以后数值的商	（FLOAT　数值）	将数值转换为实数值
		（GCD　数值1　数值2）	两数值的最大公约数
（1　+　数值）	数值 +1	（LOG　数值）	数值的自然对数
（1　–　数值）	数值 –1	（MAX　数值　数值　…）	数值中的最大值
（ABS　数值）	数值的绝对值	（MIN　数值　数值…）	数值中的最小值
（ATAN　数值）	反正切	PI	常数 π，数值约为 3.1415926
（COS　数值）	弧度角的余弦值	（REM　数值1　数值2）	两数值相除的余数
（SIN　数值）	弧度角的正弦值	（SQRT　数值）	数值的平方根

2. 逻辑运算功能函数

逻辑运算功能函数书写格式和返回值见表 12-2。

表 12-2　逻辑运算功能函数书写格式和返回值

书写格式	返回值	书写格式	返回值
（ = 　表达式1　表达式2）	比较式1是否等于与式2，表达式可以是数值或字符串	（ >= 　表达式1　表达式2）	比较式1是否大于等于与式2
（／= 　表达式1　表达式2）	比较式1是否不等于与式2	（AND　表达式1　表达式2…）	逻辑 AND 的结果
（ < 　表达式1　表达式2）	比较式1是否小于式2	（EQ　表达式1　表达式2）	比较表达式1与表达式2是否相同，适用于列比较（实际相同）
（ > 　表达式1　表达式2）	比较式1是否大于式2		
（ <= 　表达式1　表达式2）	比较式1是否小于等于与式2	（EQUAL　表达式1　表达式2[差量]）	比较表达式1与表达式2是否相同，差量省略

3. 转换运算功能函数

转换运算功能函数书写格式和返回值见表 12-3。

表 12-3　转换运算功能函数书写格式和返回值

书写格式	返回值	书写格式	返回值
（ANGTOF　字符串[模式]）	角度值的字符串转成实数	（DISTIF　字符串　[模式]）	根据模式将字符串转换成实数值
（ANGTOS　角度[模式[精度]]）	角度转成的字符串值		
（ATOF　字符串）	字符串转成实数值	（ITOA　数值）	整数转成实数
（ATOI　字符串）	字符串转成整数值	（RTOS　数值　模式[精度]）	实数转成字符串
（CVUNIT　数值　原始单位　转换单位）	根据 ACAD.UNT 文件进行转换	（TRANS　点　原位置　新位置　[位移]）	转换坐标系统值

4. 列表处理功能函数

列表处理功能函数书写格式和返回值见表12-4。

表 12-4　列表处理功能函数书写格式和返回值

书　写　格　式	返　回　值	书　写　格　式	返　回　值
（APPEND　列表　列表 …）	结合所有列表成一个列表	（LENGHT　列表）	列表内的元素数量
（ASSOC　关键元素　联合列表）	根据关键元素找寻列表中的关键信息	（LIST　元素　元素）	将所有元素合并为一个列表
（CAR　列表）	列表中的第一个元素，通常用来求 X 坐标	（LISTP　元素）	判断元素是否为一串
（CADR　列表）	列表中的第二个元素，通常用来求 Y 坐标	（MAPCAR　函数　列表1　列表2 …）	将列表1、列表2…列表的元素配合函数，求的新列表
（CADDR　列表）	列表中的第三个元素，通常用来求 Z 坐标	（NEMBER　关键元素　列表）	根据关键元素以后的列表
（CDR　列表）	除去第一个元素后的列表	（NTH　N　列表）	列表的第 N 个元素
（CINS　新元素　列表）	将新元素添加到列表	（REVERSE　列表）	将列表元素根据顺序颠倒过来的列表
（FOREACH　名称　列表 表达式）	将列表中每一个元素对应至名称再根据表达式执行响应	（SUBST　新项　旧项　列表）	替换新旧列表后的列表

5. 字符串、字符、文件处理函数

其函数书写格式和返回值见表12-5。

表 12-5　字符串、字符、文件处理函数书写格式和返回值

书　写　格　式	返　回　值	书　写　格　式	返　回　值
（ASCII　字符串）	字符串第一个字符的 "ASCII" 码	（STRCASE　字符串[字样]）	转换字符串大小写
（CHR　整数）	整数所对应的 ASCII 单一字符串	（STRCAT　字符串1　字符串2 …）	将各字符串合并为一个字符串
（CLOSE　文件名称）	关闭文件	（STRLEN　字符串）	字符串构成的字符数（字符串长度）
（OPEN　文件名称　模式）	打开文件，准备读或写信息	（WCMATCH　字符串　格式）	T 或 nil，将字符串与通用字符串比较
（READ　字符串）	列表中的字符串的第一组元素	（SUBSTR　字符串　起始　长度）	取出子字符串
（READ_LINE[文件代码]）	经由键盘或文件中读取一行字符串	（WRITE_CHAR　数值[文件代码]）	将一个 ASCII 字符写到文件或屏幕
（READ_CHAR[文件代码]）	经由键盘或文件中读取单一字符	（WRITE_LINE　数值[文件代码]）	将字符串写到文件或屏幕

6. 等待输入功能函数

等待输入功能函数书写格式和返回值见表12-6。

表 12-6　等待输入功能函数书写格式和返回值

书 写 格 式	返 回 值	书 写 格 式	返 回 值
（GETANGLE［基点］［提示］）	请求输入角度数值，响应一个弧度值，提示和基点可有可无	（GETORIENT［基点］［提示］）	请求输入角度数值，响应一个弧度值不受 ANGBASE，ANGDIR 的影响
（GETCORNER 基点［提示］）	返回：请求输入另一个对角点坐标，提示可有可无	（GETPOINT［基点］［提示］）	请求输入一个点的坐标
		（GETREAL［提示］）	请求输入一个实数值
（GETDIST［基点］［提示］）	请求输入一段距离	（GETSTRONG［提示］）	请求输入一个字符串
（GETINT［提示］）	请求输入一个整数值	（INITGET［位］字符串）	设定下次 GET＊＊＊ 函数的有效输入
（GETWORD［提示］）	请求输入"关键词"		

7. 几何运算功能函数

几何运算功能函数书写格式和返回值见表 12-7。

表 12-7　几何运算功能函数书写格式和返回值

书 写 格 式	返 回 值	书 写 格 式	返 回 值
（ANGLE 点1 点2）	取得两点的角度弧度值	（OSNAP 点 模式字符串）	按照捕捉模式取得另一个点坐标
（DISTANCE 点1 点2）	取得两点的距离	（POLAR 基点 弧度 距离）	按照极坐标法取得另一个点坐标
（INTERS 点1 点2 点3 点4［模式］）	取得两条线的交点	（TEXTBOX 对象列表）	取得文字字符串的两个对角点坐标

8. 对象处理功能函数

对象处理功能函数书写格式和返回值见表 12-8。

表 12-8　对象处理功能函数书写格式和返回值

书 写 格 式	返 回 值	书 写 格 式	返 回 值
（ENTDEL 对象名称）	删除或取消删除对象	（ENTSEL［提示］）	请求选取一个对象，响应包含对象名称及选点坐标的列表
（ENTGET 对象名称［应用程序列表］）	取出对象名称的信息列表	（HANGENT 图码）	图码的元体名称
（ENTLAST）	取出图形信息中最后一个对象	（ENTUPT 对象名称）	更新屏幕上复元体图形
（ENTMAKE 对象列表）	建立一个新的对象列表	（NENTSEL［提示］）	BLOCK 所含元体对象信息列表
（ENTMOD 对象列表）	根据更新的信息列表更新屏幕上元体		
（ENTNEXT［对象列表］）	找寻图面中的下一个对象	（NENTSELP［提示］［点］）	以 4×4 矩阵表示 BLOCK 所含元体对象信息

9. 选择集、符号表处理功能函数

选择集、符号表处理功能函数书写格式和返回值见表 12-9。

10. 查询、控制功能函数

查询、控制功能函数书写格式和返回值见表 12-10。

表 12-9　选择集、符号表处理功能函数书写格式和返回值

书 写 格 式	返 回 值	书 写 格 式	返 回 值
（SSADD　［对象名称］ 　　　　［选择集］）	将对象加入选择集或建立 一个新选择集	（SSNAME　选择集　索引值）	根据索引值取出选择集中的 对象名称
（SSDEL　对象名称　选择集）	将对象自选择集中移出	（SSMEMB　对象名称　选择集）	响应对象名称是否包含于选 择集内
（SSGET［模式］［点1］）点2）	取得一个选择集		
（SSGET"X"［过滤列表］）	取得根据过滤列表所指范 围的选择集	（TBLNEXT　符号表名称［T］）	检视符号表
		（TBSEARCH　符号表名称 　　　　　符号）	在符号表中搜寻符号
（SSLENTH　选择集）	计算选择集的对象个数		

表 12-10　查询、控制功能函数书写格式和返回值

书 写 格 式	返 回 值
（GETENV　"环境变量"）	取得环境变量的设定值，以字符串表示
（GETVAR　"系统变量"）	取得系统变量的设定值，以字符串表示
（GETVAR　"系统变量"　值）	取得系统变量的值

11. 判断、循环相关功能函数

判断、循环相关功能函数书写格式和返回值见表 12-11。

表 12-11　判断、循环相关功能函数书写格式和返回值

书 写 格 式	返 回 值
（IF　＜比较式＞＜表达式1＞［表达式2]）	检算比较式结果，如果为真，执行表达式1，否则，执行表达式2
（REPEAT 次数 ［＜表达式＞〈表达式〉…）	重复执行 N 次表达式
（WHILE　＜比较式＞＜表达式＞…）	如果条件为真，执行表达式内容
（COND　＜比较式1＞＜表达式3＞ 　　　＜比较式2＞＜表达式3＞ 　　　＜比较式3＞＜表达式3＞）	多条件式的 IF 整合功能
（PROGN　表达式1 表达式…）	连接其中的表达式为一组，常与 IF、COND 函数配合使用

12. 显示、打印控制功能函数

显示、打印控制功能函数书写格式和返回值见表 12-12。

表 12-12　显示、打印控制功能函数书写格式和返回值

书 写 格 式	返 回 值	书 写 格 式	返 回 值
（GRAPHSCR）	作图环境切换到图形画面	（PRINL　［表达式］ 　　　　［文件代码]）	将表达式打印于命令区，对 已打开的文件句柄字符则以 "＼"为前缀展开
（GRCLEAR）	暂时清除屏幕画面		
（GRDRAW　起点　终点 　颜色［亮显]）	暂时画一条线	（PRINC　［表达式］ 　　　　［文件代码]）	除句柄字符不以"＼"为前 缀展开，其余同 PRINL
（GERRAD［追踪]）	由输入设备读取追踪值		
（GRTEXT　位置　字符串 　　［亮显]）	将字符串显示在状态列或 屏幕菜单上	（PRINT　［表达式］ 　　　　［文件代码]）	除表达式会往下一新行列出 及空一格外，其余同 PRINL
（MENUCMD　字符串）	提供在 LISP 中调用各菜单	（PROMPT　信息）	将信息显示于屏幕的命令区， 并随后响应一个 NULL 信息

13. 符号、元素、表达式处理功能函数

符号、元素、表达式处理功能函数书写格式和返回值见表 12-13。

表 12-13　符号、元素、表达式处理功能函数书写格式和返回值

书 写 格 式	返 回 值	书 写 格 式	返 回 值
（ATOM　元素）	如果元素不是列表，响应 T，否则为 NIL	（SETQ　符号1　表达式1　[符号2　表达式2]…）	设定表达式结果给各符号
（NULL　元素）	判定元素是否被赋予 NHIL 值	（TYPE　元素）	元素的信息状态

14. LISP 程序加载函数

LISP 程序加载函数书写格式和返回值见表 12-14。

表 12-14　LISP 程序加载函数书写格式及返回值

书 写 格 式	返 回 值	书 写 格 式	返 回 值
（VER）	目前 AUTOCAD 版本字符串	（LOAD　LISP 文件名称　[加载失败]）	加载 LISP 程序

12.2.3　AutoLISP 编写环境

VisualLISP 是一个集成的开发环境，在此开发环境下，用户可实现程序的编辑、修改、调试等操作，另外还提供了对应用程序的工程管理和程序包编译功能。

1. VisualLISP 的启动

VisualLISP 为 AutoLISP 提供了一个集成的开发环境。启动 VisualLISP 的方法有：

下拉菜单：工具→AutoLISP→VisualLISP 编辑器

命令行：Vlisp 或 Vlide

2. VisualLISP 的窗口

VisualLISP 窗口如图 12-13 所示。

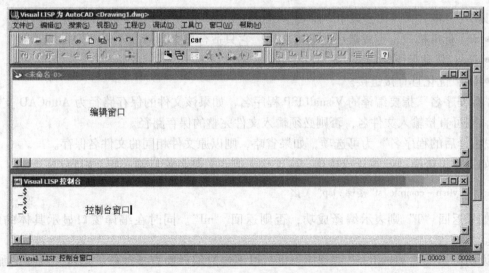

图 12-13　VisualLISP 窗口

VisualLISP 的窗口包括 Windows 下标准窗口，如标题栏、菜单栏、工具栏、状态栏。另外还包括编辑窗口、控制台窗口、跟踪窗口等。

其中，编辑窗口是 VisualLISP 专用的文本编辑器，用于生成或修改源程序，它提供了以下几个功能：

（1）语言结构特色。此文本编辑器可以识别程序的不同组成部分并给它们加上不同的颜色，从而使程序层次清晰，符号易辨认。

（2）设置文本格式。此文本编辑器允许用户设置源程序的书写格式。

（3）括号匹配。此文本编辑器可以查找与任意左括号匹配的右括号。

（4）执行表达式。用户不必离开此文本编辑器就可以试运行某个表达式或任意一行代码。

（5）多文件查找。用户可在多个文件中查找某个词或表达式。

（6）语法检查。此文本编辑器可以对源代码进行语法检查，并在"编辑输出"窗口显示检查结果。

控制台窗口提供以下几个功能。

● 可以输入表达式，按下〈Ctrl + Enter〉键可在下一行继续输入。

● 可以执行表达式，并可显示表达式的返回值。

● 可以使用大部分文本编辑命令，如剪切、粘贴命令等。

● 按下〈Tab〉键可回溯上一个命令，按下〈Esc〉键可清除刚刚输入的命令。

● 按下〈Shift + Esc〉键将跳过在控制台输入的内容，出现新的控制台提示符。

12. 2. 4 VisualLISP 的编译

VisualLISP 程序分为源程序（lsp 文件）、fas 文件和应用程序（vlx 文件）3 种，相对应的也有 3 种编译器。下面重点介绍用 Vlisp Compile 函数编译源程序。

函数的调用环境为 VisualLISP 窗口中的控制台窗口，调用的格式：

（Vlisp Compile '模式 < 源程序名 >［编译后的程序名］）

其中，"模式：可以是以下 3 种类型中的任一种。

● St：标准模式，生成最小的输出文件，它只适合单个程序。

● Ism：优化但不链接。

● Isa：优化且直接链接。

"源程序名"指要编译的 VisualLISP 程序名，如果该文件的保存路径为 AutoCAD 支持的路径，则可直接输入文件名，否则必须输入文件完整的保存路径。

"编译后的程序名"为可选项，如果省略，则以原文件相同的文件名保存。

如果要将楼梯. lsp 编译成楼梯. fas 文件，则在控制台窗口输入如下内容：

（vlisp – compile 'st"楼梯. lsp" ）✓

如果返回"T"则表示编译成功，否则返回"nil"。同时在编译窗口显示具体的编译信息。

说明：如果是 VisualLISP 源程序，也可以不经过编译而直接加载、运行。具体的加载、运行方法请参考下一节的讲述。

12.2.5 VisualLISP 程序的加载、运行

加载 VisualLISP 程序的方法包括以下 3 种：

方法一：在 VisualLISP 控制台窗口提示符_ $ 下使用（load） 函数。

方法二：在 AutoCAD 的命令行直接使用（load） 函数。

方法三：选择 VisualLISP 菜单"文件"→"打开"（选择源程序或已编译的程序）命令，然后在 VisualLISP 控制台窗口提示下，输入要运行的函数名或在 AutoCAD 命令行的提示下输入要运行的函数名，即可运行此函数。

12.2.6 AutoLISP 程序设计与应用

【例 12-1】设计一个输入楼梯的"左下角点"、"楼梯宽"、"楼梯高"后可自动绘制 n 阶楼梯的程序。

设计步骤：

① 编写代码。打开 AutoLISP 编辑器，在 VisualLISP 的编辑窗口输入代码，如图 12-14 所示。

图 12-14　AutoLISP 程序示例

② 保存为：C:/Documents and Settings/Administrator/桌面/Auto LISP 程序/楼梯. lsp。

③ 设置文件选项卡中的支持文件搜索路径，将保存路径设置为 AutoCAD 支持的搜索路径，如图 12-15 所示。

④ 加载、应用此应用程序。通过加载该文件，则命令行继续根据函数的设置出现一系列提示，如图 12-16 所示，输入相应的内容，则在 AutoCAD 绘图区自动绘制出楼梯图形，如图 12-17 所示。

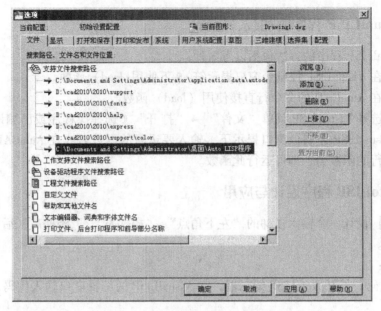

图 12-15　设置支持文件搜索路径示例

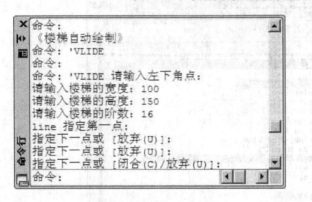

图 12-16　加载楼梯程序

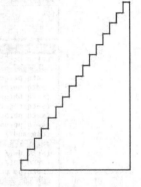

图 12-17　绘制的楼梯形状

说明：一旦 AutoLISP 程序被正确加载后，则该程序中的函数即可像 AutoCAD 自带的命令一样使用。

12.3　实训

【实训 12-1】编写如图 12-18 所示的简单线型。

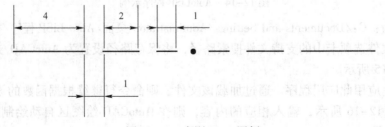

图 12-18　实训 12-1 图例

操作步骤：

① 打开记事本，编写如下代码：

> *点画线
> A,4,-1,2,-1,1,-1,0,-1,1,-1,2,-1

② 将该文件保存名为"点画线 . lin"的 AutoCAD 线型定义文件。

【实训 12-2】编写如图 12-19 所示的带字符串的线型。

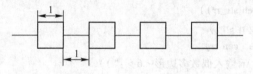

图 12-19　实训 12-2 图例

操作步骤：

① 打开记事本，编写如下代码：

> *天然气线
> A,10,["天然气",standard,x=0.2,y=-0.3],-4.5

② 将该文件保存名为"天然气线 . lin"的 AutoCAD 线型定义文件。

【实训 12-3】编写边长为 1 的正方形的形代码，并编写如图 12-20 所示的带形线文件。

图 12-20　实训 12-3 图例

操作步骤：

① 打开记事本，编写如下代码：

> *1,5,正方形
> 010,01c,018,014,0

② 将该文件保存名为"正方形 . shp"的 AutoCAD 形文件。

③ 通过编译、加载等命令查看该形的编写是否正确。

④ 编写带形的线型，编写代码如下：

> *正方形线
> A,1,[正方形,正方形 . shx,x=-0.5],-1

⑤ 将该文件保存名为"正方形线 . lin"的 AutoCAD 线型定义文件。

【实训 12-4】编写如图 12-21 所示的面文件。图中的三角形是直角边长为 1 的等腰直角三角形。

操作步骤：

① 打开记事本，编写如下代码：

> *三角形
> 0,0,0,10,10,1.414437,-18.585563
> 45,0,0,14.14437,14.14437,1,-13.14437
> 135,1.414437,0,14.14437,14.14437,1,-13.14437

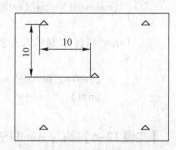

图 12-21　实训 12-4 图例

277

② 将该文件保存名为"三角形.pat"的 AutoCAD 面文件。

【实训 12-5】编写 AutoLISP 程序：要求输入圆心与半径、边数，自动做出如图 12-22 所示的图样。

边数=4　　　　边数=6　　　　边数=12

图 12-22　实训 12-5 图例

在 VisualLISP 编辑窗口输入如下代码：

```
(defun c:花瓣()
  (setvar"cmdecho"0)
  (setq os (getvar "osmode"))
  (setvar"osmode" 0)
  (setq cen (getpoint "\n 中心点:"))
  (setq srr(getvar" circlered"))
  (setq str_rr (strcat "\n 圆半径<"(rtos srr 2)">:"))
  (setq rr(getdist cen str_rr))
  (if (null rr)(setq rr srr))
  (command "circle" cen rr)
  (setq nn (getint"\n 输入偶数多边形<6>:"))
  (if (null nn)(setq nn 6)))
    (if( =(rem nn 2)0)
(progn
  (setq ang1 (/pi (/nn 2)))
  (setq ang2( -(/pi (/nn 2))))
  (setq pt1(polar cen ang1 rr))
  (setq pt1(polar cen ang2 rr))
  (if( = nn 4)
    (progn
      (setq pt1 (polar cen (/pi 4)rr))
      (setq pt2 (polar cen ( -(/pi 4))rr))
    )
  )
  (command "arc" pt1 cen pt2)
  (command "array"(entlast)""" "p" cen nn """ "")
 )
(alert"错误!! 请输入一个偶数…")
)
    (setvar "osmode" os)
  (prin1)
  )
```

【实训 12-6】编写 AutoLISP 程序：要求输入墙的宽度与高度、砖的垂直与水平等分数，自动做出如图 12-23 所示的图样。

278

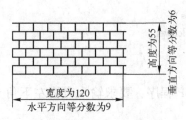

图 12-23 实训 12-6 图例

在 VisualLISP 编辑窗口输入如下代码：

```
(defun C:墙()
  (setvar "cmdecho" 0)
  (setq os (getvar "osmode"))
  (setq oldclayer(getvar"clayer"))
  (setvar" osmode" 0)
  (command"undo""be")
  (setq pt1 (getpoint "砖墙左下角的基准点:"))
  (setq w (getdist pt1" \n 宽度 <95 >:"))(if(null w)(setq w 95))
  (setq h (getdist pt1" \n 高度 <55 >:"))(if(null h)(setq h 55))
  (setq m (getint " \n 垂直方向等分数 <5 >:"))(if(null m)(setq m 5))
  (setq n (getint " \n 水平方向等分数 <6 >:"))(if(null n)(setq n 6))
  (command " - layer" "m" "str" "c" 4 "" "")
  (setq pt3 (polar(polar pt1 0 w)(/pi 2)h))
  (command "rectang" pt1 pt3)
  (setq gap_w(/w n)gap_h(/h m))
  (setq i 1 pa pt1 pb pt1)
  (repeat m
    (setq pa(polar pa(/pi 2)gap_h))
    (if(/ = m i)(command"line" pa(polar pa 0 w)""))
    (if( = (rem i 2)1)
      (progn
      (setq pb(polar pa 0 gap_w))
      (command "line" pb(polar pb( * pi 1.5)gap_h)"")
      (command"array"(entlast)"" "r" 1 ( - 1 n)gap_w)
      )
      (progn
      (setq pb(polar pa 0(/gap_w 2)))
      (command "line" pb(polar pb( * pi 1.5)gap_h)"")
      (command "array" (entlast)"" "r" 1 n gap_w)
      )
    )
    (setq i( + 1 i)
    )
    (command " - layer" "m" "dim" "c" 1 "" "")
    (command "dim1" "ver" pt1 (polar pt1 (/pi 2)h)(polar pt1 pi 10)"")
    (command "dim1" "hor" pt1 (polar pt1 0 w)(polar pt1 ( * pi 1.5)10)"")
    (command "undo" "e")
```

```
( setvar "osmode" os)
( setvar "clayer" oldclayer)
( prin1)
)
```

【**实训 12−7**】编写 AutoLISP 程序：要求输入表格左下角坐标、列数和行数，自动绘制如图 12−24 所示的表格。

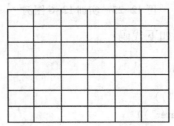

图 12−24　实训 12−7 图例

在 VisualLISP 编辑器中的代码如下：

```
( defun C:表格( )
   ( setvar "cmdecho" 0)
   ( setq os ( getvar "osmode" ) )
   ( setvar "osmode" 0)
   ( setq pt1 ( getpoint " \n 请输入第一个角点:" ) )
   ( setq pt3 ( getpoint " \n 请输入另一个角点:" ) )
   ( command "rectang" "w" 1 pt1 pt3)
   ( setq wnn (1 + ( getpoint " \n 列数 <5>" ) ) )
   ( if( null wnn) ( setq wnn 5) )
   ( setq hnn (1 + ( getpoint " \n 行数 <5>" ) )
   ( if( null hnn) ( setq hnn 5) )
   ( setq pt2 ( list( car pt3) ( cadr pt1) ) )
   ( setq pt4 ( list( car pt1) ( cadr pt3) ) )
   ( setq ang( angle pt1 pt3) )
   ( cond( and( > ang 0) ( < ang( /pi 2) ) ) ( setq pp1 pt1 pp2 pt2 pp3 pt3 pp4 pt4) )
   ( ( and( > ang( /pi 2) ) ( < ang pi) ( setq pp1 pt2 pp2 pt1 pp3 pt4 pp4 pt3) )
   ( ( and( > ang pi) ( < ang ( * pi 1.5) ) ) ( setq pp1 pt3 pp2 pt4 pp3 pt1 pp4 pt2) )
   ( ( and( > ang ( * pi 1.5 ) ) ( < ang ( * pi 2) ) ) ( setq pp1 pt4 pp2 pt3 pp3 pt2 pp4 pt1) )
   )
   ( setq num 1 txt 65)
   ( setq ww ( distance pp1 pp2) )
   ( setq hh ( distance pp1 pp4) )
   ( setq pt1 pp4 ppbas pp4 key 1)
   ( repeat nn
      ( setq pt1( polar pt1 ( * pi 1.5) ( /hh hnn) ) )
      ( setq pt2 ( polar pt1 0 ww) )
      ( command "line" pt1 pt2 "" )
      ( if( > key 1)
         ( progn
            ( setq txtins ( inters ppbas ( polar pt1 0( /ww wnn) ) pt1 ( polar ppbas 0 ( /ww wnn) ) ) )
```

```
            (command "text" "m"txtins (/hh hnn 2)0(itoa num))
            (setq num (1 + num))
            )
        )
    (setq pt1 pp4 ppbas key 1)
    (repeatwnn
        (setq pt1(polar pt1 0 (/ww wnn)))
        (setq pt2 (polar pt1 ( * pi 1.5)hh))
        (command"line" pt1 pt2 "")
        (if( > key 1)
            (progn
        (setq txtins(inters ppbas (polar pt1( *pi 1.5)(/hh hnn))pt1 (polar ppbas( *pi 1.5)(/hh hnn)))))
            (command "text" "m"txtins (/hh hnn 2)0 (chr txt))
            (setq txt (1 + txt))
            )
            )
        (setq ppbas pt1 key (1 + key))
        )
    (prin1)
    )
```

12.4 上机操作与思考题

1. 线型定义中各参数的含义分别是什么？线型定义的过程是什么？如何加载使用？
2. 面文件定义中各参数的含义分别是什么？面文件定义的过程是什么？如何加载使用？
3. Visual LISP 是如何编译和加载运行应用程序的？
4. 定义如图 12-25 所示的虚线。
5. 定义如图 12-26 所示的边界线。
6. 定义如图 12-27 所示的污水线。

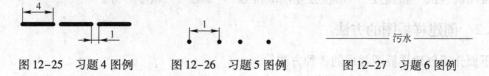

图 12-25 习题 4 图例   图 12-26 习题 5 图例   图 12-27 习题 6 图例

7. 定义如图 12-28 所示的填充图案。
8. 定义如图 12-29 所示的填充图案。
9. 试编译和加载运行一个函数，该函数的功能是输入圆柱的底半径、高，计算其体积。

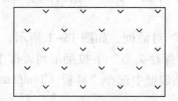

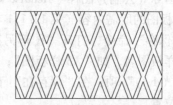

图 12-28 习题 7 图例   图 12-29 习题 8 图例

第13章 绘制工程图实例

AutoCAD 是目前使用较为广泛的计算机辅助设计软件之一，广泛应用于建筑设计，机械设计、平面设计、三维设计等领域。本章分别举例介绍机械工程图、桥涵工程图、建筑工程图等的基本画法思路。

13.1 创建样板图

在新建工程图时，总要进行大量的设置工作，包括图层、线型、颜色设置、文字样式设置、标注样式设置等。为了提高绘图效率，使图样标准化，用户可以创建个人样板图，当要绘制图样时，只需调用样板图即可。下面介绍样板图的创建方法。

13.1.1 样板图的内容

创建样板图的内容应根据专业需要而定，其基本内容包括以下几个方面。

1. 绘图环境的初步设置

绘图环境的初步设置包括：系统设置、绘图单位设置、图幅设置、图纸的全屏显示（ZOOM 命令）、捕捉设置、创建图层（设置线型、颜色、线宽）、创建图框和标题栏。

2. 文字式样设置

文字式样设置包括：尺寸标注文字和文字注释样式。

3. 尺寸标注样式设置

尺寸标注样式设置包括：直线、圆与圆弧、角度、公差等。

4. 创建各种常用块，建立图库

常用块包括"粗糙度""形位公差基准符号""螺栓""螺母"等。

13.1.2 创建样板图的方法

下面介绍创建样板图常用的 3 种方法。

1. 利用"新建"命令创建样板图

操作步骤：

① 选择"新建"命令，打开"选择样板"对话框，在"选择样板"列表框中，选择系统默认的标准国际（公制）图样"Acadiso. dwt"，单击"打开"按钮，进入绘图状态。

② 创建样板图的所需内容（见 13.1.1 节）。

③ 选择"保存"命令，打开"图形另存为"对话框，如图 13-1 所示。在"文件名"文本框中输入样板图名，如"A3 样板图"；在"保存类型"下拉菜单列表框中选择"Auto-CAD 图形样板（dwt）"项；在"保存在"下拉列表框中选择"样板（Template）"文件夹或指定其他保存位置。

④ 单击"保存"按钮，打开"样板选项"对话框，如图 13-2 所示。

⑤ 在"说明"文本框中输入样板说明文字后单击"确定"按钮，即可完成样板图的创建。

图 13-1 "图形另存为"对话框

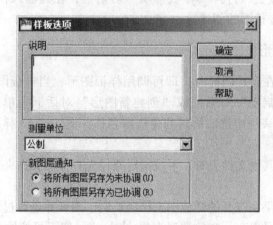

图 13-2 "样板选项"对话框

2. 用已有的图样创建样板图

如果在已经存在的图样中，其设置和所需图样设置基本相同时，也可以该图为基础，经修改后创建样板图。

操作步骤：

① 选择"打开"命令，打开一张已有图样。

② 修改所需设置的内容。

③ 删除图样中的图形标注和文字。

④ 执行"文件"→"另存为"命令，打开"图形另存为"对话框。在"文件名"文

本框中输入样板图名，如"A2样板图"；在"保存类型"下拉列表框中"选择 AutoCAD 图形样板（dwt）"项；在"保存在"下拉列表框中选择"样板（Template）"文件夹或指定其他保存位置。

⑤ 单击"保存"按钮，打开"样板选项"对话框。在"说明"文本框中输入说明文字后单击"确定"按钮，即完成样板图的创建。

用此方法来创建图幅大小不同，但其他设置内容相同的系列样板图非常方便。

3. 使用 AutoCAD 设计中心创建样板图

如果所需创建样板图的设置内容分别是几张已有图样中的某些部分，用 AutoCAD 设计中心来创建图样将非常方便。

操作步骤：

① 选择"新建"命令，打开"选择样板"对话框，选择标准国际（公制）图样"Acadiso. dwt"，单击"打开"按钮，进入绘图状态。

② 单击"标准"工具栏上的"设计中心"按钮 ▦，打开设计中心窗口。

③ 在树状视图区中分别打开需要的图形文件，在内容区中显示出所需的内容，直接用拖动的方法分别将其内容复制到新建的当前图形中，然后关闭设计中心窗口。

④ 选择"保存"命令，打开"图形另存为"对话框。在"文件名"文本框输入样板图名；在"保存类型"下拉列表框中选择"AutoCAD 图形样板（dwt）"项；在"保存在"下拉列表框选择"样板（Template）"文件夹或指定其他保存位置。

⑤ 单击"保存"按钮，打开"样板选项"对话框，在其输入样板图说明文件后单击"确定"按钮，即完成样板图的创建。

13.1.3　打开样板图形

创建样板图形后，在新建图样时，即可调用样板图形。当样板图形保存在"样板"文件夹时，可从打开的"启动"对话框或"创建新图形"对话框中单击"使用样板"按钮，在"选择样板"下拉列表框中选取所建的样板图名称，例如"A3样板图 . dwt"，即可创建一张已设置好的样板图。

当样板图形保存在其他文件夹时，可按指定路径先打开此文件夹，再打开所需样板图文件，即可绘制图样。

值得注意的是，如果在打开的样板图上已经绘制了图样并进行过设置修改，则保存时一定要将图样名称更改后另保存，文件类型为"＊. dwg"，切不可按原文件名称保存，否则将以当前设置替换原样板图设置内容。

13.2　绘制机械工程图实例

【例 13-1】绘制图 13-3 和图 13-4 所示的"1/2 阀"的零件图（包括阀体零件图、阀杆零件图和填料压盖零件图）和装配图。"阀体零件图"用 A3 图幅 1:1 绘制；"阀杆零件图"和"填料压盖零件图"分别用 A4 图幅 1:1 绘制；装配图用 A3 图幅，以零件图为基础按 1:1 比例绘制。

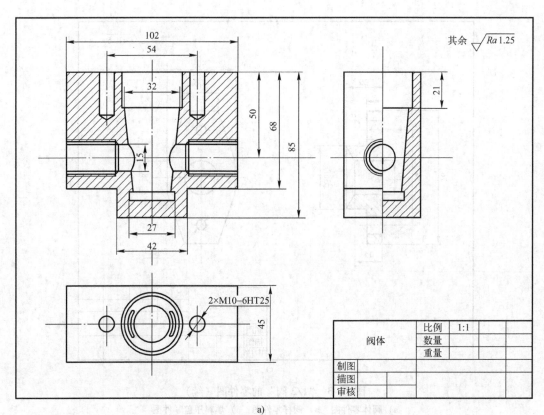

a)

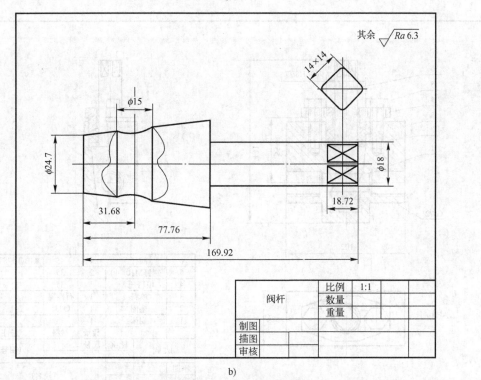

b)

图 13-3 "1/2 阀"的零件图

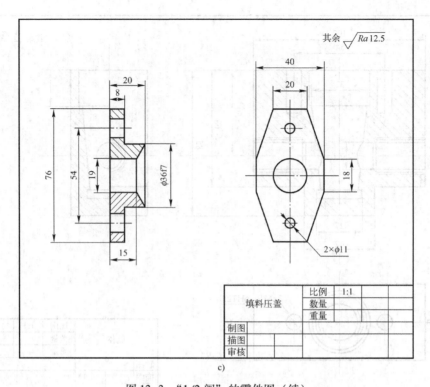

其余 √Ra12.5

填料压盖	比例	1:1
	数量	
	重量	
制图		
描图		
审核		

c)

图 13-3 "1/2 阀"的零件图（续）

a）阀体零件图 b）阀杆零件图 c）填料压盖零件图

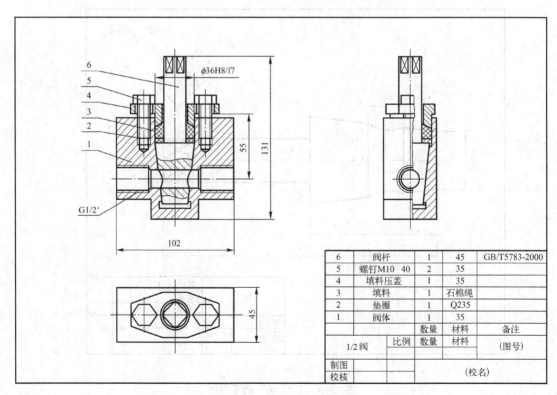

6	阀杆	1	45	GB/T5783-2000
5	螺钉M10 40	2	35	
4	填料压盖	1	35	
3	填料	1	石棉绳	
2	垫圈	1	Q235	
1	阀体		35	
		数量	材料	备注
1/2 阀	比例	数量	材料	（图号）
制图				（校名）
校核				

图 13-4 "1/2 阀"的装配图

286

操作步骤：

1. 绘制零件图的基本画法思路

以绘制"阀体"零件图为例，具体步骤如下。

① 创建 A3 样板图。进行绘图设置时，根据 CAD 制图标准，设置轴线、实体、标注、图表等图层，并进行相应颜色、线型、线宽的设置，各图层建立要求如表 13-1 所示。设置工程图样标注用的字体、字样及字号。常用字样及字高设置见表 13-2。

表 13-1　常用图层

图 层 名	线 型	颜 色	说 明
粗实线	Continuous	绿	粗实线
细实线	Continuous	白	细实线
虚线	Acad – iso02w100	黄	虚线
点画线	Acad – iso04w100	红	点画线
细双点画线	Acad – iso05w100	粉红	细双点画线
尺寸标注	Continuous	白	尺寸标注
剖面符号	Continuous	白	剖面符号
文本（细实线）	Continuous	白	文本（细实线）
图框、标题栏	Continuous	绿	图框、标题栏

表 13-2　字样及字高设置

Style Name 字样名	Font（字体）		字高	Effects（效果）		说　明
	字体名	字体样式	字高	宽度比例	倾斜角度	
GB3.5	isocp. shx	hztxt. shx（用大字体）	3.5	0.7	0	3.5 号字（直体）
GBTXT			0	1	0	用户可自定义高度（直体）
GBX3.5	isocp. shx	（不用大字体）	3.5	1	15	字母、数字（斜体）
工程图汉字	仿宋 GB2312		5	0.7	0	汉字用（直体）

② 选择"新建"命令，选样板图"A3"新建一图文件。

③ 选择"保存"命令指定路径保存该图，图名为"阀体零件图"。

④ 将"文本"图层设为当前层，填写标题栏。

⑤ 将"0"图层设为当前层，在该图层上选择"构造线"命令画基准线，搭图架（可用所有点画线及主视图底线为基准线和图架线）。

⑥ 将"粗实线"图层设为当前层，在该图层上用有关的绘图命令、编辑命令（注意整体或局部对称处可只画一半，另一半用镜像获得）绘制主、辅、左三视图中所有的粗实线，要确保三视图的投影规律。

⑦ 将"细实线"图层设为当前层，在该图层上，用绘图命令和编辑命令绘出图中所有的细实线。

⑧ 将"点画线"图层设为当前层，在该图层上用"直线"命令绘出所有的点画线。

⑨ 关闭"0"图层或用"删除"命令擦去所有图架线。用"移动"命令平移图形，使布图匀称并留出标注尺寸的位置。

⑩ 将"剖面线"图层设为当前层，在该图层上用"图案填充"命令中的"用户定义"类型绘出图中"金属材料"剖面线。剖面线的比例即间距输入"4"，"角度"输入"45"或"-45"。需要注意的是，主视图、左视图中的剖面线应分两次分别填充，这样两者剖面线是相互独立的，不影响今后移动图形或进行其他编辑。

⑪ 将"尺寸标注"图层设为当前层，在该图层上用"直线"和"圆引出与角度"标注样式及尺寸标注命令标注图中尺寸。对于主视图中的几处引出标志的尺寸，可用"qleader"命令标注，也可用"多段线"命令画线，然后用"单行文字"命令注写文字。

⑫ 使用属性块标注各表面粗糙度。

⑬ 检查并用有关修改命令修改错处。

⑭ 选择"清理"命令清理图形文件。

⑮ 完成绘制，保存图形。

同理，可绘制其他零件图。

2. 绘制装配图的基本画法思路

① 选择"打开"命令打开"阀体零件图"、"阀杆零件图"和"填料压零件图"，关闭它们的尺寸标注图层。

② 选择"新建"命令，选样板图"A3"新建一张图。

③ 选择"保存"命令指定路径保存该图，图名为"1/2 阀"的装配图"。

④ 将"文本"图层设为当前层，填写标题栏。

⑤ 切换"阀体零件图"为当前图，用"复制"命令将"阀体"三视图复制到剪贴板。

⑥ 切换"1/2 阀"的装配图为当前图，用"粘贴"命令将"阀体"三视图粘贴到装配图中。

⑦ 同理，将"阀杆零件图"和"填料压盖零件图"中的所需图形部分，分别复制到装配图中。需要注意的是，粘贴时插入点由于不能自定，所以执行粘贴命令时，可将其粘贴到图框外，然后执行"旋转"命令，分别旋转至装配图的对应位置，然后再打开相应的目标捕捉移动到准确位置。定位后，用"修剪"命令修剪掉多余的图线，并根据零件图补绘出它们在装配图中缺少的图形部分。

⑧ 根据"1/2 阀"的装配图明细表中注写的垫圈尺寸绘制垫圈。根据明细表中注写的螺钉标记，按规定画法绘制螺钉，并用"修剪"命令修剪掉多余的图线。

⑨ 以"尺寸标注"图层为当前层，标注图中尺寸。

⑩ 以"文本"图层为当前层，绘制零件序号、填写明细表、注写图中其他文字。

⑪ 用"清理"命令清理图形文件。

⑫ 完成绘制，保存图形。

13.3 绘制桥涵工程图实例

【例13-2】用 A1 图幅，1:200 比例绘制图 13-5 所示的"桥涵工程图"。

绘制"桥涵工程图"的基本画法思路

① 创建"A1"样板图。

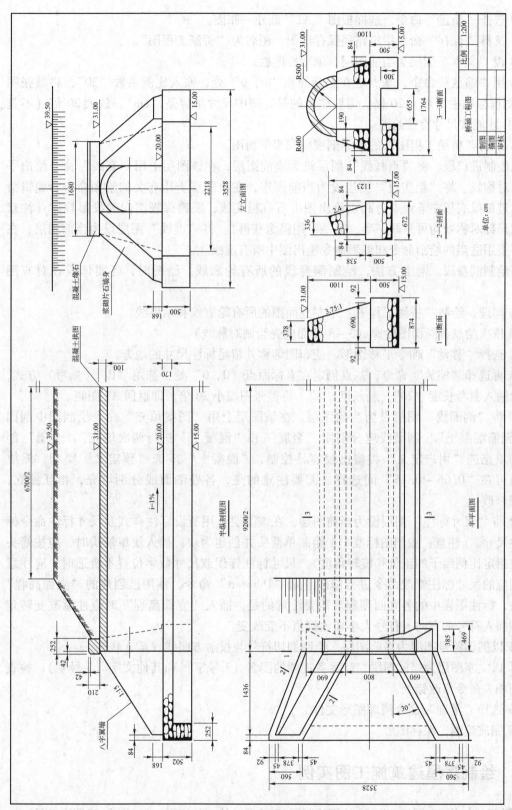

图13-5　桥涵工程图

② 选择"新建"命令，选样板图"A1"新建一张图。

③ 选择"保存"命令指定路径保存该图，图名为"桥涵工程图"。

④ 设"文本"图层为当前图层，填写标题栏。

⑤ 用"缩放"命令，基点定在坐标原点"0，0"处，输入比例系数"20"，将整张图（包括图框标题栏）放大20倍。需要注意的是，图中尺寸单位是"cm"，放大20倍（不是200倍）才能按尺寸直接绘图。

⑥ 绘制"桥涵工程图"的半纵剖视图和半平面图。

先绘制进口段。将"点画线"图层设为当前图层，在该图层上用"直线"命令绘出平面图的对称线。将"粗实线"图层设为当前图层，在该图层上用有关的绘图命令、编辑命令，以进口段底板左下角点为起点绘出图中所有粗实线，要确保视图间的投影规律（注意整体或局部对称处均可只画一半，另一半用镜像获得）。将"虚线"图层设为当前图层，在该图层上用适当的绘图命令和编辑命令绘出图中所有虚线。

再绘制洞身段。同上方法，绘制洞身段的所有轮廓线。绘图时，各实体应在对应图层上。

⑦ 同理，绘制"桥涵工程图"中左立面图的所有轮廓线和示坡线。

⑧ 依次绘制各断面图轮廓（3-3断面应先绘制对称线）。

⑨ 选择"移动"命令平移图形，使布图匀称并留足标注尺寸的地方。

⑩ 再选择"缩放"命令，基点仍定在坐标原点"0，0"处，选用"R"（参考）方式，按提示输入参考长度"20"，新长度"1"，将整张图缩小20倍，即返回A1图幅。

⑪ 将"剖面线"图层设为当前图层，在该图层上用"图案填充"命令绘制图中剖面线。"钢筋混凝土"" 剖面线应分别用"金属"和"混凝土"进行两次填充，"金属"剖面线的填充选"用户定义"类型比较容易控制，"混凝土"应选"预定义"类型，缩放比例值可在"0.06~0.15"间选择。需要注意的是，各处剖面线分别填充，相互独立，将便于修改。

⑫ 将"尺寸标注"图层设为当前图层，在该图层上用所设标注样式及尺寸标注命令标注图中尺寸。（注意：按制图标准1:1绘制单箭头并创建为块，插入块单箭头时，应按箭头的方位指定比例因子的正负和旋转角度）。尺寸标注错误或尺寸数字位置不合适时，应注意使用相应的尺寸标注修改命令进行修改。用"Ddinsert"命令，使用已创建的"立面高程"属性块，标注图样中的各立面高程。需要注意的是，插入"立面高程"时应注意改变转角来控制插入符号的方向，符号大小即比例值不能改变。

⑬ 以剖切符号图层为当前图层，绘制剖切符号与投射方向线（插入块）。

⑭ 以文字图层为当前图层，注写各视图的图名（7号字）和其他文字（5号字）。检查并使用相关命令修改错处。

⑮ 选择"清理"命令清理图形文件。

⑯ 完成绘制，保存图形。

13.4 绘制房屋建筑施工图实例

【例13-3】用A1图幅，1:100比例绘制图13-6所示的"住宅平、立、剖"建筑施工图。

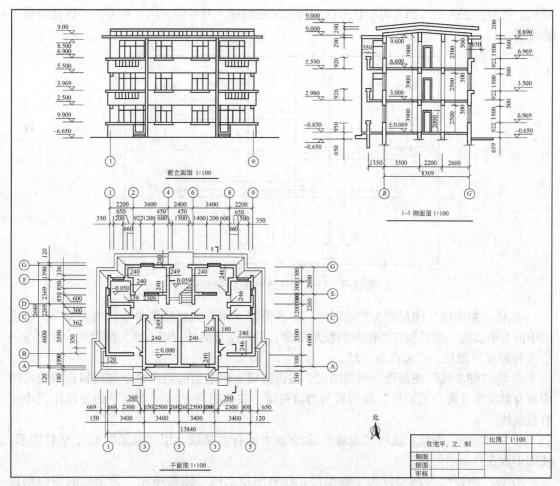

图 13-6 "住宅平、立、剖"建筑施工图

绘制"住宅平、立、剖"建筑施工图的基本画法思路

（1）创建"A1"样板图。

（2）用"新建"命令，选样板图"A1"新建一张图。

（3）用"保存"命令指定路径保存该图，图名为"住宅平、立、剖建筑施工图"。

（4）设"文本"图层为当前图层，填写标题栏。

（5）绘制视图（一般按：平－立－剖顺序绘制）。

以绘制"1－1剖视图"为例，具体操作步骤如下。

① 将"0"图层设为当前图层，在该图层上用"构造线"命令及"偏移"命令画基准线、搭图架（水平方向以注有高程处及高程为"±0.000"处为图架线，竖直方向以各墙中心线为图架线）。

② 选择"直线"命令画辅助线（其为下边修剪所用），选择"修剪"命令以所画辅助线为界修剪无穷长图架线的外侧，再用"删除"命令擦去辅助线。

③ 将"尺寸标注"图层设为当前图层，在该图层上用"Ddinsert"命令，使用已创建的"标高符号"和"编号圆"属性块，标注图样中的各立面高程和墙间编号，效果如图13－7

291

所示。需要注意的是，插入时应注意改变转角来控制插入符号的方向，符号大小即比例值不能改变。

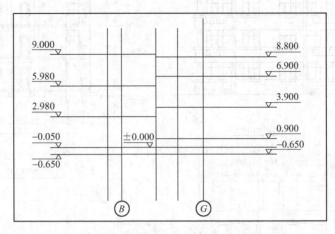

图 13-7　1－1 剖视图中改造后的图架

④ 将"粗实线"图层设为当前图层，在该图层上用有关的绘图命令、编辑命令，绘出图中所有粗实线，要确保三视图间的投影规律。需要注意的是，地面线为特粗线，应另设一个"特粗线"图层，线宽设为"1"。

⑤ 将"细实线"图层设为当前图层，在该图层上用适当的绘图命令和编辑命令绘出图中所有细实线。将"点画线"图层设为当前图层，在该图层上用"直线"命令绘出图中所有点画线。

⑥ 关闭"0"图层，或用"删除"命令擦去所有图架线。用"移动"命令平移图形，使图形放在合适的位置。

⑦ 将"剖面线"图层设为当前图层，在该图层上用"图案填充"命令绘制图中剖面线。其中"钢筋混凝土"剖面线应分"金属"（ANSI31）和"混凝土"（AR—CONC）两次填充，"金属"与"砖"的剖面线的填充选"用户定义"类型比较容易控制，"混凝土"应选"预定义"类型，缩放比例值取"0.02"左右。

⑧ 以"尺寸标注"图层为当前图层，在该图层上用所设标注样式及尺寸标注命令标注图中尺寸。尺寸标注错误或尺寸数字位置不合适时，应注意使用相应的尺寸标注修改命令进行修改。

（6）绘制图 13-6 中底层平面图。绘图时，各实体应在对应图层上绘制。图中的"墙体编号"、"标高符号"、"剖切符号"应用前边创建的附属块和属性块插入。在"尺寸标注"图层上标注图中尺寸。

（7）绘制图 13-6 中⑦~⑨立面图。注意各实体应在对应图层上绘制。图中的"墙体编号"、"标高符号"应用前边创建的附属块和属性块插入。在"尺寸标注"图层上，标注图中尺寸。

（8）以"细实线"图层为当前图层，按建筑制图标准绘制指北针。

（9）以"文本"图层为当前图层，注写各视图的图名。检查并使用相关修改命令修改错处。

13.5　上机操作及思考题

1. 绘制如图 13-8 所示的轴承座。

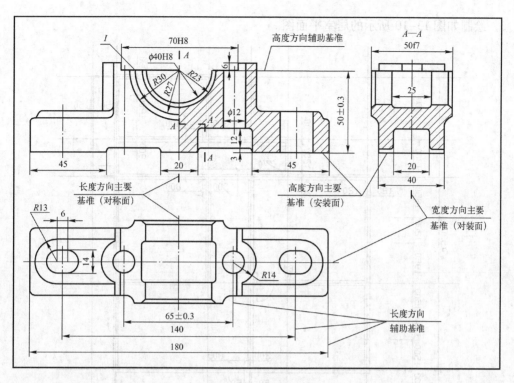

图 13-8　轴承座

2. 绘制如图 13-9 所示的齿轮轴。

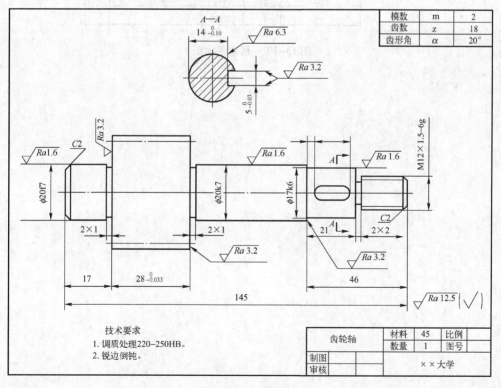

模数	m	2
齿数	z	18
齿形角	α	20°

技术要求
1. 调质处理220~250HB。
2. 锐边倒钝。

齿轮轴		材料	45	比例	
		数量	1	图号	
制图			××大学		
审核					

图 13-9　齿轮轴

3. 绘制如图 13-10 所示的居室平面图。

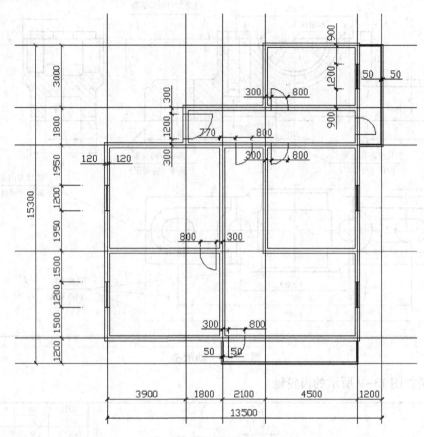

图 13-10　居室平面图